GOLDMANN
Lesen erleben

Buch

Herr Müller, ein beruflich erfolgreicher Macho, wacht eines Morgens in einem weiblichen Körper auf. Fortan muss er sein Leben als Frau bestreiten und stößt dabei auf ungeahnte Schwierigkeiten: Im Bewerbungsgespräch lauern ihm Schwangerschaftsspione auf, er verdient nur noch die Hälfte, wird in Meetings überhört und auf seine Qualitäten als Frau und Mutter reduziert.

Humorvoll und anhand schockierender Beispiele aus der Praxis entlarvt Martin Wehrle die Benachteiligungen von Frauen im Beruf.

Autor

Der Erfolgsautor *Martin Wehrle* ist Deutschlands bekanntester Karriere- und Lebenscoach. Seine Bücher haben rund um den Globus begeisterte Leser gefunden, zuletzt erschienen die Bestseller »Bin ich hier der Depp?«, »Sei einzig, nicht artig!« und »Der Klügere denkt nach«. An seiner Karriereberater-Akademie gibt er Erfahrungen weiter und bildet mit großem Erfolg Coachs aus. Firmen schätzen ihn als unterhaltsamen Redner und Podiumsteilnehmer.

Kontakt: www.karriereberater-akademie.de
www.wehrle-redner.de

Außerdem von Martin Wehrle im Programm

Geheime Tricks für mehr Gehalt (🎥 auch als E-Book erhältlich)
Bin ich hier der Depp? (🎥 auch als E-Book erhältlich)
Sei einzig, nicht artig (🎥 auch als E-Book erhältlich)
Der Klügere denkt nach (🎥 auch als E-Book erhältlich)

Martin Wehrle

Viel Fleiß, kein Preis

Warum Frauen im Berufsleben
oft den Kürzeren ziehen

GOLDMANN

Dieses Buch ist bereits unter dem Titel »Herr Müller, Sie sind doch nicht schwanger?!« im Mosaik Verlag erschienen.

 Dieses Buch ist auch als E-Book erhältlich.

MIX
Papier aus verantwortungsvollen Quellen
FSC
www.fsc.org
FSC® C014496

Verlagsgruppe Random House FSC N001967

1. Auflage
Vollständige Taschenbuchausgabe August 2017
Copyright: © 2014 Wilhelm Goldmann Verlag, München,
in der Verlagsgruppe Random House GmbH,
Neumarkter Straße 28, 81673 München
Umschlag: UNO Werbeagentur, München
Umschlagmotiv: FinePic®, München
Redaktion: Dr. Christine Laudahn
Satz: Buch-Werkstatt GmbH, Bad Aibling
Druck und Bindung: GGP Media GmbH, Pößneck
MZ · Herstellung: IH
Printed in Germany
ISBN 978-3-442-17678-6
www.goldmann-verlag.de

Besuchen Sie den Goldmann Verlag im Netz:

Inhalt

Vorwort

Plötzlich Frau

Was wäre los im Land, wenn ältere Managerinnen in ihren Vorzimmern leichtbekleidete Jünglinge als Chefsekretäre hielten? Wenn Männer ein Fünftel weniger als Frauen verdienten, obwohl sie mehr Gewinn erwirtschaften? Wenn jedes Bewerbungsgespräch *nur* für Männer zum Polizeiverhör würde, heimliche Frage: »Planen Sie Kinder?« Wenn ja: Klappe zu, Bewerbung tot.

Ich garantiere Ihnen: Die Hölle wäre los! Dagegen ist es ganz normal, dass Frauen so behandelt werden. Noch immer.

Dieses Buch wagt ein Gedankenexperiment: Herr Müller, ein beruflich erfolgreicher Macho, wacht eines Morgens in einem weiblichen Körper auf – und muss sein Berufsleben fortan als Frau bestreiten.

Wie geht es ihm damit, wenn er beim Reden unterbrochen wird? Mit Blicken ausgezogen? Als »Schätzchen« angesprochen? Mit wenig Geld abgespeist? Für Hilfsarbeiten eingespannt? Und schließlich, weil schwanger, als »Muttertier in spe« abgeschrieben?

Es wird komisch, das verspreche ich Ihnen, wenn auch nicht für Herrn Müller. Vieles, was er als Frau am Arbeitsplatz erlebt, wurde mir exakt so in Karrierecoachings erzählt – und wird in diesem Buch durch seriöse Quellen gestützt. Der Perspektivenwechsel enthüllt: Alle Kolleginnen sind gleich, aber einige Kollegen sind gleicher.

Dass Frauen in den Firmen vor allem zwei Bereiche leiten, die Kaffeemaschine und den Geschirrspüler, dass Mütter in Teilzeit-

Jobs gedrängt werden, Chefinnen ihre eigenen Sekretärinnen sind und Julia zum Geburtstag den Friseur-Gutschein bekommt, während sich Julian über das Management-Buch freuen darf: All das ist Realität.

Deshalb enthält jedes Kapitel handfeste Tipps, wie Sie tückische Frauen-Fallen umgehen, Ihre Wünsche durchsetzen und Ihr persönliches Glück finden. Das Bonus-Kapitel am Ende des Buches fasst die Erkenntnisse zusammen – damit Sie nach der Lektüre alles bekommen, was Sie verdient haben. Auch gegen Widerstände.

Lassen Sie uns an einer Berufswelt arbeiten, in der sich kein Mann mehr davor fürchten muss, eines Tages als Frau aufzuwachen; denn Frauen wachen jeden Tag so auf!

Viel Spaß beim Lesen
wünscht Ihnen

Ihr
Martin Wehrle

P.S. Bitte schreiben Sie mir, was Sie in Ihrem Unternehmen als Frau erleben (Kontakt über: www.karriereberater-akademie.de). Oder lassen Sie uns diskutieren, ich komme gerne als Redner oder Podiumsteilnehmer zu Ihrer Veranstaltung: www.wehrle-redner.de

1. Bewerberin mit Klapperstorch:

»Wie darf ich Ihren Bauch deuten?«

In diesem Kapitel lesen Sie unter anderem …

- wie Peter Müller, ein gelernter Mann, sein böses Erwachen als Petra erlebt,
- warum Angela Merkel angeblich vor allem eines gebacken bekommt: ihren Apfelkuchen,
- warum schöne Frauen vorzugsweise von hässlichen Jobs geküsst werden
- und wie sich Schwangerschafts-Spione im Bewerbungsgespräch von hinten anschleichen.

Böses Erwachen:
»Wie kommt Petra in mein Bett?«

Als Herr Müller eines Morgens aus unruhigen Träumen erwachte, fand er sich in seinem Bett zu einer Frau verwandelt. Sein Prachtkörper, im Fitnessstudio mit viel Schweiß erkauft, hatte erheblich an Muskelmasse verloren. Sein Kinn, seit Tagen unrasiert, war glatt wie die verchromte Kühlerhaube eines BMW. Und sein blonder Kurzhaarschnitt, den der Fön schon beim ersten Anhauchen trocknete (das brachte ihm jeden Morgen fünf Minuten zusätzlichen Schlaf!), war zu einer wallenden Mähne mutiert.

Ängstlich glitt seine Hand unter die Decke, aber das, was er an seinem Körper zu finden hoffte, fand er nicht mehr. Stattdessen hatte ihn sein Schicksal – oder wer immer sich hinter diesem üblen Scherz verbarg – mit Merkmalen ausgestattet, die er immer schon geschätzt hatte, wenn auch nur an weiblichen Körpern. Vorsichtig hob er die Decke und blinzelte an sich hinab. Was er da sah – den Körper einer jungen Frau, gar nicht schlecht gebaut –, hätte er unter normalen Umständen begrüßt, erst recht in seinem Bett.

Heute nicht! Seine Gedanken rasten wie Flipperkugeln durch den Kopf. Was, zum Teufel, war über Nacht mit ihm passiert? Fand sein Schicksal es etwa komisch, ihm ein Frauenleben als Höchststrafe aufzubrummen, statt ihn mit einem blauen Auge, etwa einem qualvollen Foltertod, davonkommen zu lassen?

Er schloss die Augen, um vor der Wirklichkeit zu fliehen, doch die Flipperkugeln in seinem Kopf dröhnten umso lauter: Würde er – wenn er blieb, was er jetzt war – überhaupt weiter als Marketing-Leiter arbeiten können? Oder lief er Gefahr, in einem Frauenberuf entsorgt zu werden, um zahnlosen Alten den Brei zu füttern, ungezogene Kinder wie eine Schafherde über Spielplätze zu treiben oder nörgelnden Patienten ihre Rezepte gegen Fußpilz aushändigen, natürlich vom *Herrn* Doktor unterschrieben? Würde sein stattliches Gehalt, eine Hausnummer, hinter der sein dickes Ego residiert hatte, nun den Sinkflug antreten? Und würden ihm demnächst, wenn er zum Kopierer lief, die Kerle mit Stielaugen auf den Hintern glotzen?

Stopp! Dieser Gedanke zeigte, dass er bereits in die Falle gegangen war. Wie kam er darauf, selbst zum Kopierer laufen zu müssen? Eigentlich hatte er sich die Kopien doch immer von Frau Neuner, seiner Sekretärin, machen lassen! Aber würde er künftig noch Chef sein und ein Sekretariat dirigieren? Er war 35 Jahre alt, hatte BWL studiert und seinen Job als Marketing Director vor einem halben Jahr gekündigt, um mit seinem besten Freund Jan durch die Wüste von Dakar zu brettern, eine Männertour auf Motorrädern, deren Motoren lauter als Löwen gebrüllt und Staub bis zum Himmel gewirbelt hatten. Genau sein Geschmack!

Und nun, frisch von der Reise zurück, wollte er seinen Durchmarsch als Bewerber starten. Der Fahrstuhl sollte sich nach oben bewegen, gerne ins Stockwerk der Bereichsleiter. Der Zeitpunkt, da ihn das Frausein übermannte, hätte ungünstiger nicht sein können.

Die Flipperkugeln in seinem Kopf rollten rückwärts, in die Vergangenheit: Er sah sich an einem Tisch thronen, eine Bewerbungsmappe vor sich, auf die er kritisch linste; sah, wie er Einstellungsgespräche mit jungen Frauen führte, die seinem Chefblick so hilflos ausgeliefert waren wie ein Reh auf der Straße dem Autoscheinwerfer.

Eine seiner Lieblingsfragen von damals: »Ist es für Sie denkbar, langfristig auf Teilzeit umzustellen?« Gemeint war natürlich: »Planen Sie Kinder?« (Was man ja so direkt, der blöden Gesetze wegen, nicht fragen durfte!) Und wehe, eines dieser dummen Muttertiere in spe hatte freudestrahlend bejaht. Dann hatte sie erstens bewiesen, dass ihr Intelligenz-Quotient weit unter dem Gefrierpunkt lag, denn sie hatte seine Frage nicht durchschaut; und zweitens, dass sie keine Arbeitsergebnisse produzieren wollte, nur Kinder. Fast immer hatte er junge Männer vorgezogen. Seine Abteilung wollte er sich nicht vom Bauch einer Schwangeren sprengen lassen.

Und nun? Nun flehte er sein Schicksal an, den Scherz in die umgekehrte Richtung zu treiben und ihn zurück in einen Mann zu verwandeln! Denn er wusste, dass es auf dem Weg zu einer Spitzenposition eine Reihe überwindbarer Hindernisse gab – man durfte inkompetent, dumm oder eine emotionale Blindschleiche sein –, aber auch ein unüberwindbares Hindernis: nämlich, dass man nicht Peter hieß (wie er bis zum heutigen Tage), sondern Petra (wie er, so beschloss Herr Müller, *vorerst* ab heute). Männliche Chefs, so behaupteten Wissenschaftler, zögen Bewerber nach ihrem Ebenbild vor, also lupenreine Männer.[1]

Natürlich hatte er solche Studien für Blödsinn erklärt, für geschickte Lobbyarbeit von Frauen, die zwischen Windeln wechseln und Bügeln nichts Besseres zu tun hatten, als Männer in die Pfanne zu hauen. Und allein das Wort »Frauenquote« hatte ihm Geräusche entlockt, die denen seines Motorrads in der Wüste glichen.

Das Problem, in dem er jetzt steckte, war eindeutig ein Frauenkörper. Woher sollten die anderen Männer wissen, dass er einer von ihnen war? Bestand nicht die Gefahr, dass man ihn über einen Kamm mit allen Frauen dieser Erde scherte?

Das Stichwort »Kamm« brachte ihn auf eine Idee. Er stand auf und watschelte – die neuen Füße waren viel zu klein! – vor den Spiegel im Badezimmer. Eine Frau schaute ihn an, die hübsch gewesen wäre, hätte nicht der Schock ihr Gesicht zu einer Grimasse verzerrt; eine Frau, die er nie zuvor gesehen hatte, 20 Zentimeter kleiner als sein einstiges Gardemaß von 1,88 Meter.

Geblieben aus seinem alten Leben waren ihm nur die Haarfarbe (sehr blond), die Augenfarbe (sehr blau) und, so hoffte er, sein Gehirn (sehr klug!).

Herr Müller torkelte zurück ins Bett und murmelte »Gute Nacht!« In der Hoffnung, als Mann wieder aufzuwachen, sank er erneut in tiefe Träume; sie waren unruhiger als zuvor.

Ein Überfall am Morgen

Ein süßes Glockenspiel, fern und leise, umschlich seine Ohren. Das Geräusch schwoll an und senkte sich in seinen Kopf. Ein Hubschrauber beim Landeanflug, sein Bett vibrierte, der Schlaf fiel von ihm ab.

Die Türglocke! Wer konnte das sein, so früh? Die Bewegung, mit der Herr Müller hochschoss, war ein Sit-up aus dem Bilderbuch. Der Morgen lag golden im Zimmer, kitzelte Herrn Müllers Gesicht und verhing seinen Blick. Der Morgen? Das war sein blondes Haar! Mit einer Armbewegung, als wollte er sich ohrfeigen, fegte er sich die ungewohnte Mähne aus dem Gesicht.

Verdammt, das Schicksal hatte seine Reklamation abgelehnt und den Frauenkörper nicht zurückgenommen! Er war nicht mehr Peter, er war …

Weiter kam er in Gedanken nicht, denn nun rüttelte ein Überfallkommando an seiner Haustür. Eine Stimme, romantisch wie ein Wasserrohr-Bruch, ergoss sich durch die Tür: »Peter, du Penner! Es ist 11 Uhr! Liegst du etwa noch im Bett? Wir sind verabredet zum Joggen. Mach auf!«

Das war Jan, sein bester Freund! Instinktiv zog er seine Bettdecke nach oben, denn aus Hunderten Gesprächen wusste er, worauf sich die Wertschätzung seines Freundes bei Frauen konzentrierte. Nein, so würde er ihm nicht vor die Augen treten können, nie im

Leben. Er stand auf, wankte – verdammt, die kleinen Füße! – zur Tür und sagte: »Ich kann heute nicht!«

Das hätte er besser unterlassen! Seine Stimme klang wie der Lockruf einer Meerjungfrau, hell und verführerisch. »Oh«, sagte Jan überrascht, »ich wusste nicht, dass Peter Besuch hat. Das sieht ihm wieder ähnlich, diesem alten Aufreißer!«

Herr Müller erstarrte. Hoffentlich würde sein Freund sich abwimmeln lassen.

»Schick ihn mir mal eben an die Tür«, sagte Jan, »ich muss ihn sprechen.«

»Das geht nicht, er ist … er ist gerade unter der Dusche.«

»Kein Problem, ich warte. Aber lass mich rein, Himmel Donnerwetter, es ist kühl und windig.«

Herr Müller verharrte. Jan begann, wieder an die Tür zu klopfen, kurz und rhythmisch und immer schneller. Herr Müller hielt die Luft an, bis er begriff: Es kam von innen, dieses Klopfen; das war sein Herz! Es schien wild entschlossen, ihm die weibliche Brust zu sprengen oder, falls das nicht gelänge, den Fluchtweg durch die Ohren zu nehmen.

»Er kann jetzt wirklich nicht!«, stieß Herr Müller hervor, und seine Stimme klang so dünn, dass er Mickey Mouse hätte synchronisieren können. »Er ist, wie soll ich sagen, in schlechtem Zustand.«

»Er hat gesoffen. Na und? Glaubst du, wir trinken zusammen nur rosa Kinderbrause?«

»Wenn du jetzt nicht gehst, dann gehe ich. Das wird Peter nicht gefallen!«

»Soll das eine Erpressung werden?«

Herr Müller durchwühlte seinen Kopf nach Worten, aber fand keine.

»Schon gut, schon gut«, sagte Jan. »Dann richte ihm einen Gruß aus: Er soll sich bei mir melden.«

Herr Müller hörte, wie sich Jans Schritte von der Tür entfernten.

Dann kamen sie zurück: »Übrigens, ich bin Jan! Er soll sich bei Jan melden. Kennen wir uns eigentlich? Oder sollten wir uns kennenlernen?« Als Jan keine Antwort bekam (und auch – wider Erwarten – keine Handynummer unter der Tür hindurchgeschoben wurde, obwohl er den schönsten Romeo-Schmelz in seine Stimme gelegt hatte), joggte er mit hallenden Schritten davon.

Wenn Frauen gegen Mauern laufen

Herr Müller watschelte an seinen Kleiderschrank und schlüpfte in einen Pulli, der so groß war, dass er ihn als Fallschirm hätte nutzen können. Und seine Hausschuhe, Größe 46, fanden es lustig, sich beim Laufen immer wieder von seinen Füßen – er schätzte, Größe 39 – zu verabschieden. Kein Zweifel, er musste sich neu einkleiden.

Aber zuerst wollte er sondieren, was ihn – falls sein dämliches Schicksal stur bleiben sollte – in einem Berufsleben als Frau erwartete. Sicher hatte er heute Morgen, im ersten Schock, die Welt zu schwarz gesehen. Männerplanet? Ach was! Die Deutschland AG, Sitz Berlin, wurde doch von einer Kanzlerin geführt! Das wies schließlich darauf hin, dass die Gleichberechtigung mit Siebenmeilen-Stiefeln durchs Land eilte.

Zwar wurde die Kanzlerin »Mutti« gerufen, und jeder zweite Bericht über sie handelte von einem fröhlichen Landleben mit ihrem hausgemachten Apfelkuchen (Rezept streng geheim!). Aber manchmal gestand die Presse der Kanzlerin auch Tiefgang zu, etwa bei der Wahl ihres Ausschnitts in Bayreuth oder der Position ihrer Mundwinkel.

Außerdem: Zog nicht das ganze Land den Hut vor der wichtigsten Personalentscheidung ihrer politischen Karriere, dem Friseurwechsel zu Beginn? Und wenn die Medien mal wieder einen Steckbrief im Fußballstadion aushängten, durfte man sicher sein, dass sie nach Merkels Mann, einem gewissen Professor Sauer, fahndeten (warum weigerte er sich bloß, die Frau an ihrer Seite zu sein?).

Aber deshalb von Klischees, Rückständigkeit oder gar Frauenfeindlichkeit zu sprechen – nur weil man Gerhard Schröder nicht hätte »Papi« nennen können, ohne selbst als infantil zu gelten –, wäre nach Herrn Müllers Gefühl doch entschieden zu weit gegangen. Denn Angela Merkel, das wusste jeder, hatte den größtmöglichen Aufstieg hingelegt: von »Kohls Mädchen«, leibeigen, zu »Deutschlands Mutti«, volkseigen. Das war doch schon was!

Na also, redete sich Herr Müller ein, die Chancen für Frauen standen gar nicht so schlecht! Vielleicht auch in der freien Wirtschaft. Klar, vor 25 Jahren hatte man noch von der »gläsernen Decke« gesprochen. Aber mittlerweile trugen die Arbeitgeber doch rosa Kleider, mittlerweile wurden führungswillige Frauen händeringend gesucht, zur Not sogar mit dem Sieb einer Quote.

Als Betriebswirt hatte Herr Müller gelernt, sich auf ZDF zu verlassen, auf Zahlen, Daten, Fakten. Er tippelte ins Arbeitszimmer, ließ sich auf den Schreibtischstuhl sinken, der leise aufstöhnte, und warf den Computer an. Dann tippte er – gar nicht so leicht mit diesen langen Fingernägeln! – in die Tastatur: »Frauen Beruf Chancengleichheit.« Sofort ploppte ihm der Artikel eines Karriereberaters – A. Diesel hieß der Typ – entgegen. Die Überschrift machte ihn neugierig, er begann zu lesen.

Die Lüge von der Chancengleichheit

Bomben-Karriere: Frauen im Minenfeld

Wir Deutschen haben es geschafft, die Berliner Mauer einzureißen, aber eine andere Mauer steht noch. Sie zerschneidet die Berufswelt in zwei Hälften: das Karriere-Land, für ihn, und das Nicht-Karriere-

Land, für sie. Wer als Frau die Seite wechseln will, muss sich über die grüne Grenze schleichen, sonst droht offenes Feuer.

Feuer droht durch Journalisten, wenn sie jede Managerin im Interview fragen: »Wie bringen Sie Beruf und Kinder unter einen Hut?« Das Gerichtsverfahren ist eröffnet, die Angeklagte hat das Wort. Und die Richter lauern darauf, welches Delikt sie denn nun eingesteht: Leiden die Kinder? Oder leidet der Beruf? Dagegen wird der Manager, der das gerahmte Foto seiner Kleinen auf dem Schreibtisch präsentiert, natürlich gefragt: »Wie schaffen Sie es, genug Freizeit mit Ihrer Familie zu verbringen?« Worauf er, selbst wenn er seine Familie nur noch vom Hörensagen kennt, die rührende Geschichte vom frühen Feierabend am Freitag erzählt.

Feuer droht durch eine Gesellschaft, die immer noch durch die Brille der Geschlechter-Klischees schaut: Ein frischer Vater, der seine Arbeitszeit steigert, gilt als guter Versorger; eine Frau, die dasselbe tut, als Rabenmutter. Ein Mann, der für seine Ziele kämpft, gilt als durchsetzungsstark; eine Frau, die dasselbe tut, als verbissen und zickig. Und was »gute Rhetorik« wäre, aus seinem Mund, sind bei ihr nur »Haare auf den Zähnen«.

Feuer droht auch durch Firmen, die eine Führungsposition immer noch als Altar betrachten, vor dem eine(r) täglich zwölf Stunden zu beten hat, natürlich in Vollzeit und Anwesenheit. Gleichzeitig bezahlen und befördern die Unternehmen nicht nach erbrachter Leistung, sondern nach gesprochener: Wer mit der Verbal-Pistole wedelt und Forderungen stellt, wie es viele Männer tun, erbeutet mehr Ansehen, mehr Gehalt, mehr Macht. Wer erstklassige Leistungen bringt und erwartet, von alleine dafür belohnt zu werden, wie es viele Frauen tun, dem geht es wie im Märchen: Und wenn sie nicht gestorben ist, dann wartet sie noch heute!

Und zu guter Letzt droht Feuer, das Frauen auf sich selbst eröffnen. Was tut ein Mann, wenn er eine Absage auf seine Bewerbung bekommt? Er schimpft auf den Entscheider. Was tut eine Frau? Sie fragt sich, was sie falsch gemacht hat. Was tut ein Mann, wenn er einen kleinen Erfolg erzielt hat? Er hängt ihn an die große Glocke. Was tut eine Frau? Sie präsentiert das Haar in der Suppe und verspricht, sich beim nächsten Mal zu steigern.

Und wenn eine berufstätige Frau ihre Qualitäten als Mutter einschätzt, vergleicht sie sich nie mit dem Vater des Kindes, wobei sie vorzüglich abschnitte, sondern immer mit Vollzeit-Müttern!

Der Sozialismus in Deutschland ist mit der Berliner Mauer gefallen, die real existierende Männerwirtschaft blüht. Ihr Zentralrat muss ein Aufsichtsrat sein, ein reines Männergremium. Oder wie erklärt es sich sonst, dass man bei den 200 größten deutschen Unternehmen 25 Vorstandstüren öffnen muss, bis man die erste Frau findet – dass also nur vier Prozent der Vorstände weiblich sind?[2] Wie kommt es, dass in der Lohntüte der Frauen ein großes Loch klafft, durch das 21 Prozent des durchschnittlichen Männergehaltes rieseln, womit Deutschland Europameister in Gehalts-Diffamierung ist?[3] Und wie passt es zu einer modernen Gesellschaft, dass über 80 Prozent der Teilzeit-Stellen von Frauen bekleidet werden – während Männer bei den Arbeitszeiten so gut wie nie halbe Sachen machen?[4]

Genug! Herr Müller konnte es nicht mehr lesen, dieses Gewäsch eines Berater-Fuzzis. Zwar mochten die Zahlen stimmen, aber der wichtigste Punkt versteckte sich ganz am Ende des Textes: Was die Frauen vom Erfolg trennt, waren sie selbst! Die Spielregeln der Karrierewelt hatten sie nicht begriffen. Erst über die eigenen Füße stolpern und dann die Schuld bei den Männern suchen, das ging gar nicht!

Herr Müller presste seinen Körper gegen die Lehne seines Bürostuhls, schloss den Browser und öffnete seine Bewerbungsunterlagen. Vom Deckblatt schaute ihn ein Mann mit blondem Kurzhaarschnitt an. Fremd kam ihm dieser Typ vor, fast exotisch. Aber nicht nur das: Er fand ihn sympathisch, gut aussehend, ja sogar … Hatte

20

er jetzt »süß« gedacht? Verlegen zwirbelte er eine Haarsträhne zwischen Daumen und Zeigefinger. Aber nein, er fühlte sich nicht zu Männern hingezogen, ganz bestimmt nicht! Schließlich lag es ihm fern, Vorstandsvorsitzender eines Drei-Personen-Haushalts zu werden, an den nur ein schreiendes Baby berichtete, während der Etat vom Mann des Hauses verteilt wurde! Er wollte zurück in eine Führungsposition. Er war gelernter Mann, er würde das schaffen. Auch als Petra Müller. Und ganz sicher ohne Apfelkuchen!

Und so begann er, seine Bewerbungsunterlagen zu überarbeiten.

Warum Schönheit den Aufstieg bremst

Dass es so leicht ist, ein Zeugnis zu fälschen, hätte Herr Müller nie gedacht. Es brauchte nur einen erstklassigen Scanner (den hatte er), ein Bild-Bearbeitungs-Programm (das lud er sich runter) und eine doppelte Portion kriminelle Energie (die er, zugegeben, noch auf Vorrat hatte). Je länger er arbeitete, desto dichter führte er seinen Kopf an den Bildschirm, um als Fälscher bloß keine Spuren zu hinterlassen.

Nach drei Stunden waren ihm die weiblichen Formen, die seinen Körper schon erobert hatten, auch sprachlich gewachsen: »Peter« hatte sich zu »Petra« verwandelt, »Herr« zu »Frau«, »Mitarbeiter« zu »Mitarbeiterin«. In letzter Sekunde – das hätte er fast übersehen! – kam »der Vorgesetzte« für eine Geschlechtsumwandlung unters Messer, bis »die Vorgesetzte« übrig blieb.

In den Arbeitszeugnissen hatte er auch die restlichen Texte verändern müssen, weil die Wortlänge nicht mehr aufging. Das kam ihm gerade recht: Nun sagten ihm seine Ex-Chefs nicht mehr »gute Führungseigenschaften« nach, sondern »exzellente«. Die »stets volle Zufriedenheit« war angeschwollen zur »stets vollsten«, der letzte Jahresetat unter seinen Fittichen von drei auf neun Millionen explodiert. Und seiner Abteilung aus zwölf Leuten waren neun neue Köpfe gewachsen. Nebenbei hatte er seine BWL-Abschlussnote, eine fade 2,5 (er hatte damals vor allem das Nachtleben studiert!), in eine strahlende Eins verwandelt.

Den Kopf so dicht am Bildschirm, als wollte er ihn küssen, ging er seinen Lebenslauf noch einmal durch: 35 Jahre, ledig (und zurzeit Single!), Abitur auf dem zweiten Bildungsweg (Note 2,3), BWL-Studium an einer Fachhochschule (fünf Jahre, bis zum 25. Lebensjahr), erster Arbeitsplatz im Marketing eines Konzerns (zwei Jahre), zweiter Arbeitsplatz als Produktmanager eines Mittelständlers (drei Jahre) – und schließlich sein Wechsel zu dem Reifenhersteller Sander GmbH, wo er schnell den Sessel des Marketing Directors erobert und fünf Jahre gearbeitet hatte, bis zu seiner Motorradtour.

Sein neues Zeugnis beförderte ihn zum »Marketing Director International«, damit niemand auf die Idee kam, seine Marketing-Aktivitäten hätten nie einen Fuß ins Ausland gesetzt (auch wenn das leider so war!). Und aus der Motorradtour, die er eigentlich als Selbstfindungs-Trip hatte präsentieren wollen, machte er eine Sprachreise; schließlich wollte er nicht als Mannsweib gelten.

Zufrieden grinste Herr Müller. Hieß es nicht immer, dass Frauen so viel Wert aufs Frisieren legten? Er hatte sich gerade als Meister darin erwiesen! Mit diesen Bewerbungsunterlagen würden sich die Führungstüren vor ihm schneller öffnen, als er daran klopfen könnte.

Mit einer eleganten Bewegung ließ er seinen Bürostuhl an den Rand des Schreibtisches gleiten. Der Drucker spuckte stotternd Blatt für Blatt aus. Alles perfekt, bis auf … Ach ja, der blonde Typ auf dem Deckblatt! Er markierte das Foto auf dem Bildschirm und drückte die Enter-Taste. Das Gesicht löste sich auf, eine weiße Fläche blieb.

Herr Müller hielt inne. Und schluckte. War sein altes Leben nicht wie dieses Bild verschwunden? Hatte sich das übermütige Schicksal letzte Nacht womöglich auf der großen Tastatur vertippt? Und war es jetzt zu stolz, den Fehler einzugestehen und den reklamierten Frauenkörper gegen das Vorgängermodell umzutauschen (er hoffte immer noch, zurück in sein altes Leben zu dürfen)?

Eine Sekunde lang spielte er mit dem Gedanken, seine Bewerbung ohne Foto zu verschicken – schließlich ergab sich aus dem Allgemeinen Gleichbehandlungsgesetz, dass kein Arbeitgeber mehr Fotos von Bewerbern anfordern durfte.[5] Aber dann fiel ihm ein, was er selbst als Chef gedacht hatte, wenn sich Frauen mit einem Deckblatt ohne Foto bewarben: »Die hat bestimmt gute Gründe, kein Bild von sich zu schicken!«

Wer als Frau über den Rummel gehen konnte, ohne gleich für die Geisterbahn geworben zu werden, hätte sich die Chance eines Fotos niemals entgehen lassen – und sei es, um einen Vorwand zu haben, das Badezimmer mal wieder zwei Stunden zwecks Kriegsbemalung zu blockieren (wie oft hatte ihn seine Ex Katja Hansen, eine Zeitungs-Redakteurin, zur Verzweiflung gebracht, weil sie ihren ersten Wohnsitz ins Bad verlegte!).

Bei männlichen Bewerbern ohne Foto wäre er hingegen nie auf die Idee gekommen, sie unter Hässlichkeits-Verdacht zu stellen: »Wahrscheinlich nervt es ihn, sich mit einem Dauergrinsen fotografieren zu lassen. Geht mir auch so!«

Und bei allzu schönen Bewerberinnen warf er als logischer Denker die Frage auf, wie wahrscheinlich es war, dass jemand im Lotto der Natur gleich zweimal sechs Richtige zog, beim Gesicht *und* beim Gehirn?

Es war wie in der Schule: Zwei Talente auf diametralen Feldern, etwa für Mathematik *und* für Deutsch, schlossen sich nahezu aus. Außerdem fürchtete er, dass eine solche Frau nur über den Gang zu spazieren brauchte, um die Männerhirne in den angrenzenden Büros vollends abstürzen zu lassen, die Frauen in den Zickenkrieg zu treiben und die Arbeit in eine Nebenrolle zu drängen.

Er musste an eine Studie israelischer Wirtschaftswissenschaftler denken, die ihm Jan kürzlich gemailt hatte: Bewarb sich ein attraktiver Mann (wie er es bislang war!), so verdoppelten sich seine Chancen, eine Einladung fürs Vorstellungsgespräch zu bekommen. Lohn der Schönheit! Das Gegenteil traf auf attraktive Frauen zu: Sie bekamen ihre Schönheit durch Absagen quittiert.[6] Aschenputtel war gefragt, Schneewittchen fiel durch.

Um zu prüfen, in welche Kategorie er als Petra fiel, trat Herr Müller erneut vor den Spiegel. Sein Anblick – war das wirklich *er*? – verwirrte ihn. Ein Frauengesicht, dessen Haut so glatt und ebenmäßig war, dass die Jahre daran abgerutscht waren (bis auf ein paar winzige Fältchen in den Augenwinkeln). Man hätte ihn für Anfang 30 halten können. Die Stirn, umspielt von einer blonden Mähne, war hoch und wohlgeformt. Die leicht gebräunte Haut schwang sich über erhabene Wangenknochen und tauchte links und rechts in zwei neckische Grübchen. Und schließlich blieb sein Blick an vollen, wenn auch ungeschminkten Lippen hängen, die ein feines Schmollen andeuteten.

Als Aschenputtel, das ahnte Herr Müller, würde er nicht durchgehen.

Wer hat Angst vorm Klapperstorch?

Herr Müller kam sich vor wie ein Feldherr, der zurück auf eine Schlacht blickte, die mit großen Verlusten einhergegangen war: Nervenverlusten! Dabei lag nur ein einziger Tag seines Lebens hinter ihm, sein erster Tag als Frau. Er saß auf dem Ledersofa im Wohnzimmer, den Laptop auf den Oberschenkeln. Auf dem Bildschirm flimmerte eine Mail von Jan:

Hey Peter,

oder darf ich dich untreue Tomate nennen? Kaum läuft dir
eine Schnecke über den Weg, lässt du mich alleine durch den
Stadtpark laufen! Endet deine Freundschaft an der Bettkante?
Nun gut, ich gönn es dir!
Ist die Kleine eigentlich so süß wie ihre Stimme? Besonders
helle scheint sie aber nicht zu sein: Als sie sagen wollte, dass
du nicht zum Joggen kommst, hat sie von sich selbst gesprochen (»Ich kann heute nicht.«). Wo hast du sie eigentlich aufge-
gabelt?
Und denk dran: Morgen, 11 Uhr, gehen wir joggen. Diesmal
keine Ausreden!

Bis bald, altes Haus!
Jan

Während Herr Müller überlegte, was er antworten sollte, geisterte
der Tag seines bösen Erwachens noch einmal durch seinen Kopf.
Am Nachmittag war er in die Stadt gegangen, in seiner liebsten
Jacke. Die erwies sich plötzlich als so groß, dass die Ärmel seine Hände amputierten. In der Fußgängerzone war er gestolpert
und hingefallen, seine viel zu langen Schuhspitzen hatten den As-
phalt gestreift, und ein Vater flüsterte seiner kleinen Tochter zu:
»Sie ist betrunken, diese Frau! Wahrscheinlich lebt sie auf der Straße. Schau dir nur die große Männerjacke an, die hat sie bestimmt
vom Roten Kreuz bekommen.«

Seit wann interessierte sich die Menschheit dafür, was er trug
und was er trank? Als Mann hätte er im grünen Kostüm des Außer-
irdischen durch die Innenstadt torkeln können, auf jeder Schulter
ein kleines Raumschiff, ohne schräg angeschaut zu werden. Nie
hatten sich Fremde erdreistet, seine Kleidung zu kommentieren

oder seinen Schnapspegel zu schätzen (obwohl sich eine solche Schätzung an manchen Tagen, die er mit Jan verbrachte, wahrlich gelohnt hätte!).

Und dann erst der Spießrutenlauf in die Kleiderabteilung des Kaufhauses! Er war sich vorgekommen wie ein Mittelstürmer, der aufs Tor zueilte, aber sofort von einem Verteidiger attackiert wurde. Eine schnippische Verkäuferin sprang ihm in den Weg. Mit ihren Blicken vermaß sie ihn von Kopf bis Fuß. »Kann ich Ihnen helfen?« Den wichtigsten Teil ihres Satzes hatte sie nicht gesprochen, aber er dachte ihn mit: »Kann ich Ihnen *vor die Tür* helfen?« Offenbar hielt man ihn für eine Pennerin.

Die Verkäuferin bestand darauf, Herrn Müller bei seinem Einkauf zu »begleiten«, was schöner als »beaufsichtigen« klang, aber dasselbe meinte. Als sie ihn, während er in einem Stapel aus BHs wühlte, nach seiner Körbchengröße fragte, schwoll sein Kopf zu einer Farbe an, mit der er alle Rotlicht-Bars der Stadt hätte beleuchten können. Er gab sich die B-Note (und lag damit richtig, dank langjähriger Außen-Expertise), griff sich bequeme Unterwäsche (bloß keinen erotischen Spielkram!), sprengte fast ein 36er Kleid, wechselte dann in ein passendes 38er und spazierte schließlich in Schuhen der Größe 39, natürlich nicht hochhackig, aus dem Laden.

Die nächste Keule hatte ihn im Fotostudio getroffen. Herr Müller war zu seinem Stammfotografen gegangen, für Bewerbungsfotos. Aber der Fotofritze führte ihn nicht vor die Kamera wie sonst, sondern in eine kleine Kabine mit Spiegel (diesen Raum hatte er als Mann noch nie gesehen): »Hier können Sie sich zurechtmachen! Damit Ihre Bewerbung auch Erfolg hat.«

Zurechtmachen? Meinte er damit etwa, dass es sich mit Herrn Müllers neuem Gesicht wie mit einem Sandwich verhielt, dass es ohne Streichkäse aus Rouge, ohne Streugewürz aus Puder, ohne glänzende Zwiebelstreifen aus Lipgloss wertlos wie trockenes Brot war? Und warum hatte derselbe Fotograf nie ein Problem gehabt, ihn als Mann abzulichten mit Augenrändern wie Bierdeckeln, ohne Umweg über den Schminkraum? Der Typ hatte sein Gehirn wohl in der Dunkelkammer gelassen!

Herr Müller rückte auf dem Ledersofa ein Stück nach hinten und klickte die Gedanken des Tages aus seinem Kopf, so wie er jetzt die Mail von Jan wegklickte.

Seine Bewerbung war inzwischen mit einem Foto versehen (er hatte sich tatsächlich ungeschminkt fotografieren lassen, um nicht in die Schneewittchen-Falle zu tappen!), nun lautete die Frage: An welche Firmentüren sollte er klopfen? Seine Hand glitt über die Tastatur, er rief Stellenportale auf und stieß auf ein halbes Dutzend leitender Positionen im Marketing. Auf jede davon wollte er sich bewerben. Seine Qualifikation war so gut, dass es ihn nicht gewundert hätte, mehrere Zusagen zu bekommen – als Peter Müller. Aber als Petra, 35, kinderlos und attraktiv, war er sich seiner Sache nicht mehr so sicher.

Doch dann geschah ein Wunder: Bei einer der Positionen – Marketing-Bereichsleiter bei einem Energie-Konzern – war eine »anonyme Bewerbung« gefragt. Herr Müller zog den Laptop dichter an seinen Körper. Aus der Wirtschaftspresse wusste er, dass Firmen mit dieser neuen Form experimentierten. Der Bewerber musste nur seine Qualifikation offenlegen, nicht aber seinen Namen und sein Geschlecht, sein Alter und seine Herkunft. Studien hatten ergeben, dass von der anonymen Bewerbung vor allem die bedrohten Minderheiten im Land profitieren, sprich Migranten (aus exotischen Ländern) und Frauen (aus einem exotischen Geschlecht).[7]

Herr Müller hielt inne, denn der Umkehrschluss hieß doch, dass alle anderen Unternehmen genau diese Gruppen ebenfalls bevorzugten, wenn auch nur beim Aussortieren! Eigentlich hätte ihn das nicht wundern dürfen, denn er selbst hatte doch die Muttertiere in spe vom Hof gejagt. Aber während er meinte, schlauer als die anderen zu sein, schwamm er offenbar in der Mitte eines großen Konsens-Stroms, dessen Gluckern den Personalverantwortlichen einflüsterte: »Im Zweifel gegen die Frau!«

Und wenn es einen Korridor des Zweifels gab, dann zwischen dem 16. und dem 49. Lebensjahr, jener Zeit, da der Klapperstorch zum Tiefflug ansetzen konnte. Vorher war keine Karriere möglich, weil die Frauen noch zu jung waren, danach keine mehr, weil sie schon zu alt waren. Wie praktisch für die Männerwirtschaft! Aber nicht für Herrn Müller, seit er Petra hieß! Seine 35 Jahre, die er bis dahin als »bestes Alter« gesehen hatte, fühlten sich auf einmal wie ein dampfendes Brandmal auf der Stirn an.

Aber warum sollte er den Tag vor dem Abend schimpfen? Herr Müller ließ seine Finger klappernd über die Tastatur spazieren. In seinem Anschreiben betonte er, »Single aus Überzeugung« zu sein (um die Angst vorm Klapperstorch zu zerstreuen), und brachte seine Bewerbungen auf den Weg, fünfmal als Petra Müller, einmal anonym.

Und nun, als letzte Tat des Tages, tippte er noch eine Mail an Jan:

Hey Jan,

stell dir vor, Petra – so heißt sie – ist bei mir eingezogen! Es war keine Liebe auf den ersten Blick, ich bin morgens mit ihr aufgewacht und musste mich erst an sie gewöhnen. Aber nun sieht es so aus, als ob wir zusammenblieben und keinen Schritt mehr ohne einander gingen.

Wenn du meinst, sie sei nicht helle, irrst du dich. Sie hat die Logik eines Mannes (was ein Segen ist!) und den Körper einer Frau (kein Kommentar!). Du würdest sie mögen.

Was das Joggen angeht: Bitte vorerst ohne mich!

Bis bald
Peter

Von Mäuschen und Zockern

Als Herr Müller die erste Antwort-Mail auf seine Bewerbungen bekam, machte sein Herz einen Sprung, als wollte es aus der Brust hüpfen. Diese Reaktion war völlig übertrieben, denn es handelte sich nur um die Eingangsbestätigung einer Brauerei, bei der er sich als Bereichsleiter Marketing beworben hatte.

Solche Eingangsbestätigungen fühlten sich an, als hätte man einen lange geprobten Heiratsantrag mit Knicks gemacht, der jedoch die erwartete Wirkung verfehlte. Statt einem mit Tränen der Rührung in die Arme zu fallen, antwortete die Angebetete schnippisch: »Ich habe Ihre Bewerbung erhalten, vielen Dank dafür. Bitte geben Sie mir zwei Wochen, ehe ich entscheide, wen ich zum persönlichen Vorstellungsgespräch einlade.«

Herrn Müller war klar: Die Braut hoffte, dass ihr noch ein besserer Typ als er über den Weg lief. Nur vorsichtshalber hielt sie seine Bewerbung in Reserve, als eiserne Ration – so wie Peter Müller sich Frauen warmgehalten hatte, deren Nummer er nur dann wählte, wenn ihn alle anderen versetzt hatten.

Diese grauen Mäuschen hatten vor Freude gepiepst, wenn er sich nach einem halben Jahr mal wieder bei ihnen meldete. Keine schien auf die Idee zu kommen, dass sie nur zweite Wahl war. Sie gingen fest davon aus, er habe sechs Monate sein Telefon umschlichen, mit Herzrasen und zitternder Hand, ehe er es endlich wagte, ihre Nummer zu wählen.

Eines dieser Mäuschen war Sibille gewesen, eine Brünette aus der Buchhaltung. Ihr war es zu verdanken, dass sein Gehalt in nur drei Jahren von 60.000 Euro auf 140.000 Euro explodiert war. Denn Sibille hatte ihm ein kleines Geheimnis des Prokuristen Klaus Eiger gesteckt: Der Herr, ein passionierter Roulette-Spieler, pflegte sich an der Firmenkasse zu wärmen, wenn er mal wieder klamm war.

Sibille hatte zufällig herausgefunden, dass Eiger hohe Rechnungen für Beratungs-Dienstleistungen der imaginären Firma »Denkquelle« stellte. Das Geld floss aufs Konto seiner Frau.

Aus lauter Angst um den eigenen Arbeitsplatz, als hätte es selbst etwas ausgefressen, hatte das Mäuschen gegenüber dem Geschäftsführer nicht mal »piep« gemacht. Doch als er, Peter Müller, im Bilde war, spazierte er fröhlich pfeifend in das Büro seines Vorgesetzten. Eiger, dem die Rente auf schnellen Füßen entgegeneilte, sah mit seiner grauen Einstein-Frisur immer aus, als wäre er gerade dem Bett entstiegen, wenn auch im Maßanzug.

»Ich finde, es wird Zeit für eine Gehaltserhöhung«, sagte Peter Müller, während er sich mitten im Raum aufbaute.

Eiger sah aus dem Fenster, wo gerade ein Platzregen aufs Pflaster prasselte. »Und ich finde, wir bräuchten heute besseres Wetter.«

»Ich möchte nicht mehr 60 000, sondern 90 000 Euro.«

»Und ich möchte jetzt einen Regenbogen«, sagte Eiger zum Fenster. »Und danach strahlenden Sonnenschein!«

Peter Müller kam einen Schritt näher. »Ich habe gute Argumente!«

»Ich auch. Dieser ewige Regen kotzt mich an. Und trotzdem lässt sich Petrus von mir nicht beeindrucken.«

»Aber ich kann Sie beeindrucken.«

Eiger wandte sich vom Fenster ab und beugte sich ein winziges Stück nach vorne, wie ein sprungbereiter Panther. »Sapperlot, jetzt mal im Ernst, Müller: Ein Drittel mehr Gehalt, ich bitte Sie! Ihre Kollegen sind schon froh, wenn sie drei Prozent bekommen.«

»Ich habe bessere Argumente.«

»Und ich habe das Gefühl, Sie überschätzen sich!«

Peter Müller setzte ein gefährliches Grinsen auf. »Herr Eiger, mir liegt das Angebot einer steinreichen Firma vor. Das Geld sprudelt auf ihr Konto, ohne dass sie dafür einen Finger krummmacht.«

Eiger quetschte das Kinn zwischen Daumen und Zeigefinger,

seine Augen verengten sich zu Schießscharten. »Darf ich erfahren, wie diese Firma heißt?«

»Denkquelle ...«

Die Gesichtszüge des Prokuristen entgleisten, als hätte ein plastischer Chirurg seine Arbeit auf halbem Weg unterbrochen. Fortan suchte Müller den unglückseligen Zocker alle sechs Monate mit seinen Gehaltswünschen heim. Dem Mäuschen aus der Buchhaltung hatte er vorsichtshalber nichts davon erzählt, sonst wäre es womöglich auf die Idee gekommen, ebenfalls am Gehaltsetat zu knabbern. So hatte er sich ein stattliches Sümmchen angespart, genug für arbeitsfreie Monate und spektakuläre Motorradtouren.

Doch leider stand Klaus Eiger kurz vor der Rente, und wer wollte seinen Ölförderturm schon auf eine versiegende Quelle bauen? Sicher hätte ihn der alte Zocker, wäre er nach seinem Abgang aufgeflogen, mit in den Abgrund gerissen. Deshalb hatte Herr Müller beschlossen, sich eine neue Quelle zu erschließen, aus eigener Kraft als Bewerber.

Zehn Tage nach der Eingangsbestätigung mailte ihm seine potenzielle Braut noch einmal. Die Brauerei-Heinis hatten wohl zu lange im eigenen Starkbier gebadet, denn sie schrieben: »Wir bedanken uns für Ihr großes Vertrauen, das Sie uns durch Ihre Bewerbung entgegengebracht haben.« Wenn es schon Vertrauen brauchte, sich in einem solchen Saftladen zu bewerben, was brauchte es dann, um dort zu arbeiten? Den Mut eines Löwen? Das Gehirn eines Spatzen? Oder gar fortgeschrittene Selbstmord-Absichten?

Die Absage war in einen rhetorischen Zuckerguss verpackt, und am Ende hieß es: »Bitte werten Sie die Tatsache, dass wir uns anders entschieden haben, nicht als Geringschätzung Ihrer Person oder Ihrer Qualifikation.« Die Braut gab ihm einen Korb und fuhr, vor Vergnügen quietschend, mit einem anderen in die Flitterwochen. Und er, der Verschmähte, sollte das »nicht als Geringschätzung seiner Person« werten. Wie denn sonst, bitteschön?!

Herr Müller hätte perfekt zu der Position gepasst, sie war gewissermaßen aus seiner Rippe geschnitzt, wie einst Eva aus Adam. Aber genau hier, fürchtete er, lag der Fehler: Als Mann wäre er gegen die schlimmste aller Krankheiten gefeit gewesen, eine Krankheit, die neun Monate dauerte, mit einem Schrei endete und 18 Jahre nachwirkte. Und diese Krankheit konnte man sich, sofern man eine Frau war, mehrfach im Leben einfangen. Und andere Krankheiten noch dazu, da der schreiende Erreger in den ersten Lebensjahren seine Infektionen abstrahlte wie Atommüll seine Radioaktivität, immer auf die Mutter, die sich ohne Schutzanzug in die Sperrzone Kinderzimmer wagte, Verseuchung garantiert.

Kein Wunder, dass die Arbeitgeber auf Nummer sicher gingen. Und diese Nummer war ein Mann! Er war überzeugt, dass Peter Müller, anders als Petra, ins Vorstellungsgespräch gekommen wäre, sogar ohne frisierte Unterlagen. Aber erst recht mit!

Sein Verdacht formte sich zur Gewissheit, als er auf alle anderen Bewerbungen Absagen bekam, bis auf die anonymisierte bei einem Energiekonzern; hier flatterte ihm eine Einladung ins Haus. Doch wie, in drei Teufels Namen, sollte er während des Vorstellungsgespräches verbergen, dass er eine Frau war und anfällig gegen neunmonatige Krankheiten? (War er eigentlich anfällig dafür? Konnte er jetzt Kinder kriegen? Er schüttelte seinen Kopf heftig, bis dieser merkwürdige Gedanke wieder von ihm abfiel.) Was brachte es, einen Schleier zu tragen, wenn man ihn im entscheidenden Augenblick lüften und Gesicht zeigen musste?

Sicher, die anonyme Bewerbung sorgte dafür, dass – quasi aus Versehen – mehr Alte, mehr Ausländer, mehr Frauen zu Vorstellungsgesprächen eingeladen wurden. Aber diese Missgeschicke konnten die Firmen mit Leichtigkeit korrigieren: indem sie nicht *vor*, sondern *während* des Vorstellungsgespräches aussortierten. Tschüs Abdullah! Tschüs Alter! Tschüs Antje!

Aber er, Herr Müller, war ja gelernter Mann. Er wusste genau, was er tun musste, um seinen ehemaligen Geschlechtsgenossen den Respekt wie Babybrei einzuflößen – und den Job seiner Träume zu erobern.

Bewerberin trifft Schwangerschafts-Spione

Als Herr Müller merkte, dass sein Vorstellungsgespräch aus dem Ruder lief, war schon alles zu spät.

Den kompletten Morgen hatte er vorm Spiegel verbracht, um sich so zu schminken, dass er ungeschminkt aussah. Doch so fein er den Lippenstift auch zog, jedes Mal glotzte ein Vamp aus dem Spiegel, der sich von frischem Männerfleisch zu ernähren schien. So wenig Rouge er auch auftrug, seine Wangen erglühten wie bei einem hitzigen Liebesspiel. Sein Kajalstrich sah verwackelt aus, als hätte ihn ein Betrunkener gezogen. Und bei dem Versuch, sein Puder-Döslein aus der Nähe zu betrachten, hatte er versehentlich eine weiße Nebelwolke eingeatmet, die ihn jetzt immer wieder niesen ließ.

Die Hälfte seiner Zeit hatte er damit verbracht, sich Schminke ins Gesicht zu kleistern, die andere Hälfte, sie wieder runterzukratzen. Am Ende konnte er sich das Rouge sparen, er hatte so viel auf seinem Gesicht herumgerubbelt, dass es wund wie ein Babypopo war. Und in der Zeit, in der er sein Haar machte, hätte man einen ganzen Hof voller Ponys auf Hochglanz striegeln können. Allmählich ahnte er, was Katja, seine Ex, so lange im Bad getrieben hatte.

Als Mann war er vor wichtigen Terminen nur für einen kurzen Boxenstopp ins Bad abgebogen: eine Minute föhnen, zwei Minuten rasieren, Deo links, Deo rechts. Dann einen kurzen Blick in den Spiegel, um den Schönsten im ganzen Land zu grüßen – hey, Peter, alter Kumpel! – und auf ging's!

Und erst das Kleiden! Als Mann hätte er die ungeheuer komplizierte Wahl gehabt zwischen dunklem Anzug und dunklem Anzug, Hemd und Hemd, Krawatte und Krawatte.

Aber als Frau – das merkte er jetzt, nach diversen Einkäufen – stand ihm so viel Kleidung zur Auswahl, dass die beste Zeitmanagement-Idee darin bestanden hätte, grundsätzlich im Schlafanzug zur Arbeit zu gehen. Herr Müller verstand nicht, warum es keine *Frau* Knigge gab, die offiziell festlegte, ob man für wichtige Business-Termine ein Kostüm oder einen Hosenanzug tragen sollte? Ein Kleid oder eine Hose mit Blazer? Oder doch besser einen Rock mit Jacke?

Hinzu kamen wissenschaftliche Fragen, zu kompliziert für einen schlichten Männerkopf: Wenn ein Rock, wie kurz oder wie lang? Wenn ein Ausschnitt, wie tief (um genug zu zeigen) oder wie flach (um genug zu verbergen)? Wenn ein Kleid, wie eng (ohne anzüglich zu sein) oder wie weit (ohne dass frau noch fetter wirkte, als sie sich ohnehin schon fühlte, natürlich ohne es zu sein)? Und wenn Farbe, wie bunt (um nicht als graues Mäuschen durch die Welt zu schleichen) oder wie gedeckt (um kein Go-go-Girl-Image zu erwerben)?

Mit einem Hosenanzug (das war ihm noch am vertrautesten!), einer blauen Bluse (in sehnsüchtiger Erinnerung an seine Hemden!), schwarzen Lackschühchen und einem flauen Gefühl im Magen ging er dann ins Vorstellungsgespräch. Der Raum dämmerte hinter einer zugezogenen Jalousie, dicker Teppich dämpfte die Schritte, die Strahler von der Decke stellten das Make-up auf eine harte Probe. Der Tisch war groß genug für eine Partie Tischtennis.

Ihm gegenüber hatten sich zwei Herren breitgemacht: Markus Otten, der Personalchef, ein rundlicher Typ mit Glatze, und Karl Schlagetter, der Marketing-Vorstand des Energie-Konzerns, ein älterer Herr mit rotem Einstecktuch.

Die beiden Firmenvertreter nahmen den Begriff Vorstellungs-gespräch wörtlich: 15 Minuten lang, ohne Atempause, stellten sie sich und ihre Firma vor, ein Heldenepos. Sie redeten den Strom ih-res Energiekonzerns grün (»Unser wichtigster Kooperationspartner ist die Sonne!«), die Hierarchie zum Flachland (»Bei uns ist jeder Mitarbeiter eine Art Manager!«), die Gewinnabsicht zur Nebensa-che (»Wir sind Vorreiter einer gesellschaftlichen Entwicklung, der Energiewende!«) und den Job des Bereichsleiters Marketing zur spannendsten Aufgabe seit Erfindung der Arbeitswelt.

Aber die höchsten Eigenlob-Gesänge stimmten sie an, als sie über die anonymisierte Bewerbung sprachen. Ihre Anzüge staub-ten vor lauter Schulterklopfen. Am Ende meinte Personalchef Ot-ten: »Die anonymisierte Bewerbung stellt sicher, dass wir nieman-den ausgrenzen, nicht einmal Behinderte.«

Ach ja, seine Behinderung! Für ein paar Sekunden hatte Herr Müller vergessen, dass er hier als Frau saß.

Otten sah ihn streng an. »Nun müssen Sie uns einmal erklären, wie Sie Marketing Director International geworden sind, mit nur 35 Jahren?«

Herr Müller hatte sich vorgenommen, die selbstbewusste Erzähl-weise eines Mannes anzuschlagen. Er reihte Erfolg an Erfolg, Groß-tat an Großtat. Stets war es seine Hand, die Wasser zu Wein und Probleme zu Lösungen machte. Doch gerade, als er zu einem neu-en Husarenstreich anhob, fiel ihm der Geschäftsführer Schlagetter ins Wort: »Sie leiden nicht gerade unter einem akuten Mangel an Selbstbewusstsein.«

»Dann passen wir gut zusammen«, gab Herr Müller mit einem Augenzwinkern zurück. Er lachte herzhaft. Doch die beiden Her-ren lachten nicht (wie sonst unter Alpha-Männern bei solchen Sprüchen üblich), sondern zogen empört die Augenbrauen nach oben. Die Strahler von der Decke blendeten noch etwas greller.

Stimmt, er war ja Frau! Hatte Diesel, dieser Karriereberater, in seinem Artikel nicht geschrieben: Wenn eine Frau dasselbe wie ein Mann tut, wird es anders bewertet?

Herr Müller ahnte, dass er sich bremsen musste. Indem er sich klein und den Herren Komplimente machte, die sie gierig aufsogen, stellte er die Hackordnung wieder her. Schließlich spielte er seinen Trumpf aus: Er skizzierte einen beachtlichen Katalog an Marketing-Maßnahmen, die er sich für den Energie-Konzern ausgedacht hatte, unter anderem eine Kampagne mit einem grünen Strommännchen, das an einer Ampel die Fahrt für die Energiewende freigab. Die beiden Herren waren angetan, das Gespräch schien sich zu wenden.

Bis Herr Otten unvermittelt fragte: »Können Sie sich auf längere Sicht vorstellen, auch in Teilzeit zu arbeiten?«

Aha, Herrn Müllers einstige Lieblingsfrage! Otten hätte auch gleich fragen können: Planen Sie einen Haufen Kinder, für die Sie Ihre Arbeit links liegen lassen? Masern statt Marketing, Stillen statt Strategie, Baby-Windel statt Energie-Wandel?

Herr Müller hatte sich gerade eine Antwort zurechtgelegt, da kitzelte ihn der Puder in seiner Nase. Er antwortete mit einem heftigen Niesen (ihm war so, als rieselte Pulverstaub in den Raum). Seine Gesprächspartner nickten sich zu, als sei durch diese Reaktion alles gesagt: Schuld eingestanden!

Herr Müller sagte schnell: »Von Teilzeit halte ich nichts. Eine Managerin muss für ihre Arbeit leben, sonst macht sie ihren Job nicht optimal.«

Die beiden Herren tauschten selbstzufriedene Blicke, aus denen Herr Müller las: Wer so massiv abstreitet, der Mörder zu sein, hat noch Blut an den Fingern! Herr Müller spürte, wie ihm die heißen Deckenstrahler Schweißperlen auf die Stirn trieben.

Otten setzte seine Schwangerschafts-Spionage unbeirrt fort: »Mal angenommen, unsere Firma würde Ihnen ein Traumhaus nach Ihren Wünschen bauen: Welche Räume hätten Sie dort gern?«

Aha, die Herren wollten wissen, ob er vier, fünf oder doch lieber sieben Kinderzimmer plante. Und vielleicht noch eine kleine Rumpelkammer für Kinderwagen, Schnuller-Haufen und Babyrasseln? Er antwortete: »Einen Schlafraum, einen Wohnraum, einen Hobbyraum und ein großes Arbeitszimmer, weil ich mich auch zu Hause mit meiner Arbeit auseinandersetze und Ideen entwickle.«

Geschäftsführer Schlagetter eilte seinem Personalchef zu Hilfe: »Meine Assistentin arbeitet pro Woche zwei Tage von zu Hause. Das funktioniert prima, auch weil sie ihre Kinder dann in die Tagesstätte bringen kann; wir haben einen Kooperationsvertrag mit der Einrichtung.«

Hallo? Wurde Herr Müller, angehende Marketing-Bereichsleiterin, gerade mit einer Assistentin verglichen? Wurden ihm Kinder angedichtet, die er gar nicht hatte? War es einfach nicht möglich, diesen Möchtegern-Helden auf Augenhöhe zu begegnen, nur weil er im Körper einer Frau steckte? Er holte tief Luft und sagte: »Für mich ist die Arbeit der Mittelpunkt des Lebens. Ich habe Ihnen ja geschrieben, dass ich Single aus …« Da übermannte ihn wieder das Kitzeln in seiner Nase: Hatschi! »… Single aus Überzeugung bin!«

»Kein Zweifel«, sagte Otten in einem Ton, der größte Zweifel verriet, »aber wahrscheinlich sind Sie als Managerin für alle Chancen offen.«

Herr Müller verstand, dass ihn sein Gegner in die Zwickmühle treiben wollte: Als Managerin musste er für neue Entwicklungen aufgeschlossen sein, aber wäre dabei unglaubwürdig, wenn er privat das Gegenteil lebte.

Eine letzte, rettende Idee kroch durch seine Hirnwindungen und bahnte sich den Weg auf seine Lippen: »Eine Partnerschaft kann man nie ausschließen. Aber ein Kind sehr wohl. Das hat bei mir biologische Gründe. Ich kann nicht schwanger werden.«

»Aber danach haben wir Sie doch gar nicht gefragt«, rief Otten übertrieben laut und wedelte abwehrend mit den Händen, »das ist

Ihre Privatsache!« – und er warf, noch ehe er den Mund geschlossen hatte, einen verstohlenen Blick auf Herrn Müllers Bauch.

Die Absage – immerhin sie! – war eine leichte Geburt: Sie kam fünf Tage später.

Ein Job dank Klingelschild

Er wurde das Gefühl nicht los, dass Jan ihm aufgelauert hatte. Als Herr Müller aus dem Haus spazierte, den Müllbeutel in der Hand, stand Jan auf einmal vor ihm – Jan, wie er ihn kannte: ein Hüne, knapp zwei Meter groß, pechschwarzes Haar, kastanienbraune Augen, Fünf-Tage-Bart, Lederjacke und das schelmische Grinsen eines Jungen im Gesicht, der gerade etwas ausgefressen, aber deshalb noch lange kein schlechtes Gewissen hatte. Sein Geld verdiente er als Maschinenbau-Ingenieur.

»Hallo Jan, altes Haus!«, sagte Herr Müller in einem Reflex, der ihm erst bewusst wurde, als er wieder die Meerjungfrau sprechen hörte.

Seinem Freund fiel das Grinsen aus dem Gesicht. »Woher weißt du, dass ich Jan bin?«

»Peter hat mir Fotos von euch gezeigt – von eurer Motorradtour.«

»Ach so«, entfuhr es Jan, und sein Gesicht entspannte sich. »Ist Peter in der Wohnung? Ich habe ihm schon mehrfach gemailt, er meldet sich nicht mehr.«

Herr Müller zuckte zusammen. »Ähm, nein. Peter wollte … Er hatte vor …«

»Was wollte er?«, fragte Jan streng.

»Er wollte mit dem Motorrad durch Deutschland düsen. Ich weiß nicht, wie lange er unterwegs sein wird.«

»Und da hat er dir einfach seine Wohnung überlassen?«

Herr Müller nickte und versuchte, das Verhalten seines Freundes zu deuten: Schaute ihm Jan in die Augen? Oder doch auf die Brüste? Und was hatte es zu heißen, dass der Blick seines Freundes immer wieder hinauf zu seiner blonden Mähne wanderte? War Jan aufgefallen, dass Herr Müller heute Morgen die Haare mal wieder nicht gebürstet und deshalb eine Kletten-Sammlung im fortgeschrittenen Stadium auf dem Kopf hatte (er würde sich wohl nie an das Badezimmer als Hauptwohnsitz gewöhnen!)?

Jan spazierte einen Schritt auf die Haustür zu, dann erstarrte er; sein Blick hatte das Klingelschild erfasst.

»Peter und Petra Müller?«

»Genau.«

»Himmel Donnerwetter, jetzt sag aber nicht, dass ihr beide …«

Jan schlug sich die Hand vor den Mund, als wollte er ein Unwort daran hindern, über seine Lippen zu springen.

»Doch! Und mach Peter keine Vorwürfe: Ich war gegen einen Freund als Trauzeugen!«

»Ihr seid frisch verheiratet – und Peter hat nichts Besseres zu tun, als mit seinem Motorrad durchs Land zu knattern? Mir hatte er noch geschrieben, dass er keinen Schritt mehr ohne dich gehen will!«

»Das musst gerade du sagen!«, fauchte Herr Müller. »Hat dich Ines nicht deshalb verlassen, weil du lieber in Dakar in der Wüste sein wolltest als mit ihr in eurer Wohnung?«

Jans Gesicht nahm eine Farbe an, die den milchigen Wolken glich, die der Wind über den Himmel trieb. »Aber Peter hat dir nicht zufällig auch noch verraten, wann ich meinen ersten Milchzahn bekam und zum ersten Mal Sex hatte?«

»Vom Milchzahn weiß ich nichts«, antwortete Herr Müller diplomatisch.

»Und mein erster Sex?«

»Mit 16! Im Hintergrund lief ›Big in Japan‹. Und dann ist auch noch deine Mutter ins Zimmer geplatzt.«

Jan, wie von einem Hammer getroffen, ließ sich auf die Türschwelle sinken. Herr Müller bereute, dass er seine Zunge nicht besser im Zaum gehalten hatte. Er wuschelte seinem Freund mit der freien Hand – in der anderen hing noch der Müllbeutel – durchs Haar. »Wer wird denn gleich verzweifeln, nur weil der beste Freund nun eine Frau hat, mit der er alle Geheimnisse teilt?«

Jan sah auf zu ihm und deutete sein charmantestes Grinsen an: »Vielleicht darf ich mal kurz mit reinkommen?«

»Besser nicht«, sagte Herr Müller, »ein anderes Mal.«

»Und wenn du meinen Freund um die Ecke gebracht hast und mir hier ein Märchen auf die Nase bindest?«

»Sehe ich aus, als könnte ich jemanden um die Ecke bringen?«

Herr Müller lächelte, brachte den Müllbeutel zur Tonne, umkurvte Jan auf der Schwelle und zog die Tür hinter sich ins Schloss.

Fünf Minuten später wusste er, dass dieses Gespräch eine Fügung des Himmels gewesen war, denn es hatte ihn auf die Idee gebracht, sich als Frau von Peter Müller auszugeben. Aus der Regionalzeitung, der BAZ, lachte ihn eine Stellenausschreibung an: Sein Ex-Arbeitgeber, der Reifenhersteller Sander GmbH, suchte einen neuen »Marketing Director«. Sein Nachfolger, natürlich eine Pfeife vor dem Herrn, war am Ende der Probezeit offenbar vom Fallbeil einer Kündigung getroffen worden. Kein Wunder, Herrn Müllers Schuhe waren für den Normalsterblichen einfach zu groß!

Das Stellenprofil in der Anzeige war nur entfernt mit dem realen Job verwandt, die Schokoladenseiten wurden völlig übertrieben (»Der gute Ruf unseres Unternehmens liegt in Ihren Händen!«) und alle Ärgernisse, etwa die fortschreitende Etat-Dürre, sorgsam verschwiegen. Als Ansprechpartner war ein gewisser Klaus Eiger genannt.

Herr Müller griff zum Telefon, ließ sich mit dem unglückseligen Zocker verbinden und sagte: »Hier spricht Petra Müller, die Frau Ihres langjährigen Marketing-Leiters. Ich hätte gerne seinen alten Job. Und ich bin sicher, dass Sie ihn mir verschaffen werden.«

2. Die Rede-Fehde:

»Darf ich Sie mal kurz unterbrechen?«

In diesem Kapitel lesen Sie unter anderem …

- wie Herr Müller, Frau mit leerem Vorzimmer, seiner alten Sekretärin einen Antrag macht,
- warum Sie gut daran tun, bei Ihrem Dienstwagen auf die PS zu achten,
- wie Sie sich im Meeting unter gehörlosen Kollegen Gehör verschaffen
- und welche Status-Spielchen Sie beherrschen müssen, um Alpha-Männer zu beeindrucken.

Die geraubte Sekretärin

Wo, zum Teufel, war Frau Neuner geblieben? Sein altes Vorzimmer lag verwaist, ihr Schreibtisch war leergefegt, sogar den PC hatte man abgebaut. Und die Kaffeemaschine, die sonst immer fröhlich vor sich hin gezischt hatte, wenn er morgens ins Büro gekommen war, stand ausgetrocknet in der Ecke.

Vielleicht war es doch keine gute Idee gewesen, dass er Klaus Eiger eingebläut hatte: »Ich möchte als ledig gelten. Niemand darf erfahren, dass ich die Frau von Peter Müller bin!« Wie das schon klang: »Die Frau von …« Das Auto von, das Haus von, der Husten von, die Frau von! Nein, er wollte nicht der Besitzgegenstand eines Mannes sein.

Außerdem hätte es seinem Ruf geschadet, Peter Müller mit einem guten Ehemann zu verwechseln. Jenen Müller, von dem die ganze Firma wusste, dass er alles anbaggerte, was nicht bei »drei« auf den Bäumen war. Jenen Müller, der seine Mäuschen überall sitzen hatte, nicht nur in der Buchhaltung. Jenen Müller, der nachts an der Bar den Vortrinker gab, wenn er mit seinen Abteilungsleiter-Kollegen wieder mal auf Beschlüsse anstieß, die offiziell erst beim Meeting am nächsten Tag gefasst wurden.

Nein, als Gattin dieses Peter Müller wollte er nicht antreten, bei aller Sympathie für den Kerl (seine Reklamation beim Schicksal galt nach wie vor, lag dort aber offenbar unbearbeitet im Posteingang). Erst recht nicht, weil Peter Müller als Marketing Director einen guten Job gemacht hatte. Sicher hätte man Petra nur als den verlängerten Arm ihres Mannes wahrgenommen, als Nachhilfeschülerin, die sich abends Lösungen ins Ohr flüstern ließ, um sie am nächsten Tag als ihre eigenen zu verkünden.

Sven Sander, der Geschäftsführer, hatte ihn an seinem ersten Arbeitstag empfangen. Sander – im Firmenjargon: »der Sandmann« – trug eine Hornbrille, wohl um zu kaschieren, dass ihm die Dummheit ins Milchgesicht geschrieben stand. Er war Mitte 40, und der einzige Schimmer, den er neuerdings hatte, war ein Grauschimmer in seinem dunklen Haar. Seine Qualifikation aber war unschlagbar: Er war Sohn; Sohn des verstorbenen Firmeninhabers.

Beim Gang durch das leere Vorzimmer hatte Herr Müller gefragt: »Ist die Sekretärin gerade in Urlaub?«

»Welche Sekretärin?«

»Frau Neuner natürlich!«

Der Sandmann sah ihn skeptisch an. »Woher kennen Sie ihren Namen?«

»Ähm, von Herrn Eiger. Er hat mir erzählt, dass sie eine Perle ist.«

»Perle, ja«, sagte Sander und ging weiter in Herrn Müllers Büro. »Aber sie liegt jetzt in einer anderen Schmuckeinlage.«

»In einer was?«

Der Sandmann blieb stehen. »In einer Perlenkiste, in einer …«

»Schatulle!«, half Herr Müller aus.

»Korrekt. Frau Neuner arbeitet jetzt für Axel Schmidt, den Leiter unserer Öffentlichkeitsarbeit.«

Wut stieg in Herrn Müller auf. Ausgerechnet Schmidt, dieser alte Schaumschläger! Hatte der Kerl nichts Besseres zu tun gehabt, als ihm die Sekretärin wegzuschnappen? Und hätte man es gewagt, einen männlichen Chef mit der Nachricht zu begrüßen, ein Raubritter habe gerade seine Sekretärin entführt?

Wer sollte jetzt seine Flüge buchen, seine Briefe tippen, seine Telefonate durchstellen? Wie gern hatte er sich immer von Frau Neuner mit seinen Gesprächspartnern verbinden lassen – »Moment, ich stelle zu Herrn Müller durch!« –, um jedem klarzumachen, dass der Weg zum lieben Gott durch ein stattliches Heer von

Engeln verstellt war! Und wer dennoch in den Himmel kam, durfte sich glücklich schätzen.

Herr Müller lief um seinen alten Schreibtisch herum. »Kamen meine Vorgänger denn auch ohne Sekretärin klar?«, fragte er.

»Die haben alle einen guten Job gemacht«, wich der Sandmann aus.

»Allein?«

»Die waren alle sehr selbstständig«, druckste Sander.

»Wenn sie eine Sekretärin hatten: Warum habe ich keine?«

Die Stirn des Sandmanns legte sich in Falten. »Ich hoffe mal, Sie werden *als Frau* in der Lage sein, das eine oder andere selbst zu organisieren.«

Meinte er damit, dass eine Sekretärin für einen weiblichen Chef so überflüssig sei wie ein Schurwoll-Pullover für ein Merino-Langwoll-Schaf, das stumm und dumm auf eine Bergwiese glotzte?

»Sie verlangen von Frauen, was Sie nie von Männern verlangen würden!«, sagte Herr Müller und zog seine Augenbrauen gefährlich nach oben.

»Stimmt«, sagte Sander und strahlte durch seine Hornbrille. »Frauen kriegen das hin, die können Multitasking. Eine Sekretärin ist ja immer nur eine Krücke. Das haben Sie gar nicht nötig.«

Herr Müller sah die schwere Blumenvase auf der Fensterbank und überlegte kurz, wie sich ein Gewaltverbrechen am höchsten Vorgesetzten in der Probezeit auswirken würde. Die Begeisterung der Mitarbeiter, den hohlen Sandmann endlich los zu sein, wäre womöglich nicht vom Staatsanwalt geteilt worden.

Der Sandmann, der Herrn Müllers Blick gefolgt war, meinte fröhlich: »Nicht mehr ganz taufrisch, die Schnittblumen da.«

»Stimmt, kein Wasser mehr in der Vase«, sagte Herr Müller gedankenverloren.

»Das ist ein nettes Angebot von Ihnen«, erwiderte Sander, »eine

Gießkanne finden Sie in der Teeküche, den Gang runter, zweite Türe links.«

Herr Müller griff die Vase, ohne sicher zu sein, was er gleich täte. Doch als er aufblickte, stand der Sandmann schon in der Tür: »Einen schönen ersten Arbeitstag!«

Wenn der Dienstwagen lahmt

Seit Herr Müller eine Frau war, hörte er Dinge, die er vorher immer überhört hatte. Zum Beispiel jetzt, da sein Dienstwagen sich flott auf die Autobahn einfädelte. In den Radionachrichten war von einer Kabinettssitzung in Berlin die Rede, es galt mal wieder, den Euro und die Welt zu retten. Etliche Politiker wurden beim Namen genannt: »Wolfgang Schäuble«, »Sigmar Gabriel«, »Thomas de Maizière«.

Doch als die Rede auf die Bundeskanzlerin kam, war plötzlich von »*Frau* Merkel« die Rede, als wäre ihr Geschlecht eine eigene Nachricht. Erst der Makel, dann die Merkel! So wie man gegenüber Fremden nicht gesagt hätte: »Rocky hat mir morgens die Füße geleckt«, sondern vorsichtshalber: »Mein *Hund* Rocky hat …« Man hob hervor, dass Rocky kein Mensch war – und Angela Merkel kein Mann. Was Rocky anging, verstand Herr Müller das. Aber bei Angela Merkel …

»Du siehst schon Gespenster«, hörte er eine vertraute Stimme aus den Tiefen seines Hirns flüstern; es war die Stimme von Peter Müller.

»Ach ja?«, antwortete Petra laut. »Und was ist das hier?« Herr Müller klopfte aufs Steuerrad, die Hupe stöhnte auf. Bei einem Auto vor ihm leuchteten kurz die Bremslichter.

»Das ist dein neuer Dienstwagen«, sagte Peter.

»Ein Dreck ist das!«, schimpfte Petra.

»Selber schuld. Warum hast du nicht vertraglich festgehalten, welches Modell du bekommst?«

»Weil ich den Laden seit Jahren kenne. Und weil alle Abteilungsleiter die gleiche Karre fahren!«

»Leiter!«, entgegnete Peter spitzfindig, »nicht: Leiterinnen!«

»Aber wir hatten bislang doch keine Frauen in der Führungsetage!«

»Eben.«

Die Nachrichten waren jetzt vorbei (gleich zweimal war von »Frau Merkel« gefaselt worden), Herr Müller drehte sein Autoradio auf volles Rohr. Peter sollte den Mund halten!

Er zog auf die Überholspur und musste an sein Gespräch mit Udo Weimer denken, dem Personalchef. Das war ein scheißfreundlicher Typ von Anfang 50, der stets eine rote Fliege trug, um aufzufallen; ein Wichtigtuer, der kein Wort über die Firma verlieren konnte, ohne dass es zwei Nummern zu groß geriet. Unter den Mitarbeitern wurde er »Schleimer Weimer« genannt.

Mit einer Brust, die vor Stolz fast aus dem Anzug platzte, war Weimer am ersten Tag in Herrn Müllers Büro aufgekreuzt. »Ich habe eine Überraschung für Sie, werte Frau Müller!«

»Oh, schon eine Gehaltserhöhung?«, scherzte Herr Müller.

»Noch besser, viel besser! Sie bekommen von der Sanders GmbH einen Dienstwagen gestellt!«

»Das steht so im Vertrag.«

»Und alle Fahrten, die Sie damit unternehmen, auch privat«, er legte eine Kunstpause ein und streichelte seine Fliege, »all diese Fahrten gehen auf Kosten des Hauses.«

»Das steht auch so im Vertrag«, knurrte Herr Müller.

»Aber das«, sagte Weimer und schien ein paar Zentimeter zu wachsen, »das steht nicht im Vertrag: In der 125-jährigen Geschichte der Sander GmbH sind Sie die erste Frau, die in diesen Genuss kommt.«

Mit einer schnellen Bewegung zauberte er eine Tankkarte und Schlüssel aus seiner Hosentasche und hielt sie Herrn Müller hin, wie man einen Affen mit einer Banane lockt.

Herr Müller griff zu, nicht ohne dabei seine Fingernägel über den Handrücken von Weimer schrammen zu lassen, der sich jedoch nichts anmerken ließ.

Herr Müller trat ans Fenster. »Wo steht er?«

»Dort hinten«, sagte Weimer und wies mit seinem Finger in die Ferne. »Der Rote.«

»Ich sehe nur einen 1er BMW.«

»Dieses Fahrzeug«, sagte Weimer feierlich, »ist ab heute Ihr persönlicher Dienstwagen. Schon für die Heimfahrt!«

Herr Müller warf einen sehnsüchtigen Blick auf seine Blumenvase – sie läge wirklich gut in der Hand! –, aber diesmal nur kurz, um nicht wieder missverstanden zu werden.

Er blies die Wangen auf und ließ Luft entweichen. »Aber die männlichen Abteilungsleiter fahren doch alle einen 3er BMW.«

»Noch«, sagte Weimer.

»Und warum fangen Sie ausgerechnet bei mir mit dem Sparen an?«

»Frauen ziehen kleinere Dienstwagen vor! Gerade neulich habe ich eine Studie gelesen, dass in frauengeführten Unternehmen eine Betriebs-Kita wichtiger als der Dienstwagen sei.«[8]

Herr Müller atmete tief durch. »Bieten Sie denn eine Kita?«

»Oh, Sie planen also …«

»Ich plane gar nichts, hören Sie! Nur will ich mich mit meinem 1er BMW nicht wie ein Underdog neben die 3er stellen.«

Herr Weimer rückte seine Fliege zurecht. »Ich kann Ihnen zusichern, werte Frau Müller: Das wird nicht nötig sein. Denn wir haben Ihnen eine Stellfläche auf dem Hauptparkplatz organisiert.«

Herr Müller – um sich von der Blumenvase abzulenken – ließ seine Augen über den Parkplatz im Innenhof wandern. Dort, dicht am Gebäude, parkten die männlichen Führungskräfte ihre dunklen Dienstwagen (warum hatte er eigentlich einen roten bekommen?) – umso näher am Eingang, je mächtiger sie waren. Direkt vor der Tür stand der schwarze 5er BMW vom Sandmann. Herrn Müllers alter Parkplatz war besetzt von einem Auto, das sonst immer auf dem Hauptparkplatz gestanden hatte. Es war das Auto von Axel Schmidt.

Herr Müller beschloss, die Vase vorerst in seiner Reichweite zu lassen.

Schwarze Rhetorik im Meeting

Als Mann hatte Herr Müller seine größten Triumphe bei Meetings gefeiert. Er war, mit Verlaub, ein Genie darin gewesen, sich das Wort zu schnappen wie ein Rugby-Spieler den Ball und dann mit seinen Ideen durch die Abwehrreihen zu stürmen, von wenigen Kollegen bewundert, von vielen beneidet.

Nun saß er als Petra Müller in der Führungsrunde an dem langen Holztisch im Sitzungssaal, der im obersten der fünf Stockwerke des Firmengebäudes lag (was ihn im Sommer zu einer vorzüglichen Sauna machte!). Die Jalousie schnitt die Sonne in grelle Streifen, die den Tisch in Felder teilten. Am Kopfende des Tisches thronte der Sandmann, direkt neben ihn hatte sich Axel Schmidt gequetscht.

Wolf Behr, der Verkaufsleiter, saß neben Herrn Müller – ein bulliger Typ von Ende 40, der immer einen Pfefferminz-Kaugummi im Mund und einen flotten Spruch auf den Lippen hatte. Seine liebste Zeit des Jahres war der Karneval, dann konnte er Bütten-Reden halten und seinen Treibstoff, den Alkohol, in noch größeren Mengen als sonst tanken.

Behrs Unterlagen streuten sich großflächig über den Tisch, Herrn

Müller blieb kaum Platz für seine Kaffeetasse. Ihnen gegenüber hatte Dr. Erik Dörflinger Platz genommen, der Entwicklungsleiter – ein Laborgewächs, das es aus rätselhaften Gründen geschafft hatte, das Biotop der Universität zu verlassen und in der freien Wirtschaft zu wurzeln.

Der Sandmann räusperte sich und legte seinen Kopf schräg, um einem grellen Sonnenstreifen auszuweichen. »Liebe Kollegen, der Winter steht vor der Tür. Höchste Zeit, dass wir unseren neuen Winterreifen, den Eisbrecher, am Markt einfädeln.«

Herr Müller schmunzelte, denn Sander war berüchtigt für seine ungeschickte Wortwahl.

»Heute möchte ich mit Ihnen die besten Ideen einholen«, sprach der Sandmann weiter. Sein Hornbrillen-Blick wanderte den Tisch entlang, von Gesicht zu Gesicht.

Schmidt, die ganze Zeit sprungbereit auf der Stuhlkante, schnappte sich das Wort: »Ehrlich gesagt, Herr Sander, das finde ich wieder sehr vorausschauend, dass wir schon jetzt die Weichen für den Winter stellen! Und ich habe da eine Idee …«

Herr Müller bohrte seine langen Fingernägel von unten in die Tischplatte.

»Folgende Szene für einen Fernsehspot«, fuhr Schmidt fort. »Ein Autofahrer steigt bei voller Fahrt in die Bremsen. Sein Auto schlingert, die Reifen – groß im Bild! – quietschen.« Er schaute in die Runde wie ein Märchenerzähler, der Kinder mit offenen Mündern erwartete.

Herr Müller öffnete seinen Mund zum Gähnen.

Schmidt neigte sich lächelnd zur Seite, als wollte er dem Sandmann einen Kuss geben. »Und wie durch ein Wunder bleibt der Wagen einen gefühlten Millimeter vor dem lebenden Hindernis stehen – einem Schulkind, dessen schreckgeweitete Augen so groß wie 2-Euro-Münzen sind.«

Herr Müller fragte sich, warum Schmidt nicht gleich einen Dinosaurier über die Straße watscheln ließ, während sich ein Neandertaler auf zwei rollenden Keulen näherte. Diese Idee war nun wirklich der älteste Zopf der Reifenwerbung!

Schmidt, als könnte er Gedanken lesen, fügte hinzu: »Und jetzt kommt der Clou! Das Kind – Großaufnahme – hatte beim Überqueren der Straße auf sein Smartphone geschaut. Und auf dem Display – wieder Großaufnahme – leuchtet nun unser neuer Winterreifen auf mit dem Slogan: Sander rettet Ihr Leben.«

Am Tisch hob Zustimmung an. »Gute Idee«, sagte Entwicklungsleiter Dörflinger, »so stellen wir Synergien her zwischen den modernen Medien und unserem modernen Reifen.« Behr, der Verkaufsleiter, pflichtete bei: »Smartphone passt! Heute kriegt man ohne Handy nichts mehr hin, nicht einmal, dass man ordentlich überfahren wird.« Jedes Mal, wenn er seinen Mund öffnete, atmete Herr Müller einen scharfen Pfefferminz-Geruch ein.

Die Männerstimmen schwollen an zu einem chaotischen Chor, bei dem jeder die erste Stimme erobern wollte. Keiner ließ sich die Chance entgehen, den Vorschlag von Schmidt mit einer eigenen Duftmarke zu versehen.

Herr Müller, heute im Hosenanzug, rutschte unruhig auf seinem Stuhl hin und her. Er hatte eine tolle Idee im Gepäck. Mehrfach versuchte er, sich das Wort wie einen Rugby-Ball zu schnappen, doch die Herren hielten es fest. Als Mann hätte er sich mit seiner tiefen Stimme den Weg wie mit einer Schiffshupe gebahnt; als Frau war er besorgt, sich durch ein hohes Kreischen zu disqualifizieren. Außerdem war seine Stimme nur noch halb so laut wie früher.

Doch dann, endlich, konnte er in eine kurze Lücke des Schweigens stoßen: »Wie wäre es, die Straße bei der Werbung einmal zu verlassen? Wir wollen unseren Reifen doch mit Gefühlen verbinden, mit Abenteuer und Freiheit. Wir …«

»Da fällt mir noch etwas ein«, fuhr Schmidt dazwischen. »Am

Ende des Spots könnten die Reifen ganz kurz gelbe Smiley-Gesichter bekommen und mit den Augen zwinkern, während das Auto an dem Kind vorbeifährt.«

»Ich stelle mir ein Schiff in der Arktis vor«, riss Herr Müller den Ball wieder an sich. »Um es herum dickes Eis. Es ist festgefroren. Der Kapitän und die Crew zittern vor Kälte und …«

»Nicht schlecht, Herr Schmidt, das mit den Smileys«, antwortete der Sandmann, als die Worte nach einer langen, aussichtslos erscheinenden Suchaktion sein winziges Gehirn doch noch gefunden hatten.

Herr Müller kam sich vor wie ein Goldfisch, der sein Maul hinter dickem Glas öffnete und schloss, ohne von den Menschen gehört zu werden. Man schaute zwar kurz zu ihm – niedlicher Fisch, nette Luftblasen vor seinem Maul –, sprach aber einfach weiter. Konnte seine großartige Idee wirklich daran scheitern, dass sie aus dem Mund einer Frau kam – und nicht aus dem eines Mannes?

Herr Müller griff sich den Ball erneut: »Dann holt jemand unsere neuen Reifen aus dem Lagerraum. Vom Eis aus werden sie an den Bug des Schiffes montiert. Und plötzlich – mit dem ›Eisbrecher‹-Reifen an der Spitze – klappt es: Das Eis splittert, das Schiff fährt sich frei, die Crew jubelt. Unser Reifen – Großaufnahme! – wird anstelle der Flagge gehisst. Und das Schiff gleitet wieder ins freie Meer. Der neue Slogan, von Meerjungfrauen gesungen, lautet: Sicher dank Sander!«

Herr Müller sah erwartungsvoll in die Runde.

»Kriegt man die Animation mit dem Smiley hin, wenn das Auto an dem Kind vorbeifährt?«, wandte sich Axel Schmidt an den IT-Leiter Johannes Häberle.

»Klar geht das!«, antwortete der Computerprofi.

Der Rugby-Ball wanderte noch ein paar Mal um den Tisch, immer an Herrn Müller vorbei, bis Axel Schmidt ihn erneut eroberte: »Ehrlich gesagt, ich habe noch mal über den Slogan nachgedacht, der auf dem Handy aufleuchtet. Mir ist ein Stabreim eingefallen: Sicher dank Sander – der Eisbrecher!«

Der Sandmann pfiff spitz durch die Lippen. »Ausgezeichnete Idee, Herr Schmidt!« Anerkennendes Kopfnicken am Tisch. Die Runde war so begeistert, dass nur noch ein Szenenapplaus gefehlt hätte.

Aber warum war derselbe Vorschlag zehn Minuten zuvor, als Herr Müller ihn einbrachte, nicht auf das geringste Echo gestoßen?

Am liebsten hätte er laut gebrüllt: »Brüder, ich weiß genau, warum ihr euch so einig seid! Gestern nach der Arbeit wart ihr bei ›Angelino‹, habt ihm die Bar leergesoffen und euch auf eine Idee verständigt. Und alles, was davon abweicht, versenkt ihr gnadenlos. Auch mein Schiff!«

Herr Müller kannte diese Prozedur so genau, weil er sie über Jahre mitgemacht hatte. Der Sandmann war leicht zu beeinflussen. Wenn ihm drei, vier Stimmen denselben Vorschlag als gut anpriesen, benutzte er seinen Kopf für eine Tätigkeit, die ihm besser als das Denken lag: Er nickte.

Natürlich hatte Herr Müller versucht, sich in die Herrenrunde am Vorabend einzuklinken. Seine Bürotür war angelehnt. Und als er gegen 18 Uhr hörte, dass sich die männlichen Zugvögel für den Abflug scharten, war er in seinem Damenmantel auf den Flur geflattert. Die fünf Männer wollten gerade aufbrechen.

»Oh, Sie gehen noch zusammen aus?«

Und Schmidt, mit einem Blick aus Eis, hatte geantwortet: »Ja, wir haben einen Fünfer-Tisch reserviert.«

Herr Müller setzte nach: »War die Marketing-Abteilung in Ihrer informellen Runde denn bislang nicht vertreten?«

Wolf Behr, der wie immer auf einem Kaugummi gemantscht und Pfefferminz-Geruch verbreitet hatte, fügte mit der unscharfen Aussprache eines Zahnarzt-Patienten hinzu: »Wir schmeißen zwar ein paar Runden, aber wir veranstalten keine informelle Runde. Sondern einen Männerabend.« Er stieß ein grunzendes Lachen aus, schmierig wie ein alter Kaugummi.

Herr Müller hatte verstanden: Frauen mussten draußen bleiben, er war unerwünscht. Vielleicht gut so. Denn wie hätte er sich in der Bar verhalten sollen, als Frau allein unter Männern? Hätte er über ihre derben Witze lachen dürfen, ohne als Flittchen zu gelten? Hätte er Alkohol ablehnen können, ohne die Spielverderberin zu sein? Und wie wäre es angekommen, wenn er den Herren am Schnapsglas Konkurrenz gemacht hätte? Wäre seine Trinkfestigkeit, sofern er sie überhaupt noch besaß, wie bei einem Mann, gefeiert worden (Behr vertrug mit Abstand am meisten!)? Oder hätten die Kerle ihn verdächtigt, er sei mit der Flasche verheiratet, bis dass der Säuferinnentod sie scheide?

Und wer hätte ihm eigentlich garantiert, dass die Herren bei steigendem Alkoholpegel ihre Hände unterm Tisch dort behielten, wo sie hingehörten? Wäre er, nur weil er als Frau mit in die Bar kam, verwechselt worden mit einer »Bar-Dame«?

Herr Müller beschloss, diese Fragen bei Gelegenheit mal einem Karrierecoach zu stellen. Wie hieß noch gleich der Typ, der den Artikel über Frauen im Minenfeld geschrieben hatte? Diesel?

Herr Müller folgte den fünf Zugvögeln vor die Tür. Der Mond hing verloren in einem kohlenschwarzen Himmel. Mit hallenden Schritten lief Herr Müller zum Hauptparkplatz, allein; die schwarzen Dienstlimousinen rollten an ihm vorbei, zusammen. Einer hupte höhnisch. Dann verloren sich die Rücklichter in der Nacht.

Eine Sekretärin besteht aus Schweigen

Jeder Mensch hat Phobien. Der eine fürchtet Spinnen. Der andere Schlangen. Wieder andere haben ein noch größeres Problem und fürchten ihren Chef. Aber Herr Müller überbot sie alle: Er fürchtete die Hälfte der Menschheit. Die weibliche Hälfte, um genau zu sein. Denn Herr Müller war eine ungelernte Frau, eine Hochstaplerin, deren Maske nur locker zu sitzen schien.

Am meisten fürchtete er Gespräche mit anderen Frauen, womöglich mit weiblichen Fachfragen. Zum Beispiel: »Was hast du eigentlich mit deinen Freundinnen in der Schule besprochen, wenn ihr zusammen auf die Toilette seid?« Nie hatte er verstanden, warum weibliche Wesen das WC stets im Doppelpack aufsuchten, mindestens für 15 Minuten, und warum das Rauschen einer Klospülung bei ihnen als Gesprächs-Begleitmelodie so beliebt war.

Oder: »Welches ist dein bestes Kuchenrezept?« Er hätte, anders als Angela Merkel, nur mit der Adresse seines Lieblingskonditors antworten können. Oder, und das fürchtete er am meisten: »Läuft bei dir eigentlich was mit einem Mann?« Ehrlicherweise hätte er sagen müssen: Peter Müller läuft mit mir, aber unfreiwillig, weil die Reklamations-Abteilung des Schicksals ihren Job nicht auf die Reihe bekommt!

Nach drei Monaten hatte er mit Frau Neuner nur ein paar belanglose Sätze auf dem Flur getauscht. Dabei wäre er fürs Leben gern mit seiner Ex-Sekretärin ins Gespräch gekommen, auch um von ihr zu hören, dass sie nichts auf der Welt mehr vermisste als Peter Müller, ihren lässigen und zuverlässigen, ausfallsarmen und einfallsreichen, höchst intelligenten und zutiefst kompetenten, von ihr nächtelang beweinten und in tagelangen Gebeten zur Rückkehr beschworenen Ex-Chef.

Frau Neuner, eine Tochter aus gutem Hause, deren Finger sich auf einem Klavier ebenso treffsicher wie auf der Tastatur eines Computers bewegten, hatte genau das richtige Alter für ihn gehabt: mit Mitte 50 zu alt, um noch in sein Beuteschema zu fallen, aber zu jung, um ihm als Ersatzmutter auf den Geist zu gehen. Dennoch hatte sie mit ihrer Meinung nie hinterm Berg gehalten, wenn sie am Telefon – während Herr Müller panisch abwinkte –

mal wieder eines seiner Mäuschen mit einer Auftragslüge abspeisen musste. Sie war nicht nur seine rechte Hand gewesen, sondern in vielen Fällen sein Gewissen, sein Kopf, seine im wahrsten Sinne bessere Hälfte.

An einem finsteren Montag – draußen rüttelte gerade ein Sturm an der Fassade – spazierte Frau Neuner dann in ihr altes Vorzimmer, um nach einer vermissten Unterschriftenmappe zu fahnden.

Sie steckte den Kopf in sein Büro. »Hallo, Frau Müller! Ich hoffe, Sie haben sich gut eingelebt bei uns.«

»Draußen stürmt es gewaltig«, sagte Herr Müller und zwirbelte nervös eine blonde Haarsträhne.

»Nicht einfach, als Führungsfrau unter diesen ganzen Männern, stimmt's?«

»Was ist schon einfach im Leben? Herr Schmidt ist doch sicher auch nicht der Chef, den Sie sich schnitzen würden.«

Frau Neuner betrat nun das Büro und ging auf seinen Schreibtisch zu. »Man kann sich seine Chefs nicht aussuchen, aber aus jedem das Beste machen.«

Ihr Blick flog über die Schreibtischplatte. »Nein«, rief sie dann, »wie ist das möglich?«

»Was möglich?«, fragte Herr Müller.

»Die Art, wie Sie die Unterlagen auf Ihrem Schreibtisch sortieren, links außen die Tagespost, daneben die Broschüren und auf der rechten Seite die Ideenzettel – genau wie Ihr Vorgänger. Und sogar die Kaffeetasse hatte er immer zwischen Tastatur und Bildschirm stehen, wie Sie jetzt.«

Herr Müller fühlte in seinem Bauch ein Kribbeln, von dem er noch nicht wusste, ob es sich aus Angst oder Hoffnung speiste. »Wie war er eigentlich, mein Vorgänger, dieser Peter Müller?« Er hielt den Atem an.

»Wissen Sie nicht, woraus eine Sekretärin besteht?«, entgegnete Frau Neuner und schmunzelte.

Herr Müller zuckte die Achseln.

Sie neigte sich ein Stück über den Schreibtisch. »Aus 10 Prozent Reden – und 90 Prozent Schweigen.«

»Die zehn Prozent können noch nicht verbraucht sein!«

Frau Neuner kratzte sich am Kinn. »Er war ein großer Junge.«

»Das klingt nicht gerade nach einer qualifizierten Führungskraft«, sagte Herr Müller. »Dabei habe ich bislang nur Gutes über ihn gehört.«

»Und mit wem haben Sie gesprochen?«

»Mit seinen Abteilungsleiter-Kollegen.«

Frau Neuner zupfte sich einen Fussel von ihrem Pullover. »Kinder aus demselben Sandkasten mögen sich. Aber auch nicht alle. Schmidt und Müller waren immer wie Feuer und Wasser.«

»Also haben Sie Herrn Müller nicht gemocht?«

»Große Jungs haben Vorzüge«, sagte Frau Neuner und lächelte wie jemand, der die Lösung sieht, wo andere noch vor einem Rätsel stehen. »Er war sehr kreativ. Er wusste, was er wollte. Wir haben uns verstanden.«

»Vermissen Sie ihn?«

Frau Neuner zupfte noch einen Fussel von ihrem Pulli und wandte sich zum Fenster. »Die Schnittblumen in Ihrer Vase, die sind ja vertrocknet.«

Herr Müller nahm allen Mut zusammen: »Frau Neuner, ich habe einen Wunsch, den nur Sie mir erfüllen können.«

Sie drehte ihren Kopf ein wenig schräg, als wollte sie ihm das Ohr hinhalten.

»Ich möchte, dass Sie meine Sekretärin werden. Hier ist Ihr Revier, ich kann Sie gut gebrauchen. Ein Typ wie Schmidtchen Schaumschläger hat Sie nicht verdient.«

Ihre Augen weiteten sich, und sie schüttelte den Kopf. »Das ist ja fast unheimlich! ›Schmidtchen Schaumschläger‹ hat Herr Müller auch immer gesagt. Als Einziger im Haus.«

Herr Müller ließ die Haarsträhne fallen. »Wollen Sie für mich arbeiten?«

Frau Neuner deutete ein Lächeln an, zog die Blumen aus der Vase und verließ sein Büro.

Wie man Machtspielchen gewinnt

Herr Müller wartete einen günstigen Zeitpunkt ab, um Axel Schmidts Büro zu betreten; Frau Neuner war gerade in die Mittagspause gegangen. Er klopfte, öffnete die Tür und schritt in den Raum. Zigarettenrauch hing so dicht in der Luft, dass man sie hätte schneiden können. Schmidt war der Tür abgewandt und fläzte sich schräg auf seinem Chefsessel. Die hohe Rückenlehne überragte ihn, sein Jackett baumelte daran.

»Ich habe das alles längst durchschaut«, sagte er, »bei mir funktionieren diese Spielchen nicht.« Er lachte wie ein Schurke in einem schlechten Film. »Entweder wir einigen uns. Oder es rollen Köpfe!« Seine rechte Hand sauste wie ein Fallbeil durch die Luft.

Herr Müller spürte, wie sich sein Kleid unter den Achseln nässte. Wusste Schmidt, dass er seinen Job einer Erpressung verdankte? Oder gar, dass Petra Müller mit Peter Müller identisch war?

»Also gut«, sagte Schmidt, »lassen Sie uns das Telefonat später fortsetzen.« Sein Körper tauchte hinter der Stuhllehne hervor, mit einem flotten Griff streifte er das Headset vom Kopf. Sein weißes Hemd war weit aufgeknöpft. Ein silbernes Kettchen, fast fingerdick, blitzte an seinem Hals.

Schmidt stieß sich mit seinem Schreibtischstuhl zum PC, hämmerte auf der Tastatur herum und murmelte: »Super, dieses Geschäft, da wird Sven sich freuen!« Obwohl jeder im Haus wusste, dass er sich mit dem Sandmann siezte, nannte er den Geschäftsführer gegenüber anderen grundsätzlich »Sven«.

Herr Müller räusperte sich. »Wir müssen miteinander reden.«

»Ehrlich gesagt, ich muss vor allem diesen Deal wasserdicht machen«, murmelte Schmidt, immer noch ohne aufzublicken.

»Ich möchte mit Ihnen über Frau Neuner sprechen.«

Schmidt glitt mit seinem Stuhl an seinem übertrieben langen Schreibtisch entlang, griff einen Zettel in einer entfernten Ecke und rollte zum Bildschirm zurück. Beiläufig sagte er zu seinem Bildschirm: »Frau Müller, ich werde im Laufe des Tages bei Ihnen vorbeischauen.«

Herr Müller hätte gute Lust gehabt, dem Flegel eine Lektion zu erteilen, aber wie? Er war neu in dieser Firma und noch dazu Frau. Ein Boxkampf kam also nicht in Frage.

»Ich erwarte Sie«, sagte er und ging.

Dann saß Herr Müller den kompletten Nachmittag in seinem Büro, als wäre es ein Wartezimmer. Und wer nicht kam, war Schmidt. Und weil er daran dachte, dass Schmidt nicht kam, konnte er an nichts anderes denken. Und seine Arbeit blieb liegen.

Sollte er sich die Blöße geben, das Gespräch noch einmal anzumahnen? War es gut, dass er Schmidt bei sich empfing? Oder wäre ein Gespräch in dessen Büro vorteilhafter gewesen? Er beschloss, sich diese Fragen zu merken. Er würde Diesel, diesem Karriereberater, bald eine Mail schreiben.

Am nächsten Tag, um kurz nach neun, kündigte Frau Neuner an: »Mein Chef kommt gleich zu Ihnen rüber.« Kurz darauf flog die Tür auf, mit Förmlichkeiten wie Anklopfen hielt sich Schmidt nicht auf. Er trat an Herrn Müllers Schreibtisch, stützte sich mit einer Hand darauf und fragte dann: »Na, Frau Müller, wo brennt's denn bei Ihnen?«

So sprach man mit kleinen Mädchen, die hingefallen waren, aber von alleine nicht mehr auf die Beine kamen.

Ehe Herr Müller antworten konnte, sagte Schmidt: »Wir sollten uns an den kleinen Besprechungstisch setzen.« Er lief in die Ecke und ließ sich dort in einen Stuhl plumpsen. Herr Müller quetschte sich um seinen Schreibtisch und nahm ebenfalls an dem kleinen Tisch Platz.

»Ehrlich gesagt, ich habe nicht viel Zeit«, sagte Schmidt, fummelte eine Zigarettenpackung aus der Innentasche seines Jacketts, und sein Feuerzeug flammte auf. »Sie erlauben doch?«

»Eigentlich nicht«, sagte Herr Müller und spürte sofort, dass er durch das Wörtchen »eigentlich« indirekt zugestimmt hatte.

Schmidt nahm einen tiefen Zug und blies den Rauch in Herrn Müllers Richtung. »Frau Neuner wird mir in spätestens zehn Minuten einen Wink geben. Ein Termin bei Sven. Fassen Sie sich also kurz!«

»Herr Schmidt, es geht um Ihre Sekretärin. Ich weiß, dass sie jahrelang für das Marketing gearbeitet hat.«

»Und?«, sagte Schmidt.

»Hier ist eine Sekretärin dringend nötig. Der Schriftkram, die Termine – das geht gar nicht ohne.«

»Und?«, sagte er und zog genüsslich an seiner Zigarette.

»Frau Neuner kennt diese Abteilung perfekt, sie ist hier eingearbeitet.«

Schmidt führte die Zigarette mit gespreizten Fingern vom Mund weg und fixierte Herrn Müller. »Sie bekommen Ihre Arbeit nicht gebacken? Und eine Sekretärin soll Sie aus Ihrem Elend retten?«

»Was fällt Ihnen ein!«

»Mir fällt ein, dass ich Sven einen Wink geben könnte. In welchem Monat sind Sie eigentlich?«

Herr Müller spürte, wie sein Kopf anschwoll. Nahm die Schwangerschafts-Spionage denn gar kein Ende mehr?

»In welchem Monat Ihrer Probezeit?«, präzisierte Schmidt.

Hier war also gar kein Schwangerschafts-Spion am Werk, sondern nur ein Erpresser. Die Welt besserte sich von Tag zu Tag!

»In einem Monat arbeitet Frau Neuner wieder für mich«, sagte Herr Müller, und seine Augen verengten sich. »Sie werden sehen!«

Schmidt steckte seine Zigarette in die verwaiste Blumenvase auf der Fensterbank und blickte auf die Uhr. »Ich sehe nur, dass ich jetzt zu Sven muss.« Wie bestellt dudelte sein Handy. »Ja, ich komme«, sagte er und fügte hinzu, während er mit einem Auge auf Herrn Müller schielte: »Sie sind eine echte Perle, Frau Neuner!«

Kaum hatte er den Raum verlassen, griff Herr Müller zum Telefon. Er tippte eine interne Nummer ein. Es wurde Zeit, dass er mal wieder mit Klaus Eiger sprach.

Der Seminar-Schwindel

Fast wäre der Zug ohne Herrn Müller abgefahren. Nur weil er auf dem Flur die Ohren gespitzt und eine Plauderei zwischen Behr und Dörflinger gehört hatte, erfuhr er von dem Termin. »Führen für Fortgeschrittene« hieß der Kurs, dauerte zwei Tage und fand in einem Seminarhotel in der Schweiz statt. Als Trainer hatte sich Ansgar Seidel angekündigt, ein Führungsguru und Karrierecoach, der Bücher schrieb und dessen Autogramm unterm Zertifikat jede Bewerbungsmappe in den Adelsstand erhob.

Herr Müller schaute im Intranet nach, dort verkündete Personalleiter Weimer: »Vom 22. bis zum 24. dieses Monats werden alle Führungskräfte der Sander GmbH ihre Führungskompetenz auf ein noch höheres Niveau heben, indem sie (…)«

Schleimer Weimer wies noch darauf hin, dass »unser geschätzter Geschäftsführer Sven Sander den Kurs bereits mit Erfolg abgeschlossen« habe. »Erfolg« hieß wohl, dass der Sandmann entgegen jeder Erwartung den Weg in die Schweiz gefunden und sein Zertifikat unfallfrei nach Hause getragen hatte.

Am liebsten hätte Herr Müller sich sein Ticket für den Kurs von

Klaus Eiger ausstellen lassen. Doch der Prokurist war seit Wochen krankgeschrieben, sicher hatte er sich am Roulette-Tisch einen fortgeschrittenen Drehwurm eingefangen. Deshalb trat Herr Müller auch auf der Stelle, was die Rückeroberung von Frau Neuner betraf.

Im blauen Kostüm, das Haar zu einem Zopf gebunden (er wollte nicht allzu weiblich wirken), schaute Herr Müller im Chefbüro von Sven Sander vorbei. Der Geschäftsführer residierte hinter einem Schreibtisch, der so breit war, dass man ihn als Brücke über einen mittelgroßen Fluss hätte legen können.

Herr Müller, an dem einen Ufer des Tisches, sagte: »Ich habe im Intranet gelesen, dass *alle* Führungskräfte den Kurs in der Schweiz besuchen. Alle!«

Sander, am anderen Flussufer, schielte durch seine Hornbrille wie durch ein Fernglas und zögerte einen Moment. »Alle – bis auf eine.«

»Und über diese eine möchte ich mit Ihnen sprechen. Welche Signalwirkung hat es, wenn die ganze Firma weiß, heute sind die Führungskräfte auf einem Seminar – aber eine von ihnen spaziert dann doch über den Flur?«

»Das ist ein positives Rauchzeichen«, sagte Sander und kratzte sich am Ohr. »Schließlich muss noch jemand ansprechbar sein, der Wichtiges entscheidet.«

»Nein«, rief Herr Müller über den Fluss, »das ist eine schallende Ohrfeige. Wer im Haus bleibt, steht da wie ein Sitzenbleiber in der Führungsklasse.«

»Na, na, na«, sagte Sander und sah streng über den Rand seiner Hornbrille hinweg, »die Mitarbeiter wissen doch, warum ich nicht dabei bin: Ich habe den Kurs schon belegt!«

»Ich rede von mir! Nicht von Ihnen!«

Sander nickte wie in Zeitlupe, um den neuen Gedanken in seinen Kopf zu bekommen. »Aber der Kurs heißt doch ›Führung für

Fortgeschrittene‹. Ich bin dafür, dass Sie erst mal den Kurs für Einsteiger besuchen.«

»Haben Sie mich eingestellt, weil ich eine Vorschülerin in der Führungsklasse bin und null Erfahrung habe?«

Sander rutschte auf seinem Stuhl hin und her. »Aber bei ›Führen für Fortgeschrittene‹ waren damals nur Männer. Mir schwebt vor, für Sie einen gesonderten Kurs zu buchen, so was wie: ›Frauen in Führung‹.«

»Warum haben Sie Ihre Abteilungsleiter nicht zu dem Kurs ›Führen für Männer‹ geschickt?«

Sander machte ein Gesicht wie ein Hirntoter, sah also aus wie immer; ihm fiel nichts ein. Die wahre Antwort wäre gewesen: Solche Kurse gibt es nicht! Männer sind beim Führen der Normalfall, Frauen gelten als kennzeichnungspflichtige Ausnahme. Ihnen wird ein gut verdauliches Führungs-Light-Produkt serviert, etwa »Kommunikation im männergeprägten Umfeld«, das sich um die Männerwelt dreht wie die Erde um die Sonne. Derweil genießen die Herren deftige Hausmannskost, etwa »Schwarze Rhetorik – Wie Sie sich immer durchsetzen«. Und wenn ein Kurs für »Fortgeschrittene« angeboten wurde, durfte man sicher sein, dass sich die Männer exklusiv angesprochen fühlten.

Herr Müller fragte sich, ob es einem Trainer gelänge, nur eine einzige männliche Führungskraft in den Kurs zu locken »Kommunikation im frauengeprägten Umfeld – wie Sie sich behaupten können«? Allein die Tatsache, dass ein Mann sich hier anmeldete, wäre ein Kündigungsgrund gewesen; offenbar ließ sich dieser Schwächling von Frauen zum Kasper machen.

Oder welcher Mann hätte sich für das Seminar begeistert: »Familie und Führung – wie Ihnen der Spagat gelingt«? Männliche Manager waren es gewohnt, in ihre Familie wie in ein Erholungsbad einzutauchen, das vor ihrer Ankunft – also spätabends – auf die richtige Temperatur erhitzt worden war: Die Kinder, zwecks Lärmvermeidung, schlafend im Bett (wie viele waren es noch gleich?); und die Frau im Abendkleid, repräsentativ aufgemacht, serviert ein kühles Getränk. Spagat zwischen Familie und Führung – was ist das?

Oder welches männliche Wesen hätte »Führen als Mann« gebucht? Wie ein Fisch keinen Schwimmkurs für Fische braucht, eben weil er als Fisch schwimmen kann, so braucht ein Mann keinen Führungskurs für Männer, eben weil er als Mann führen kann.

Dagegen galten Frauen offenbar als Nichtschwimmer, die solche Schwimmflügel dringend benötigten; »Führen als Frau« war ein gängiger Seminartitel.

Am Ende hatte Herr Müller so lange auf den Sandmann eingeredet, dass dieser sich selbst erlöste – durch ein erschöpftes »Ja« zu der Fortbildung. Mit großen Schritten verließ er das Chefbüro. Sein Zopf winkte zum anderen Flussufer.

Die Kunst der Dienstreise

Das Seminarhotel, ein weißer Prachtbau, klammerte sich an einen Hang. Dahinter stieg ein Berg empor, dessen Bäume sich auf halber Höhe verloren und in Felsen übergingen. Die drei Spitzen waren mit Schnee gepudert und sahen aus, als stäche der Berg mit einer Krone in die dunkelgrauen Wolken.

Herr Müller spazierte durch den Abend und genoss den Ausblick. Seinen Flug nach Zürich hatte er, mangels Sekretärin, selbst buchen müssen. Natürlich wusste er, wie die Alpha-Männer der Sander GmbH reisten: grundsätzlich Business Class. Sein alter Kumpel Wolf Behr, als Verkäufer ein Status-Spezialist, hatte einmal gesagt: »Wer als Führungskraft zweiter Klasse reist, darf sich doch nicht wundern, wenn er auch als Führungskraft zweiter Klasse wahrgenommen wird.« Behr spottete über eine ehemalige

Manager-Kollegin, die immer sparsam gereist war: »Im Flugzeug sitzt sie dort, wo die Leute Applaus spenden, wenn der Pilot die Maschine bei der Landung nicht in Stücke zerlegt. Als könnte man zwischen Idioten sitzen, ohne selbst als Idiotin zu gelten!«

Behr prustete vor Lachen und fuhr fort: »Natürlich steigt sie am Flughafen nicht ins Taxi, sondern kämpft sich mit der U-Bahn Station für Station zum Ort ihres Termins. Fehlt nur noch, dass sie mit einem rostigen Klappfahrrad kommt, den Laptop auf dem Gepäckträger und Wäscheklammern an der Hose!«

Peter Müller, damals noch jung und naiv, hatte zurückgefragt: »Aber ist es nicht vorbildlich, wenn Führungskräfte das Sparen selbst vorleben, statt es nur von ihren Mitarbeitern zu verlangen?«

Behr schaute ihn mitleidig an. »Warum fährt der Bundespräsident nicht mit der S-Bahn vor, obwohl der Staat längst pleite ist? Warum residiert er im Schloss Bellevue, statt, der Finanzlage entsprechend, in einem Plattenbau zu hausen?«

»Er repräsentiert den Staat«, antwortete Peter Müller, »das ist doch was anderes!«

»Und was repräsentiert diese Managerin? Eine Firma, die so klamm ist, dass ihre Führungskräfte in der Holzklasse reisen müssen?«

Peter Müller wollte sich nicht geschlagen geben: »Man könnte doch sagen: Je sparsamer eine Firma intern ist, desto günstigere Preise kann sie ihren Kunden machen.«

»Wer sagt denn, dass wir günstige Preise machen wollen?«, fragte Behr und verdrehte die Augen. »Merk dir eines, Müller: Einen Rolls-Royce kannst du nur verkaufen, wenn du auch im Rolls-Royce vorfährst. Sag mir, wie du reist – und ich sag dir, wer du bist!«

Herr Müller legte seinen Kopf in den Nacken und sah zur weißen Krone des Berges hinauf, die allmählich von der Nacht verwischt wurde. Schmunzelnd dachte er an den Treffer, den er am Nachmittag bei Wolf Behr gelandet hatte. Behr war natürlich als

Erster ins Flugzeug gestürmt, um den Eindruck zu vermitteln, er sei der Gastgeber, gewissermaßen der Kapitän (bei Meetings war er auch immer als Erster im Raum, um diesen psychologischen Vorteil zu nutzen). Und als Herr Müller im Flugzeuggang auf seiner Höhe angekommen war, was er mit geschlossenen Augen am Pfefferminz-Geruch erkannt hätte, unterbrach Behr sein Kaugummi-Gemansche und sagte locker: »Wir sehen uns später, Frau Müller!« – wohl in der Annahme, die neue Kollegin, ein wandelndes Sparschwein, galoppiere brav zu den »Idioten« in der Economy Class. Aber Herr Müller blieb stehen, schob seinen Schalenkoffer in die Ablage und antwortete: »Führungskräfte erster Klasse reisen auch erster Klasse. Man kann im Flugzeug nicht zwischen Idioten sitzen, ohne selbst als Idiotin zu gelten.«

Behrs Mund klappte zu und erstarrte, als hätte ihm der Kaugummi seine Kiefer zusammengeklebt.

Herr Müller nutzte die seltene Sprachlosigkeit seines Kollegen und fügte hinzu: »Obgleich ich mir nicht sicher bin, in welcher Klasse die wahren Idioten sitzen.«

Die GSG 9 im Seminar

Es war ein Überfall, der aus dem Nichts kam. Eine Viertelstunde lang hatten die 15 Teilnehmer auf Ansgar Seidel gewartet (natürlich nur Männer, bis auf Herrn Müller). Dann flog die Tür auf, als wäre ein Kommando der GSG 9 dabei, die »Landshut« in Mogadischu zu stürmen. Seidel sprang in den Raum, schmetterte die Tür ins Schloss und riss seine geballte Faust nach oben. In dieser Pose stürmte er nach vorne, baute sich vor dem Flip-Chart-Ständer auf und ließ seinen Blick wie einen Suchscheinwerfer durch den Raum wandern.

Hätte Herr Müller den Trainer nicht aus dem Internet gekannt, er wäre sicher gewesen: Ein hauptberuflicher Irrer musste aus der Anstalt geflohen sein, direkt in den Seminarraum! Zumal Seidel gekleidet war, als hätte man zwei Menschenkörper in der Mitte durchgesägt und willkürlich aufeinandergeschraubt: unten einen Teenager mit zerschlissener Jeans, oben einen DAX-Vorstand mit maßgeschneidertem Jackett, aus dessen Ärmeln ein schneeweißes Hemd mit Manschetten-Knöpfen lugte. Seidels Augen flackerten wie die Fenster eines brennenden Irrenhauses.

Und dann rief er in den Raum, wie ein Revolutionär vor einer tobenden Menschenmasse: »Wer hat die Macht?«

»Du nicht«, dachte Herr Müller, »du hast nur eine Meise.«

Seidel, der als Antwort betretene Blicke erntete, fragte erneut: »Wer hat die Macht? Wer hat sie jetzt, in diesem Moment? Sie? Oder ich?«

Wolf Behr ließ von seinem Kaugummi ab. »Sie haben die Macht, Herr Seidel!«

»Und warum?«

»Wir alle schauen zu Ihnen. Also haben Sie, wenn man es wörtlich nimmt, auch das Ansehen.«

»Sehr gut, dieser Mann!«, sagte Seidel. »Und was gibt mir außerdem Macht?«

»Dass wir eine Viertelstunde auf Sie gewartet haben, statt nach Hause zu gehen«, antwortete Behr.

»Sehr gut!«, rief Seidel und rüttelte seine immer noch geballte Faust in der Luft.

»Und was gibt mir außerdem Macht?«

»Dass wir alle zu Ihnen in die Schweiz gereist sind, statt Sie zu uns kommen zu lassen«, antwortete erneut Behr. »Sie haben ein Heimspiel, wir spielen auswärts.«

»Wow«, rief Seidel, »ein Profi! Aber das war noch nicht alles: Was gibt mir zudem Macht?«

Nun fasste sich Herr Müller, heute im hellgrauen Hosenanzug, ein Herz und hörte sich als Meerjungfrau sprechen: »Dass wir uns diesen Auftritt von Ihnen gefallen lassen! Dass wir jetzt auf Ihre Fragen antworten, als wären wir die Grundschüler und Sie der Lehrer – statt die Männer mit den weißen Jacken zu rufen.«

Seidel ging wortlos auf den sitzenden Herrn Müller zu, dichter als Armlänge, seine Hand schnellte nach vorne. Herr Müller spürte, wie ihn der Trainer kurz am Oberarm berührte. Mit einem Blick, der steil wie bei einer Skiabfahrt von oben nach unten verlief, schaute Seidel ihm in die Augen. Dann ließ er die Hand nach vorne schnellen, reichte sie ihm und schüttelte die seine so kräftig, als habe ein Wolf einen kleinen Hund im Genick gepackt. Herr Müller musste die Zähne zusammenbeißen, um nicht aufzuschreien.

»Alle Achtung, Frau …?«

»Müller«, sagte er.

»Frau Müller, in meinen bisherigen Seminaren wurde diese Einsicht noch nie von einer Frau formuliert. Gratulation!«

Herr Müller wuchs gefühlte 20 Zentimeter, also auf Peters alte Größe.

»Und weil Sie offenbar ein Profi in Sachen Macht sind, Frau Müller, habe ich jetzt eine Bitte: Gehen Sie nach vorne und verstecken Sie sich hinter dem Flip-Chart-Ständer. Wenn Sie Ihre Aufgabe gut machen – und ich bin sicher, Sie können das! –, werden wir Sie fast nicht mehr sehen.«

Motiviert – und von neidischen Blicken begleitet – stand Herr Müller auf, stolzierte nach vorne und quetschte sich hinter den Ständer, wie ein Schüler beim Versteckspiel, und duckte sich ein wenig.

»Ihre Beine sind immer noch sichtbar!«, rief Seidel.

Herr Müller zog sein rechtes Bein nach oben. Er gab den Storch auf einem Bein, ohne dass es ihm gelang, seinen Körper wirklich zu verbergen. Sicher sah er zum Schreien komisch aus: einbeinige Frau im Hosenanzug beim Versteckspiel!

»Stopp!«, brüllte Seidel. »Sind Sie denn völlig von der Rolle, Frau Müller?!«

Herr Müller ließ sein Bein sinken und trat verschämt vor die Gruppe. »Wie meinen Sie das?«

»Aus welchem Grund, Frau Müller, habe ich Sie zu dieser albernen Aktion gebeten?«

Herr Müller zwirbelte eine Haarsträhne.

»Aus welchem Grund, frage ich Sie!«, bellte der Trainer.

»Weil Sie es wollten!«, sagte Herr Müller und ärgerte sich, dass seine Stimme hoch wie eine Fiedel klang.

»Das ist kein Grund – das wäre ein Befehl! Und ich habe nicht das Recht, Ihnen Befehle zu geben. Die erste Lektion für heute: Tun Sie nicht das, was andere wollen, erst recht nicht, ohne die Gründe zu kennen. Sondern tun Sie, was Sie selber wollen. Verstanden, Frau Müller?«

Die Männer im Raum, bis dahin vor Schrecken starr, begannen zu feixen.

Seidel sah finster in den Raum und sagte: »Still, aber sofort!«

Das Feixen verstummte.

»Aus welchen Gründen habe ich Sie gebeten, still zu sein?«, fragte er.

»Um uns zu zeigen, dass wir ebenfalls Befehle entgegennehmen, ohne nach den Gründen zu fragen«, antwortete Wolf Behr.

Seidel nickte, trat nach vorne und begann, seinen Überfall der Reihe nach zu kommentieren: »Erst habe ich Sie warten lassen, wie ein König seine Besucher. Das hat mich in den Hochstatus versetzt. Was meinen Sie, warum Besucher oft so lange in den Vorzimmern der Vorstände und Könige warten?«

Bei diesen Worten musste Herr Müller an seine Verabredung mit Axel Schmidt denken. Der Kerl hatte ihn versetzt, um sich größer und ihn kleiner zu machen.

»Dann«, fuhr Seidel fort, »bin ich in den Raum gestürmt und

habe mir sofort Ihre volle Aufmerksamkeit genommen. Und wie ist mir das gelungen?«

»Durch einen verrückten Auftritt«, sagte Axel Schmidt.

»Nein«, entgegnete Seidel, »durch einen Informationsvorsprung. Sie haben sich die ganze Zeit gefragt: Was soll das bloß? Ich aber wusste es! Deshalb hingen Sie an meinen Lippen. Wer Macht will, muss mehr wissen als andere. Wer Macht will, braucht Informationsquellen abseits des Dienstwegs.«

Dann deutete er auf Herrn Müller. »Und was ist zwischen uns passiert, Frau Müller? Erst haben Sie mir eine gute Antwort gegeben. Dann bin ich auf Sie zugegangen, dichter als Armlänge, das war ein Revierübertritt – damit war ich sofort im Hochstatus. Dann habe ich Sie auch noch am Arm berührt – damit habe ich mich zum Gönner und Sie zum Günstling gemacht. Nach Studien erhöht eine solche Berührung blitzschnell die Wahrscheinlichkeit, dass Sie mir einen Gefallen tun.«[9]

Mit federnden Schritten ging er wieder auf Herrn Müller zu und stellte sich auf die Zehenspitzen. »Dann habe ich als Stehender, aus einer Höhe von 1,80 Meter, zu Ihnen als Sitzende herabgeschaut, über einen Meter weit – damit entstand ein Machtgefälle zwischen uns.«

Herr Müller war fassungslos, was alles mit ihm passiert war, ohne dass er es durchschaut hatte.

Doch Seidel war noch nicht fertig: »Dann habe ich Ihre Hand gequetscht und nach Herzenslust geschüttelt, sofort waren die Rollen geklärt: Ich der Starke, Aktive – Sie die Schwache, Passive. Und schließlich, besonders wirksam bei Frauen, habe ich Ihnen ein Kompliment für Ihre gute Antwort untergejubelt. Und schon waren Sie bereit, für mich durchs Feuer zu gehen oder zumindest als Storch hinters Flipchart.«

Das irre Flackern war aus Seidels Augen gewichen. Jetzt klang er so wie in seinen Büchern, sachlich und kompetent. »Und warum –

abgesehen von Ihrer tatsächlich guten Antwort – habe ich ausgerechnet Sie für diese Aktion ausgewählt?« Er wartete einen Moment, dann sagte er: »Weil Frauen meist fleißige Bienchen sind, die keine Lust auf Machtspielchen haben. Sie konzentrieren sich auf die Sache. Und das ist ein Fehler! Führung ist immer noch männlich geprägt; sie besteht aus Rivalitäts-Spielchen. Männer tragen jeden Tag bis zu 200 davon aus.[10] Und wer gewinnen will, muss die Regeln kennen.«

Er sah Herrn Müller freundlich in die Augen. »Gerne würde ich Frauen wie Sie öfter über die heimlichen Spielregeln der Macht aufklären, viel öfter. Das Problem ist nur: Die Firmen schicken mir selten eine vorbei!«

Karriere als »Bar-Frau«

Der Seminarraum lag da wie ein Klassenzimmer in den Schulferien, verwaist und leergefegt, als Herr Müller ihn um 8.20 Uhr betrat. Die Wasserkaraffen auf den Tischen sprudelten stumm vor sich hin. Jemand hatte die Fenster gekippt, damit die frische Luft den letzten Männerschweiß des Vortages aus dem Raum jagte. In zehn Minuten sollte das Seminar beginnen. Wo waren die anderen Teilnehmer?

Herr Müller dachte an den gestrigen Tag. Ansgar Seidel war ihm mit der Zeit immer sympathischer geworden. Wie würde der Trainer wohl den heutigen Kurs eröffnen? Galoppierte er diesmal mit einem Pferd in den Raum? Würde er als Cowboy ein Lasso schwingen, es um den Hals von Axel Schmidt werfen, kräftig zuziehen – Herr Müller stellte sich Schmidt mit blauem Kopf vor! – und sagen: »Eine gute Führungskraft schafft es, Mitarbeiter an sich zu binden!«

Fast war Herr Müller enttäuscht, als Seidel durch die Tür schritt, ganz ohne Theaterdonner. »Guten Morgen, Frau Müller!«, sagte er und gab ihm die Hand, diesmal ohne den bösen Wolf zu spielen.

»Ich glaube, heute zahlen Sie den Preis für gestern«, sagte Herr Müller.

»Wie meinen Sie das?«

»Haben Sie gestern nicht gesagt, dass Mächtige nicht warten, sondern warten lassen? Ich wette, die Alpha-Männer machen heute Morgen einen auf mächtig!«

Seidel zwinkerte ihm zu. »Und ich wette, die schlafen ihre Räusche aus, ehe sie eine Minute vor Seminarbeginn in den Raum stürmen.«

»Räusche?«, fragte Herr Müller, der gestern nach dem Seminar noch einen kleinen Spaziergang gemacht hatte und dann erschöpft ins Bett gefallen war.

»Was meinen Sie, was gestern an der Bar los war! Als ich um Mitternacht ins Bett ging, standen da noch 14 Männer zusammen.«

»Ich hatte auch überlegt, noch runterzugehen. Aber für eine Frau ist das ja ein Balanceakt.«

»Das glaube ich Ihnen. Auf der anderen Seite: Was meinen Sie, wie viele Visitenkarten da gestern ausgetauscht wurden und wie viele neue Kontakte geschmiedet? Eine Männerhand wäscht die andere. Ich wette, mancher wird in den nächsten Jahren einen neuen Job über dieses Netzwerk finden.«

Herr Müller sah Seidel skeptisch an. »Und Sie finden diese Küngelei auch noch gut?«

»Ich mache nicht das Wetter, sondern liefere nur den Wetterbericht. Und im Moment zeigt mein Radar an: Ohne Vitamin B können Sie in der Führungsetage nichts werden. Als Mann nicht. Und als Frau erst recht nicht.«

»Dann hätte ich doch an die Bar sollen?«

»Ja! Denn gleich werden Sie sich wie ein verirrter Gast bei einer Familienfeier fühlen. Und glauben Sie wirklich, jemand aus dieser Runde wird Sie anrufen, wenn mal ein Führungsjob zu vergeben ist? Der wendet sich natürlich an einen seiner Duzfreunde vom Tresen.«

Herr Müller nickte. »Ein solcher Anruf scheitert schon daran, dass ich noch nicht mal meine Visitenkarte verteilt habe.« Er ärgerte sich, denn das hatte er als Mann automatisch getan. Doch jetzt, als Frau gegenüber Männern, wäre ihm das außerhalb des Seminarraums aufdringlich vorgekommen, wie eine auf die Serviette gekritzelte Handynummer.

»Erinnern Sie sich daran, was gestern meine erste Lektion war?«, fragte Seidel.

»Nicht das tun, was andere wollen, sondern das, was man selber will«, antwortete Herr Müller.

»Und ich kann mir nicht vorstellen, dass Sie sich ausgrenzen *wollen*. Wahrscheinlich haben Sie nur überlegt, was die Männer denken, wenn Sie als Frau an die Bar kommen. Entscheidend ist aber: Was wollen *Sie*? Was nützt *Ihnen*? Was ist gut für *Ihr* Leben und *Ihre* Karriere?«

In diesem Moment strömte eine Männertraube in den Raum. Die Kerle lachten, rempelten sich an, sprachen mit heiseren Stimmen durcheinander und waren bester Dinge, auch wenn ihre bleichen Gesichter den Verlauf des gestrigen Abends andeuteten. Auf dem Weg zum Seminarraum hatten sie offenbar einen hastigen Raubzug am Frühstücksbuffet gestartet. Die Beute, vor allem Brezeln und Kaffeetassen, schleppten sie nun an ihre Plätze.

Beim Anblick dieses frühpubertären Männerhaufens musste Herr Müller an ein Buch denken, das er sich am Flughafen als Orientierungshilfe gekauft hatte: »Warum Männer nicht zuhören und Frauen schlecht einparken.« Schmunzelnd hatte er beim Flug gelesen: »Die hochentwickelten weiblichen Sinnesorgane tragen wesentlich zur frühen Reife von Mädchen bei. Im zarten Alter von 17 Jahren haben die meisten Mädchen bereits Erwachsenenreife erlangt, während Jungen sich noch gegenseitig im Schwimmbad die Badehose runterziehen und Feuerzeuge unter ihre Fürze halten.«[11] Auch über 40 Lebensjahre schienen bei Männern keine Garantie für »Erwachsenenreife«. Als Peter war ihm das nie aufgefallen – als Petra sofort, dank seiner »hochentwickelten Sinnesorgane«, die man auch »offene Augen« hätte nennen können.

Der Seminartag flog im Nu vorbei. Ansgar Seidel erklärte das Modell vom Hoch- und Tiefstatus – laut dem in jedem Gespräch einer überlegen und einer unterlegen ist.[12] Zum Beispiel ist ein Tourist, der nach einem Museum fragt, im Tiefstatus – während ein Einheimischer, der antwortet, im Hochstatus ist. »Männer lieben es, im Hochstatus zu sein«, sagte Seidel. »Das erklärt auch, warum es ihnen im Gegensatz zu Frauen so schwerfällt, nach dem Weg zu fragen – erst recht geschäftlich.«

Die Teilnehmer probten in Rollenspielen, wie sich beide Rollen in Führungssituationen anfühlen. Dabei lernten sie, den Hochstatus beim Sprechen zu betonen. Zum Beispiel wiesen hektische Sprechweise und hohe Tonlage oft auf Tiefstatus hin (was für Frauen nichts Gutes verhieß, fürchtete Herr Müller), während bewusste Pausen und tiefes Sprechen für den Hochstatus standen. Wer viel Raum für sich einnahm und sicher stand, wer den Arm seines Gesprächspartners anfasste und den Blickkontakt länger hielt oder bewusst abbrach (etwa zur Bestrafung), der gewann im Gespräch schnell die Oberhand.

Als das Seminar vorbei war, verabschiedeten sich die Männer wie alte Freunde. Einige umarmten sich sogar. »Dann sehen wir uns ja in zwei Wochen beim Kongress!«, rief Wolf Behr aus einer Pfefferminze-Wolke. Und ein anderer sagte: »Lass uns vorher noch telefonieren, wegen der offenen Stelle.«

Herr Müller blieb sitzen. Er wollte mit Ansgar Seidel unter vier Augen sprechen. Als der Raum endlich leer war, fragte er: »Kennen Sie eigentlich den Karriereberater A. Diesel?«

Seidel, der gerade seinen Flipchart-Block zusammenrollen wollte, erstarrte mitten in der Bewegung. »Wie kommen Sie auf diese Frage?«

»Ich habe von ihm einen Artikel gelesen, der hieß ›Frauen im Minenfeld‹. Mittlerweile glaube ich, der Mann hat ganz gute Ansichten. Ich würde ihm gerne mailen. Nur habe ich im Internet keine Adresse gefunden.«

Seidel legte die Rolle beiseite und schritt langsam auf Herrn Müllers Tisch zu. »Ja, ich kenne A. Diesel. Sehr gut sogar.«

»Wunderbar! Dann können Sie mir ja den Kontakt vermitteln.«

Seidel nahm ein A 4-Blatt und schrieb in großen Druckbuchstaben seinen Namen darauf. Dann holte er eine Schere aus seinem Trainerkoffer und schnitt die Buchstaben auseinander: S E I D E L.

»Bitte bilden Sie aus diesen Buchstaben einen anderen Namen.«

Herr Müller hatte seine Lektion gelernt: »Und warum sollte ich das?«

»Weil es Ihnen eine Antwort auf Ihre Ausgangsfrage liefert.«

Also gut! Herr Müller schob die Buchstaben auf dem Tisch hin und her. Schließlich zog er das D an den Anfang, legte ein I dahinter, fügte ein E an, ergänzte ein S und schloss mit E und L. Vor ihm auf dem Tisch lag der Name: DIESEL.

Mit großen Augen sah er Seidel an: »Sie selbst sind A. Diesel?«

»Ja, das ist mein Pseudonym. Gelegentlich schreibe ich Artikel unter diesem Namen.«

»Das ist ja wunderbar! Dann können Sie sicher viele Fragen beantworten, die ich mir als weibliche Führungskraft jeden Tag stelle!«

»Heute nicht mehr«, sagte Seidel, »ich muss gleich los. Aber kommen Sie gerne in den Chatroom auf meiner Homepage. Passt es bei Ihnen morgen Abend?«

»Ist gebongt«, sagte Herr Müller.

Chat mit Coach:

Wo Frauen managen, steigt der Gewinn!

Herr Müller saß wieder auf seinem Ledersofa, den Laptop auf den Oberschenkeln, und navigierte sich in den Chatroom von Karrierecoach Ansgar Seidel. Der Hausherr war anwesend, im Chat hieß er AS. Herr Müller betrat den virtuellen Raum, nannte sich PM und stellte sich vor. Nach der Begrüßung begann ein spannender Austausch.

PM: Wenn ich ein Mann wäre – hätte ich es dann im Berufsleben nicht viel leichter?
AS: Wenn ich ein Vogel wäre – könnte ich dann nicht fliegen?

PM: Hä?
AS: Sie sollten nicht danach streben, ein Mann zu sein, Frau Müller! Wir brauchen keine Frauen, die männlicher werden, sondern eine Arbeitswelt, die weiblicher wird.

PM: Sie trainieren Männer, aber sind ein Männer-Gegner?
AS: Im Gegenteil! Was glauben Sie, warum sieben von zehn schweren Verkehrsunfällen von Männern verursacht werden? Und warum 73 Prozent der Verkehrstoten Männer sind?[13] Weil Männer sich selbst über- und Risiken unterschätzen. Frauen können gegensteuern.

PM: Aber Geschäftsverkehr ist doch kein Straßenverkehr!
AS: Wer ist in die Finanzkrise gerast? Alle elf Direktoren der Pleitebank Lehman Brothers waren Männer![14] Wer hat den ADAC durch gefälschte Zahlen in den Graben gefahren? Unter 33 Männern im Präsidium und Verwaltungsrat: keine einzige Frau![15] Die irre Daimler-Fusion mit Chrysler, die in zehn Jahren 40 Milliarden Euro Aktien-

wert kostete?[16] Ein Mann lässt grüßen, der Ex-Daimler-Chef Jürgen Schrempp.

PM: Unromantische Idee: Vielleicht richten Frauen nur deshalb weniger Unheil an, weil sie kaum auf Chefsesseln sitzen.
AS: Da werden Sie die Studien des französischen Wirtschaftsprofessors Michel Ferrary beruhigen. Mit Blick auf Frankreichs Top-Firmen fand er während der Finanzkrise heraus: Wo überdurchschnittlich viele Frauen ein Unternehmen führten, fielen die Verluste geringer aus. Der Aktienkurs des Modeherstellers Hermès, mehrheitlich von Frauen gemanagt, stieg sogar um rund 17 Prozent – während die anderen großen Firmen im Schnitt 43 Prozent verloren![17]

PM: Frauen sind doch nicht die besseren Menschen!
AS: Bestimmt nicht. Aber sie gleichen die Schwächen der Männer aus. Weil sie Risiken realistischer einschätzen. Weil sie glänzen durch emotionale Intelligenz. Weil sie die Sache wichtiger nehmen als Ego-Trips. Ein Mensch braucht zwei Beine, um sicher zu stehen. Und eine Firma braucht zwei Geschlechter am Steuer, um sicher zu führen.

PM: Aber es heißt doch: Wer nicht wagt, der nicht gewinnt! Allein mit sozialer Kompetenz und Risikomanagement lässt sich noch kein Geld verdienen.
AS: Aber mit weiblicher Intelligenz! Unverhältnismäßig viele Frauen im Management bringen Firmen einen unverhältnismäßig hohen Gewinn. Eine Studie aus den US ergab eine um 53 Prozent höhere Eigenkapital-Rendite – eine aus Europa beachtliche 48 Prozent.[18]

PM: Klingt alles toll. Aber schreibt hier derselbe Mann, der bei seinen Seminaren männliche Verhaltensweisen unterrichtet – und keine weiblichen?

AS: Wie hat Michail Gorbatschow es geschafft, die Sowjetunion mit Glasnost zu reformieren? Er war klug genug, die Sprache des Systems so lange zu sprechen, bis er ganz oben war. Erst dann stieß er Reformen an!

PM: Will heißen?
AS: Wer die oberste Chefin werden will, muss sich systemkonform verhalten. Wer die oberste Chefin ist, kann ein System verändern. Mit den Worten der Frauenkarriere-Spezialistin Barbara Schneider gesprochen: »Wenn man ein Flugzeug entführen will, muss man erst einmal an Bord kommen.«[19]

PM: Und wenn man als Frau keinen Nerv für Männerspielchen hat?
AS: Dann ziehen Sie den Kürzeren! Zum Beispiel werden fast alle Stellen im Top-Management unter der Hand vergeben. Oder haben Sie je in der Zeitung gelesen, dass ein DAX-Konzern seinen Vorstandsposten ausschreibt? Die meisten Führungspositionen bekommen Sie durch informelle Kontakte. Wie beim Seminar, abends an der Bar.

PM: Als Mann haben Sie gut reden! Frauen haben von Natur aus Nachteile, nicht nur an der Bar. Kürzlich haben mich die Kollegen bei einem Meeting mit ihren tiefen und lauten Stimmen immer wieder unterbrochen.
AS: Was wäre passiert, wenn Sie einfach weitergeredet hätten? Was, wenn Sie dem Unterbrecher ebenfalls ins Wort gefallen wären? Dann hätten Ihre Kollegen gemerkt: Aha, sie hat das Spiel begriffen!

PM: Mir ist beim selben Meeting sogar eine gute Idee geklaut worden!
AS: Niemals würden Sie ein teures Fahrrad am Bahnhof abstellen, ohne es anzuketten. Warum sichern Sie Ihre Ideen nicht auch?

PM: Wenn Sie dafür ein Schloss haben ...

AS: Zum Beispiel können Sie ein Papier mit Ihrer Idee austeilen, auf dem dick Ihr Name steht. Sie können den Häuptling am Tisch direkt damit ansprechen, statt sich nur an die Indianer zu wenden (ganz wichtig!). Und vor allem: Sie dürfen nie allein in eine Schlacht ziehen! Sie müssen vorher Ihre Truppen um sich scharen.

PM: Aber was, wenn ich die einzige Frau am Tisch bin – und alle Männer halten zusammen wie Pech und Schwefel?

AS: Dann kennen Sie die Alpha-Männer schlecht! Es gibt immer Rivalitäten, immer Grüppchen. Der Gegner Ihres Gegners ist Ihr Freund! Nur müssen Sie vorher die Stimmungslage abklopfen und Lobbyarbeit leisten.

PM: Einverstanden! Aber das ändert nichts an körperlichen Nachteilen in anderen Situationen. Wenn mir ein Mann gegenübersteht, schaut er zwangsläufig auf mich herab, weil er größer ist!

AS: Bitten Sie ihn doch in Ihr Büro und auf einen Stuhl. Das bringt Ihnen gleich zwei Vorteile: Er ist nun Gast in Ihrem Revier – und sobald er sitzt, ist körperliche Augenhöhe hergestellt. Oder besser noch: Stehen Sie erneut auf, leiten Sie Ihr Telefon um und beginnen Sie Ihr Gespräch im Stehen. Dann schauen Sie von oben auf ihn!

PM: Neulich saß ich hinterm Schreibtisch und ein Kollege hat mich im eigenen Büro an den Besprechungstisch gebeten.

AS: Er hat Ihr Revier verletzt! Er hat sich zum Gastgeber aufgespielt, obwohl er eigentlich Gast war. Damit ist die informelle Macht von Ihrer Hand in seine gewandert.

PM: Da fällt mir ein: Vor dem Gespräch hat er sich schon auf meinen Schreibtisch gestützt.

AS: Wieder ein Übergriff! Er dringt in Ihr Revier ein und setzt dort seine Duftmarke.

PM: Aber wie soll ich ihn davon abhalten? Da bräuchte ich glatt eine Schreckschuss-Pistole ... Er ist ohne Klopfen in mein Büro gekommen.

AS: Das war ein Überfall, wie ich ihn in meinem Seminar vorgemacht habe; Sie hätten den Mann einfach ignorieren sollen, statt ihm höchste Aufmerksamkeit zu schenken. Wetten, dass er dann in der Mitte Ihres Büros stehen geblieben wäre? Es wäre ihm nichts anders übriggeblieben, als um Ihre geschätzte Aufmerksamkeit zu bitten. Natürlich aus dem Tiefstatus.

PM: Als ich am Vortag in seinem Büro war, hat er genau das gemacht: mich ignoriert.

AS: Sehen Sie!

PM: In Ihrem Artikel haben Sie geschrieben, dass eine Mauer durch die Arbeitswelt verläuft und Frauen vom Erfolg abschneidet. Wie ist das noch möglich, in unserer modernen Zeit?

AS: Vergessen Sie nicht, dass wir erst einen Wimpernschlag von jener Zeit entfernt sind, da eine Frau nur arbeiten durfte, wenn es ihr der Mann gestattet hat. Das stand so bis 1977 im Bürgerlichen Gesetzbuch.[20]

PM: Ehrlich? Ich dachte, das hätte man schon in Weimar abgeschafft!

AS: Leider nicht. Und wissen Sie, dass es bis Mitte der 1950er-Jahre ein Beamtinnen-Zölibat gab? Sobald eine Beamtin geheiratet hat, musste sie ihren Dienst quittieren. Dann hatte sie nicht mehr ihrem Arbeitgeber zu dienen, sondern ihrem Mann. Juristen haben die Ehe allen Ernstes für Frauen als »Hauptberuf« gewertet.[21]

PM: Au Backe! Das klingt nach Mittelalter!

AS: Und erst seit 1969 gilt eine verheiratete Frau als voll geschäfts-fähig. Vorher ging es ihr so wie heute kleinen Kindern: Über ihr Geld verfügte der Mann – was praktisch war, denn ohne ihn hätte sie nicht mal ein Konto eröffnen können, wenigstens bis 1962.[22] Dabei steht schon seit 1949 im Grundgesetz: »Männer und Frauen sind gleich-berechtigt.«[23]

PM: Aber wie kommt ein solcher Artikel in die Verfassung, wenn man ihn später mit Füßen tritt? Das Grundgesetz wurde doch si-cher von Männern gemacht.

AS: Nicht ganz! Unter 61 Männer im Parlamentarischen Rat hatten sich vier Frauen gemogelt, darunter die sozialdemokratische Juris-tin Elisabeth Selbert. Die Männer rannten gegen den Gleichberech-tigungs-Artikel an, der Widerstand schien unüberwindbar. Doch Sel-bert gelang es, einen öffentlichen Protest-Sturm zu entfachen. Am Ende stand nicht die Einsicht, nur das Einlenken der Männer.[24]

PM: Haben Sie denn das Gefühl, dass junge Frauen heute mehr Gleichberechtigung erleben?

AS: Das kann ein Erlebnis der Facebook-Managerin Sheryl Sandberg beantworten: Sie war beim Seniorpartner eines Finanzinvestors in New York zu Gast, in einem Traumbüro mit Blick über Manhattan. Der Traum endete, als sie nach dem Weg zur Damentoilette fragte; der Seniorpartner hatte keine Ahnung. Auf die Frage, ob sie denn die erste weibliche Verhandlungspartnerin sei, sagte der Top-Manager: »Ich glaube, ja – oder vielleicht sind Sie die Einzige, die auf die Toi-lette musste.«[25] Besonders brisant, da die amerikanischen Unter-nehmen den deutschen bei der Gleichberechtigung weit voraus sind.

PM: Und welche Aussichten haben Mädchen, die aktuell von der Schule abgehen?

AS: Bis heute entscheidet sich die Hälfte aller Mädchen für typische Frauenberufe wie Arzthelferin, Friseurin, Hotelfachfrau oder Bürofachfrau.[26] Dagegen zieht es die Männer öfter in Berufe, wo viel Geld zu verdienen ist, vor allem in den Maschinenbau.[27]

PM: Aber geht es nicht doch vorwärts, zum Beispiel durch den Girls Day, bei dem Mädchen in Männerberufe schnuppern?

AS: »Vorwärts« ist relativ! In der DDR lag der Anteil von Studentinnen in naturwissenschaftlichen Fächern bei einem Viertel, in der Bundesrepublik damals bei unter fünf Prozent.[28] Wir haben gerade erst ein Niveau zurückerobert, das vor 25 Jahren in einem deutschen Staat schon erreicht war. Wenn dieser Fortschritt Tagebuch führt, dann muss es das »Tagebuch einer Schnecke« sein ...

PM: Sie wollen die DDR doch nicht zum Vorbild erklären!

AS: In dieser Hinsicht – und nur in dieser! – durchaus. Die DDR-Verfassung verankerte Gleichberechtigung und ging den entscheidenden Schritt weiter: Sie verlangte, Krippen und Horte zu schaffen.[29] Frauen sollten Kinder und Arbeit vereinbaren können. Das ist weitgehend geglückt.

PM: Aber sind wir im wiedervereinigten Deutschland nicht auch auf dem besten Weg? Es kommen doch immer mehr Frauen in Führungspositionen.

AS: Der Anteil von Frauen im gehobenen Management hat sich in der Tat erhöht, jetzt halten Sie sich fest: im Mittelstand zwischen 1995 und 2007 von acht auf neun Prozent.[30] Ein Prozent in 12 Jahren! Wenn es im selben Tempo weitergeht, braucht es noch läppische 492 Jahre, bis Chancengleichheit mehr als ein leeres Wort ist.

PM: Kann die Politik da nichts ausrichten?

AS: Zumindest gibt sie ein schlechtes Vorbild ab: Unter 197 Staatschefs finden sich ganze 22 Frauen.[31] Was würden die Männer wohl zu einem umgekehrten Verhältnis sagen?

PM: Aber die deutsche Bundesregierung tritt doch neuerdings für eine Frauenquote ein!

AS: Dann fängt sie damit am besten in den eigenen Bundesministerien an: Von 715 Abteilungsleitern sind nur 150 weiblich![32]

PM: Also müssen wir einfach hinnehmen, dass Gleichberechtigung eine Illusion ist?

AS: Nein, wir müssen für sie eintreten! Gemeinsam können wir etwas ausrichten, Frau Müller. Mir schwebt eine kleine Revolution vor, die wir anstoßen können, Sie und ich. Ich komme auf die Idee zurück. Und jetzt muss ich los!

3. Der Schönheits-Fehler:

»Ziehen Sie sich was Nettes an!«

In diesem Kapitel lesen Sie unter anderem …

- warum Herr Müller, als er nachts im Stadtpark joggt, eine böse Überraschung erlebt,
- warum 98 Prozent aller Zeitungen für die Frauenquote sind, aber von Männern geleitet werden,
- warum ein männlicher Knackarsch, 24, kaum im Sekretariat sitzt (eine solche Frau aber sehr wohl)
- und wie Sie schlagfertig reagieren, wenn Sie ein Kollege »Schätzchen« nennt.

Zwischen den Lichtinseln

Die Angst packte ihn mit kalter Hand im Genick, ohne sich anzukündigen. Dabei hatte Herr Müller nur getan, was früher ganz normal gewesen war: Er joggte an einem Herbstabend durch den Stadtpark. Das Thermometer war auf 4 Grad gefallen. Vereinzelte Laternen bildeten kleine Lichtinseln in der Nacht. Ein scharfer Wind schnitt Herrn Müller ins Gesicht. Seine Schritte, kurz und rhythmisch, hallten in der Dunkelheit. In der Ferne hupte ein Auto. Der Geruch von Bratwürsten wehte aus der Innenstadt herüber.

Herr Müller hatte seine blonde Mähne mit einem Haargummi gebändigt und unter einer viel zu großen Mütze von Peter Müller verstaut. Er trug einen Sport-BH und so viele Schichten Funktionswäsche, dass er hoffte, die kalte Luft würde auf halbem Weg zur Haut kapitulieren. Seit er Frau war, neigte er zum Frieren. Als Mann war er ein Freund der frischen Luft gewesen. Sogar im Winter hatte er im Schlafzimmer ein Fenster gekippt, zum Leidwesen seiner Ex-Freundin Katja. Doch jetzt als Frau hielt er sich mit Vorliebe nahe der Heizung auf. Und Männern, die beim Meeting nicht nur den Mund, sondern auch das Fenster aufrissen, wünschte er ein Frei-Ticket nach Sibirien. Und seine eigene Gänsehaut als Reisegepäck.

Er trabte an einer Lichtinsel vorbei und erhöhte das Tempo, um seine Muskulatur zu erwärmen.

»Was bist du nur für eine Memme geworden!«, schimpfte da eine vertraute Stimme. Sie kam aus den Tiefen seines Gehirns: wieder Peter Müller!

»Für jemanden, der sich über Nacht vom Acker gemacht hat, hast du eine ziemlich große Klappe!«, gab Petra zurück.

»Der Einzige, der sich vom Acker macht, bist du! Dein Denken ist doch schon am weiblichen Ufer angekommen. Wann bindest du dir eine rosa Schleife ins Haar? Wann führst du Demos gegen uns Männer an?«

Petra stieß ihre Ellenbogen beim Laufen heftig in die Luft, als könnte sie ihren inneren Gegner damit treffen. »Und wann wirst du es lernen, dass du dein Leben als Mann verloren hast? Die gute Nachricht ist: Niemand vermisst dich!«

»Ach ja«, antwortete Peter leise. »Und warum greifst du dann dauernd in meinen Werkzeugkoffer? Du klopfst meine Männersprüche im Flugzeug. Du erpresst Eiger mit meinen Waffen. Du bist Mann, wenn es dir gerade passt, und Frau, wenn es dir gerade nicht passt.«

Herr Müller trabte aus einer Lichtinsel in einen langen Schlauch aus Dunkelheit. Inzwischen hatten sich seine kalten Beine erwärmt. »Und was spricht eigentlich dagegen, dass ich beides lebe: eine männliche und eine weibliche Seite?«

»Verstehe«, sagte Peter Müller, »du hast beim Schicksal reklamiert, dass du unbedingt wieder ein Mann sein willst, weil es dir als Frau so blendend geht.«

»Nein, weil ich vergessen hatte, was für ein Typ du bist! Jetzt weiß ich es wieder. Und jetzt zieh ich meine Reklamation zurück.«

In diesem Moment bemerkte Herr Müller den Verfolger. Die schweren Schritte waren schon bedrohlich nah. Herrn Müllers Nackenhärchen stellten sich auf, sein Herz schlug wie ein Pressluft-Hammer. Ausgerechnet jetzt, da er sich in der Mitte des dunklen Schlauches befand!

Hatte er das Geräusch hinter sich nicht schon während seines Selbstgespräches gehört, ohne es wirklich wahrzunehmen? Hatten sich die Schritte nicht perfekt seinem Rhythmus angepasst und hoben sich erst jetzt, beim Beschleunigen, davon ab?

Das energische Schnaufen eines Mannes kam näher. Herrn Müller ergriff eine Angst, die er als Peter nie empfunden hatte. Was hätte ihm schon beim nächtlichen Joggen passieren können? Und was konnte ihm jetzt alles passieren!

Einen Moment hoffte er, gleich würde ein anderer Jogger an ihm vorbeiziehen. Doch dann spürte er von hinten eine kräftige Hand, die ihn an der Schulter packte. Er stolperte, fing sich in letzter Sekunde und drehte sich zu dem Angreifer.

Der Mann war mindestens zwei Meter groß. Herr Müller wusste genau, wohin er treten musste, um einen Wirkungstreffer zu erzielen. Mit voller Wucht riss er sein Knie nach oben. Der Angreifer stöhnte auf und wankte. Der Stoß hatte dem Riesen die Luft geraubt, er sank in die Knie.

»Bist du verrückt, Petra?«, japste er.

»Um Gottes willen, Jan!«

»Das war nicht Gottes Wille, das war ein verfluchter Tritt von dir! Himmel Donnerwetter, mitten in die Kronjuwelen!«

»Aber ich dachte …«

»Ich dachte auch, du kannst niemanden um die Ecke bringen«, japste er. »Das war ein Irrtum! Ich finde keine Spur von Peter mehr. Was hast du mit ihm gemacht?«

»Ines war doch auch über Nacht weg, mit all ihren Sachen, ohne dass du sie in Stücke geschnitten und im Fluss versenkt hast«, antwortete Herr Müller.

Jan machte dicke Backen vor Schmerz und stöhnte. »Aber Ines verschwand nur aus meiner Wohnung und nicht aus der ihren. Das ist ein kleiner Unterschied!«

»Und was ist mit Katrin? Hast du nicht ein ganzes Semester in ihrer Wohnung gelebt, während sie angeblich in den USA war?«

Jan stieß wieder Luft aus, und es war unklar, ob aus Schmerz oder Empörung. »Wie konnte ich nur vergessen, dass du jedes meiner Geheimnisse kennst! Ich vermute mal, du hast sie Peter auf der Folterbank entlockt, bevor du ihm den Garaus gemacht hast.«

»Peter geht es gut.«

»Warum antwortet er dann nicht auf Mails? Warum ist sein Handy aus? Warum wohnt er nicht mehr in seiner Wohnung?«

Herr Müller wusste, dass es ein Fehler war, auf Jans Mails nicht mehr zu reagieren. Aber sein Freund hätte auf einer Verabredung bestanden. Und dann wäre er schachmatt gewesen.

»Peter geht es gut«, wiederholte Herr Müller.

Jan kam aus der Hocke nach oben und baute sich vor ihm auf. »Petra, ich habe da vorhin ein paar Wortfetzen gehört. Und die haben mir nicht gefallen!«

»Welche Wortfetzen?«

»Du hast in die Nacht gebrüllt, dass jemand sein Leben verloren hat. Und dass ihn niemand vermisst!«

Herr Müller spürte, wie seine Knie zu Wackelpudding wurden. »Das war doch nicht so gemeint, das war …«

»Ich möchte Peter sehen. Sonst mach ich dir einen Heidenärger. Wenn Peter nicht auftaucht, wirst du abtauchen – ins Gefängnis!«

Jan drehte sich um, joggte ein paar Meter und sank dann wieder in die Knie. Sein Umriss in der Nacht sah aus wie ein Häuflein Elend. Herr Müller bereute, seinen besten Freund – der wirklich ein allerbester Freund war, wie sein Bangen um den verschollenen Peter Müller bestätigte – so schwer verletzt zu haben. Durch diesen Tritt. Und durch seine Verwandlung.

Was tun, wenn einer »Schätzchen« sagt?

Herr Müller warf einen letzten Blick in seine Unterlagen, er war auf dem Sprung in eine Besprechung mit Schmidt und Sander. Die Kampagne für den »Eisbrecher« sollte beginnen, doch eine Kleinigkeit fehlte noch: ein Dummer, der sie bezahlte. Und dieser Dumme sollte, wie immer, ein großer Autokonzern sein. Die Gegenleistung bestand darin, dass die Reifen in der Werbung ausgerechnet an Autos dieser Marke zu sehen waren. Natürlich hätte man zu diesem Zweck ohnehin ein Auto benötigt, man konnte die Reifen ja schlecht unter einen Traktor schrauben, aber das musste man dem Werbepartner nicht auf die Nase binden.

Die Kosten für die Kampagne halbierten sich, der volle Werbenutzen blieb. Mehr noch: Die Werbung vermittelte den Eindruck, kein Auto dieser bekannten Marke käme ohne diesen genialen Reifen mehr ins Rollen, wenigstens nicht im Winter. Mit solchen Kooperationen hatte Karl-Heinz Sander, der verstorbene Vater von Sven, seine Firma an die Spitze des Marktes geführt.

Sander und Schmidt hatten die Köpfe zusammengesteckt und wisperten, als Herr Müller den Sitzungsraum betrat. Das Licht war eingeschaltet, ein grauer Tag lehnte am Fenster.

»Kommen Sie rein, Frau Müller«, sagte Schmidt, was eine ausgesprochen dumme Bemerkung war, da er längst reingekommen war. Oder spielte Schmidt wieder ein Status-Spielchen? Wollte er sich zum Gastgeber aufblasen, der das Recht hatte, seine Kollegin jederzeit zu kommandieren (»Ziehen Sie sich bitte Hausschuhe an, wir tragen hier drin keine Straßenschuhe.«)

»Wären Sie so nett, den Kaffee mitzubringen«, sagte Sander. »Die Kanne steht dort hinten, auf dem Beistelltisch.«

Herr Müller rollte mit den Augen. War es wirklich so schwer, eine Managerin von einer Serviererin zu unterscheiden? Musste er, seit er Frau war, jedem Mann das Schild »Selbstbedienung!« vor die Nase halten, um nicht für haushaltsnahe Dienstleistungen eingespannt zu werden? Und, mit Blick auf Ansgar Seidels Statuslehre: Welche Symbolik hätte es gehabt, wenn er die Herren an ihren Plätzen bedient hätte? Wäre dann nicht gleich eine Rangordnung entstanden: er im Tiefstatus als Befehlsempfänger, und die Herren im Hochstatus als Befehlende?

»Ich mag heute keinen Kaffee«, sagte er und setzte sich vorsichtig – er trug einen langen Rock – auf seinen Stuhl.

»Dann holen *Sie* bitte den Kaffee«, sagte Sander zu Schmidt. Der schoss hoch, wieselte zur Kanne und schenkte seinem Geschäftsführer mit servilem Lächeln eine Tasse ein. Danach sich selbst.

»Ich habe es mir anders überlegt«, sagte Herr Müller, »für mich bitte auch.« Er schob seine Tasse lächelnd rüber. Mit dem Gesicht eines Axtmörders – wahrscheinlich stellte er sich gerade vor, seiner Kollegin den brühend heißen Kaffee über die Oberschenkel zu kippen – füllte Schmidt die Tasse. Nur zur Hälfte; so viel Strafe musste sein.

»Frau Müller«, sagte Sander, »kommende Woche sind wir beim Autokonzern VG zu Gast. Wir haben dort ein Gespräch mit dem Werbeleiter Jürgen Emmerich. Er entscheidet, ob sich VG bei unserer Kampagne einhängt.«

Jürgen Emmerich – Herr Müller kannte ihn gut – war ein dicker Endfünfziger mit ledernem Gesicht. Die Zulieferer umschwänzelten ihn wie das Bienenvolk seine Königin. Da bekannt war, dass er seine Gelder nach Lust und Laune verteilte, taten seine Kooperationspartner alles, um seine Lust und seine Laune zu heben. Emmerich wurde zu Reisen eingeladen, um Werke der Zulieferer zu besichtigen, die es auf den von ihm bevorzugten Karibikinseln gar nicht gab. Emmerich bekam »Testprodukte« in solchen Mengen zugeschickt, dass seine Frau bei E-Bay wohl einen Umsatz machte, der einem mittelständischen Unternehmen entsprach. Und Emmerich schätzte es, wenn sich nach den Geschäftsgesprächen abends an der Bar zufällig, und zwar jedes Mal, ein paar junge Frauen zu ihm gesellten, er eine von ihnen zufällig, und zwar jedes Mal, mit auf sein Zimmer nehmen konnte, ohne dass er sich näher mit der Frage befassen musste, warum ihm dauernd die schönsten Häschen vor die Flinte liefen. Am nächsten Morgen flog er auf einer Wolke ins Verhandlungsgespräch ein und unterschrieb die zuvor noch kritisierten Verträge.

»Gerne würde ich Sie zusammen mit Herrn Schmidt zu Herrn Emmerich schicken«, sagte Sander. »Das Auge verhandelt schließlich mit.« Er stieß ein Kichern hinterher.

»Sie meinen: Ich soll ihm schöne Augen machen und den Mund halten.«

Sander glotzte verstört durch seine Hornbrille. »Niemand will Ihnen den Mund verbieten.«

»Aber schöne Augen auch nicht, was?«

Schmidt ging in väterlichem Ton dazwischen: »Nun regen Sie sich doch nicht so auf, Schätzchen. Ehrlich gesagt sind wir alle froh, dass wir Sie jetzt als Marketingchefin haben. Ihr langjähriger Vorgänger war nicht gerade ein Reißer.«

Herr Müller spürte, dass sein Blut im Kopf zu sieden begann. »Und wer hat Ihnen den erfolgreichsten Reifen-Slogan der letzten Jahre geliefert: ›Damit rollen wir den Markt auf!‹? War das nicht Peter Müller – auch wenn Sie später nichts mehr davon wissen wollten?«

»Ach, meine Liebe, es wird viel im Haus getratscht. Glauben Sie nicht alles.«

»Und hatten Sie ihm im Gegenzug nicht zugesagt, die Hälfte einer Agenturrechnung über 74 000 Euro von Ihrem Budget zu bezahlen – und sich später nicht mehr daran erinnert?« Auf diesem Vertrauensbruch basierte ihre Feindschaft.

Schmidt begann, an seinem Ohrläppchen zu zupfen. »Woher haben Sie diese Zahl?«

»Danke, dass Sie es zugeben!«

»Ich gebe gar nichts zu, Schätzchen! Ehrlich gesagt wollten wir mit Ihnen über ein ganz anderes Thema sprechen.«

Das Blut in Herrn Müllers Kopf begann zu kochen: Jetzt hatte Schmidt, dieser Widerling, ihn schon das zweite Mal »Schätzchen« genannt. Die Absicht lag auf der Hand: Er wollte ihn ansprechen als Frau zu treuen Männerhänden, als Verfügungsmasse im weiblichen Körper – und nicht als gleichberechtigte Fachkollegin. Schätzchen tun alles, was man(n) von ihnen verlangt. Schätzchen schnurren, wenn man(n) sie lobt. Schätzchen vermitteln Botschaften mit den Lippen, ohne ein einziges Wort zu sprechen.

Herr Müller wollte kein Schätzchen sein! Schon gar nicht das von Axel Schmidt. Aber war es richtig, dass er diese Anrede einfach ignorierte? Oder wäre es klüger gewesen, sie in aller Form zurückzuweisen?

Obgleich: Wurde der Angriff, indem er darauf einging, nicht noch verstärkt? Fragen, die er demnächst Ansgar Seidel stellen wollte.

»Lassen Sie uns doch fachlich bleiben, meine Liebe«, mischte sich Sander in den Schlagabtausch ein.

Erst jetzt fiel es Herrn Müller auf: Auch Schmidt hatte ihn vorhin »Meine Liebe« genannt. Diese Anrede war perfide, weil sie ihn zum Besitzgegenstand machte (»meine«) und zugleich zur Ordnung rief (»Ich nenne dich ›Liebe‹, aber dann sei auch lieb!«). Und – ähnlich wie durch »Schätzchen« – fühlte er sich verniedlicht. Seine Kompetenz schmolz zu einem »Kompetenzchen«.

Herr Müller nahm all seinen Mut zusammen. »Mein Lieber«, sagte er zu Sven Sander und sah in ein Gesicht, das unter der Hornbrille gerade aus der Kurve flog, »was wollen Sie mir über den Besuch bei Herrn Emmerich sagen?«

Sander öffnete und schloss seinen Mund, tonlos. Diesmal war er der Fisch im Aquarium (wenn auch sicher kein Goldfisch!).

Herr Müller wandte sich zu Axel Schmidt: »Oder wollen *Sie* mir antworten, Schätzchen Schmidt?«

»Ha, ha, Sie halten sich wohl für witzig, Frau Müller!«, sagte er und verschränkte die Hände hinterm Kopf.

»Diesen Humor habe ich von Ihnen. Ich bin davon ausgegangen, er taugt was.«

Schmidt ließ seine Hände sinken. »Wir wünschen uns, dass Sie sich für den Besuch bei VG ein wenig zurechtmachen, Sie verstehen schon.«

Schmidt hatte in der Wir-Form gesprochen, wohl um den Eindruck zu erwecken, er bilde eine Einheit mit seinem obersten Chef.

»Ich verstehe gar nichts«, antwortete Herr Müller.

»Vielleicht ein bisschen mehr Bein zeigen als sonst. Und Stiefel wären nicht schlecht. Und rote Fingernägel. Und großzügig schminken. Das hilft uns, ehrlich gesagt, mit Herrn Emmerich ins Gespräch zu kommen.«

»In welchem Gewerbe, denken Sie, arbeite ich?«

»In der Reifenindustrie. Aber deshalb müssen Sie sich ja nicht mit Reifenfetzen kleiden!«

»Sie wollen damit sagen, dass ich ansonsten ...«

»Nein, nein, verstehen Sie mich nicht falsch! Ich wollte nur sagen: Ein besonderer Anlass braucht auch besondere Kleidung. Dann bekommen wir den Deal in trockene Tücher.«

»Okay, mit den Stiefeln bin ich einverstanden«, sagte Herr Müller. Er legte eine Pause ein, sah Schmidt ins Gesicht und fügte hinzu: »Ich bin schon gespannt, wie Sie sich als gestiefelter Kater machen.«

Das vermisste Wesen: die Chefredakteurin

Als Herr Müller nach dem Joggen aus der Dusche stieg und vor den Spiegel trat – den Wasserdampf wischte er mit dem Handtuch ab –, packte ihn blankes Entsetzen: Sein Bauch musste gewachsen sein, ganz sicher! Um ein beachtliches Stück, mindestens 0,05 Zentimeter. Oder sah er schon Gespenster? Schließlich zeigte die Waage – er war gleich auf sie gesprungen – immer noch 64 Kilo, wie nach seinem bösen Erwachen als Frau.

Aber wer garantierte ihm, dass die Waage nicht nachging, ein, zwei oder 15 Kilo? Und womit sollte er sein aktuelles Gewicht vergleichen? Andere Frauen wussten, was sie mit 18 gewogen hatten, und waren alarmiert, wenn sie es nicht mehr wogen. Aber er war als Frau noch ein Baby, gerade mal sechs Monate alt, ohne langfristigen Vergleich.

Skeptisch beugte er sich übers Waschbecken: Und wie stand es mit den Fältchen in seinen Augenwinkeln? Das waren keine Krähenfüße mehr, sanft aufgesetzt, sondern endlos tiefe Bebenrisse, Erschütterungen des Alters. Wahrscheinlich konnte ihm kein Mensch mehr in die Augen sehen, ohne dabei zu denken: »Welcher Bagger hat bloß diese unprofessionellen Aushub-Arbeiten in ihren Augenwinkeln vorgenommen?«

Wohin Herr Müller auch sah, ob er einen Werbespot anschaute, eine Illustrierte durchblätterte oder eine Fernsehserie sah: Überall lächelten ihn Frauen an, die so jung waren, dass ihm schwindlig wurde, und so schlank, dass er sich daneben wie eine alte, fette Kuh vorkam. Die Kleidung dieser Frauen schien ihm wie ein Salatblatt auf dem Essteller: nur Dekoration. Der Körper war das Hauptgericht, serviert für männliche Augen, die ihn gierig verschlangen. Früher hatte er solche Anblicke nicht verachtet; aber jetzt fühlte er sich jedes Mal an den eigenen Körper erinnert, an den Kontrast zwischen einem Soll, das die Gesellschaft diktierte, und einem Ist, mit dem sein Spiegel höhnisch antwortete.

Herr Müller schlüpfte in Peters alten Bademantel. Der war immerhin weit genug, um seinen Körper gnädig zu verbergen. Gerade wollte er aus dem Badezimmer huschen, da ging die Türglocke. Das Geräusch durchzuckte seinen Körper. Sein Herz gab Vollgas. Seine Beine, ohnehin vom Joggen müde, machten Anstalten, ihren Dienst zu verweigern.

Die Polizei, dachte Herr Müller! Die Polizei, die wissen will, wo Peter steckt – und die mich, die Lügnerin, im Bademantel auf die Wache schleppt. Verhör im Scheinwerferlicht, Gefängniszelle,

Mäuse auf der Bettkante. Ich komme nie wieder raus, ich habe ja nicht mal einen Ausweis. Nur ein paar Zeugnisse. Und die sind gefälscht!

Herr Müller schlich an die Tür und lauschte. Bellten draußen schon Polizeihunde? Brüllte ein Einsatzführer: »Leute, wir haben einen Durchsuchungsbefehl. Haltet die Blendgranaten parat – wir treten die Türe jetzt ein!«? Kein Mucks.

Oder war es der trinkende Tom, sein Nachbar, dem mal wieder der Stoff ausgegangen war und der eine Flasche erbetteln wollte (und sofort zu randalieren begann, wenn er sie nicht bekam)?

Herr Müller drehte ab von der Tür, da rief eine Frauenstimme: »Petra, machst du bitte mal auf?«

Es war Katja Hansen, seine Ex. Was wollte sie von Petra? Woher wusste sie überhaupt, dass es eine Petra gab?

Zwei Stunden später schenkte er ihr den dritten Kaffee ein. Das Gespräch wogte angenehm hin und her. Anfangs hatte sie, aufgescheucht von Jan, nach Peter gefragt. Herr Müller erklärte, dieser sei gleich nach der Hochzeit zu einer Motorradtour aufgebrochen. »Das ist seine Handschrift, kein Zweifel!«, sagte Katja und schüttelte ihren Kopf so heftig, dass ihr dunkler Pferdeschwanz durch die Luft peitschte. »Wenn die Verantwortung ruft, ist Peter Müller unbekannt verzogen.«

Damit war das Thema erledigt, auch weil Herr Müller sofort in eine andere Richtung fragte: »Was machst du eigentlich beruflich?«

»Ich produziere Papier, in das am nächsten Tag Fische gewickelt werden.«

»Verpackungsindustrie?«, stellte Herr Müller sich dumm.

»Ja, Nachrichten-Verpackung. Mit einer Überschrift als Schleife. Ich bin Redakteurin bei der BAZ, der großen Regionalzeitung.«

Und nun plauderte Katja über Zustände, von denen Herr Müller noch nie gehört hatte, obwohl sie drei Jahre ein Paar gewesen waren: von einem Chefredakteur, der begeisterte Kommentare für die Frauenquote schrieb, während er alle leitenden Posten in seiner Redaktion den Männern zuschanzte; von einem Chef vom Dienst, der Volontärinnen in Aussicht stellte, sich für ihre Übernahme einzusetzen, sofern sie ihn dafür als Chef vom Liebesdienst behandelten (worauf er sein Versprechen natürlich brach); und davon, dass ihr Chefredakteur Kurt Lehmann sie immer wieder auf »Frauenthemen« ansetzte, was nur ein anderes Wort für »Nichtigkeiten« war; neulich kommandierte er sie zu einer Reportage über einen Tupper-Abend, während ihr Kollege zur Antrittsrede des Ministerpräsidenten in die Landeshauptstadt fuhr.

»Hast du mal darüber nachgedacht, selbst Chefredakteurin zu werden?«, fragte Herr Müller. »Wenn du die Macht erst einmal hast, kannst du diese Zustände verändern.«

»Als Kind wollte ich zum Mond fliegen«, sagte Katja und streckte den Arm zur Zimmerdecke. »Aber der Weg dorthin ist ein Katzensprung, verglichen mit dem in eine Chefredaktion.«

»Zum Mond sind es 400 000 Kilometer!«

»Sag ich doch! Kennst du eine große Zeitung, die von einer Frau geführt wird? Einen großen Sender? Süddeutsche Zeitung und Die Welt, Stern und Spiegel, Focus und Zeit, Spiegel-Online und Bild, ARD und ZDF: Alles fest in Männerhand!«

»Du hast die Frankfurter Allgemeine ausgelassen. Ich schließe daraus, dass es wenigstens dort keinen Chefredakteur gibt?«

»Richtig«, sagte Katja.

»Wenigstens eine Chefredakteurin!«, jubilierte Herr Müller.

»Leider nicht«, sagte Katja und ballte ihre rechte Faust. »Die FAZ wird von fünf Herausgebern geleitet. Alles Männer!«

»Aber genau in diesen Leitmedien heißt es doch dauernd, dass wir mehr Frauen in Führungspositionen brauchen!«

»Uli Hoeneß war auch immer für Steuerehrlichkeit«, antwortete Katja und wirbelte ihren Pferdeschwanz wieder durch die Luft.

»Und Peter Müller war gegen Fremdgehen in unserer Beziehung. Die Frage ist immer, ob das einer auf sich bezieht oder vorsichtshalber nur auf den Rest der Welt.«

»Aber es gibt doch Chefredakteurinnen in Deutschland!«

»Ja, vor allem bei Schülerzeitschriften wie ›Die Pausenglocke‹. Und bei Frauenzeitschriften, weil eine ›Für Sie‹ schlecht *von ihm* gemacht werden kann. Aber 98 Prozent aller Zeitungs-Chefs sind Männer.[33] Der Journalismus ist die Dritte Welt der Gleichberechtigung. Als Branche mit noch weniger Führungsfrauen fällt mir nur der Bergbau ein. Oder der Verein aktiver Sperma-Spender.«

Herr Müller lachte, obwohl ihm nicht zum Lachen zumute war. »Und warum wehrt ihr Journalistinnen euch nicht dagegen?«

»Wir protestieren ja«, erwiderte Katja resigniert, und ihr Pferdeschwanz hing jetzt schlaff vom Kopf. »4.000 Stimmen haben wir gesammelt, für mehr Frauen in Chefredaktionen. Aber passiert ist nichts.«[34]

»Darfst du denn in deinem Blatt schreiben über Frauen im Beruf, wie sie mehr erreichen können und so?«

»Klar, das ist ja der Persilschein für Kurt Lehmann: Es gibt für einen Wolf keine bessere Maske, als den Förderer der Schafe zu spielen.«

Herr Müller hatte eine geniale Idee. Er trug sie Katja vor. Sie war begeistert, machte sich eine Notiz und versprach, der Fährte bald zu folgen.

Als Katja schon in der Haustür stand, schaute sie ihn lange an. »Merkwürdig, ich habe das Gefühl, dass wir uns schon ganz lange kennen. Die Art, wie du dich hinterm Ohr kratzt, von oben nach unten mit dem gekrümmten Mittelfinger. Der große Bogen, mit dem du deine Teetasse zum Mund führst, als müsste sie vorm Trinken noch eine Schleife ziehen. Deine Augen, die immer eine Millisekunde früher lachen als dein Mund.«

»Mir geht es mit dir ganz genauso«, sagte Herr Müller und ärgerte sich, wie achtlos er mit dieser wunderbaren Frau all die Jahre umgesprungen war.

Und plötzlich umarmte ihn Katja. Es war eine Umarmung, wie er noch keine gespürt hatte, nah und weich und frei von Begierde. Zum ersten Mal, seit er Frau war, spürte er die Wärme eines anderen Körpers. Und er spürte auch, wie sehr ihm die Nähe zu einem anderen Menschen gefehlt hatte.

Mit dem Versprechen, bald wieder auf einen Kaffee vorbeizukommen, fuhr Katja davon. Zu einem Senioren-Nachmittag. Wieder eine Idee ihres Chefredakteurs.

Der Blick zieht mich aus, aber der Mann nicht an

Der Kopierer schlürfte Blatt für Blatt ein, stimmte ein hohes Summen an, schnalzte mit der Zunge – und dann spuckte er die Unterlagen in kleinen Stapeln aus. Eigentlich hatte sich Herr Müller ja vorgenommen, niemals selbst am Kopierer zu stehen. Aber heute gab es keinen Ort der Welt, wo er lieber gestanden hätte, kein Südsee-Strand und kein Goldtreppchen bei einer Olympiade.

Die Sache, um die es ging, war geheim – so geheim, dass er diese Kopien unbedingt selbst machen musste (nur Frau Neuner hätte er vertraut!). Über Nacht hatte eine Idee seinen Kopf geentert, für die er nur deshalb keinen Nobelpreis bekäme, weil es für Marketing und Werbung keinen gab.

Die Sander GmbH steuerte auf ihr 125-jähriges Firmenjubiläum zu, so lange produzierte sie schon Reifen für Fahrräder, Flugzeuge und Autos. Doch wie das so ist auf der Welt: Der Respekt vor dem Alter schwand. Mittlerweile hatten sich am Markt etliche junge Reifenhersteller breitgemacht, vor allem Firmen aus Osteuropa. Gegen diese Billigprodukte konnte man über den Preis nicht ankommen.

Seit Monaten lautete die Frage: Wie gelingt es uns, Sanders Tradition als Trumpf am Markt auszuspielen? Wie können wir den Eindruck erwecken, dass unsere Reifen eine sichere Fahrt garantieren, während die der Konkurrenten nur Gummimüll sind, ein sicheres Ticket in den Straßengraben?

Eine solche Kampagne lebte vom Slogan. Komprimiert wie eine Gewehrkugel musste er sein, durch die Ohren eindringen und in den Köpfen der Menschen stecken bleiben – auch wenn das Einzige, was dabei blutete, das Portemonnaie war: Ein paar Hunderter wechselten bei jedem Reifenkauf den Besitzer.

Herr Müller griff seine Kopien, zog sie wie einen Schatz an seinen Körper und bog aus dem Kopierraum in den Gang ein. »Gewehrkugel«, wie war er bloß auf dieses kriegerische Bild gekommen? Werbung sollte treffen, nicht erschießen! Offenbar redete Peter, der Mann in seinem Kopf, immer noch ein Wörtchen mit.

Herr Müller wollte seine Kampagne um einen Slogan bauen, der mit der Doppeldeutigkeit eines Wortes spielte; denn wie es einen Reifen am Auto gab, so gab es auch ein Reifen der Äpfel, des Weizens und des Charakters – einen Reifungsvorgang, der Zeit brauchte, um Qualität zu schaffen. Sein Slogan lautete:

Gutes will Reifen – von Sander!

Nach »Reifen« sollte in der gesprochenen Werbung eine lange Pause gelassen werden, um den Zuhörer zu überraschen. Ihm schwebte eine Kampagne mit sprechenden Autos vor, die sich über die Qualität von Reifen austauschten – und nur die gereiften Reifen der Sander GmbH für gut genug befanden. Andere Reifen, die man ihnen anbot, schossen sie mit ihren Kühlerhauben, die blitzschnell aufsprangen, hinauf zum Mond, wo sich schon ein riesiger Gummi-Schrotthaufen gebildet hatte (vielleicht könnte man dort die

Logos der Wettbewerber andeuten, das würde er mit dem Hausjuristen noch besprechen).

Hinter der Idee stand eine Strategie: Herr Müller, der als Marketing Director bei der Preispolitik ein Wörtchen mitredete, wollte seine Firma dem Hauen und Stechen im unteren Marktsegment entziehen. Schon als Peter Müller hatte er immer gepredigt, seine Firma gehöre ins gehobene Preissegment, nicht unter die Billigheimer.

Aus seinem Reinfall mit der »Eisbrecher«-Kampagne hatte Herr Müller gelernt. Dank Ansgar Seidel. Statt sein Ideen-Fahrrad ohne Schloss im Meeting-Raum abzustellen, kettete er es diesmal an: durch ein Strategiepapier, über dem in fetten Lettern sein Name stand. Keine Chance für Ideendiebe!

Gedankenversunken schlenderte Herr Müller den Gang hinab, als jemand durch die Zähne pfiff. »Holla, holla, da geht ja die Sonne auf hier im Flur!«, raunte Karsten Köpke, der Starverkäufer aus Behrs schneller Truppe. Eine Sonnenbrille steckte in seinem Haar, eine enge Jeans zeichnete seine Beine nach (und Ansätze dessen, was dazwischen lag). Helle Turnschuhe, nicht mehr ganz sauber, lenkten den Blick auf seine Füße. Er war Anfang 30, wenn überhaupt.

Mit dem Grinsen eines Mannes, der immer zu bekommen meinte, was er wollte, schritt er auf Herrn Müller zu. »Ich wundere mich, dass Sie so allein über den Flur gehen.«

»Wollen Sie mir einen Leibwächter besorgen?«

»Nein, aber eigentlich müssten Ihnen die Kerle doch in Scharen hinterherlaufen. Ich meine: bei der Figur.«

Und um zu unterstreichen, was gemeint war, richtete er seinen Blick auf die entsprechenden Körperteile. So fühlte es sich also an, wenn man mit Blicken ausgezogen wurde von einem Typen, dessen Gehirn in der Hose saß und der seine Lippen zusammenpressen musste, damit er keinen Wasserfall aus Geifer auf den Flur spie!

Herr Müller war so perplex, dass ihm keine gescheite Antwort einfiel.

»Seien Sie doch nicht verlegen!«, fuhr Köpke fort. »Sie haben solche Komplimente verdient. Ich kann gar nicht verstehen, dass Sie unverheiratet sind. Glauben Sie mir: Die anderen Männer müssen blind sein!«

Woher wusste er, dass sie unverheiratet war? Hatte der Flurfunk das blitzschnell gemeldet? Und Köpkes letzter Satz hieß in der Übersetzung wohl: Offenbar haben Sie trotz verzweifelter Suche keinen Mann abgekriegt – herzliches Beileid.

Und als Zusatz vielleicht noch: Aber hier, liebes Mauerblümchen, steht endlich einer, der Sie für eine Nacht pflücken möchte!

Von einem Mann, der nicht verheiratet war, nahmen die meisten Menschen an, dass er nicht wollte: »überzeugter Junggeselle«; von einer Frau, die unverheiratet war, dass kein Mann *sie* wollte: »alte Jungfer«!

»Wie niedlich ist das denn!«, sagte Karsten Köpke. »Jetzt haben Sie rote Wangen wie ein Schulmädchen bekommen.« Er lachte hell auf und kam bis auf Armlänge näher. Sein Atem zeugte von einem bierseligen Vorabend. Sein Blick klebte an Herrn Müllers Busen. »Ist das ein Kaschmir-Pulli?«, fragte er scheinheilig – und schon schnellte seine Hand nach vorne, umfasste den Arm der Kollegin, und sein Daumen rieb den Stoff.

Herr Müller spürte, wie sein Knie zu zucken begann: Diesmal würde sein Stoß, anders als bei Jan, den Richtigen treffen!

Seit er Petra Müller war, zog er die Berührungen der Männer magisch an: Mal ließ einer seine kleine Frauenhand bei der Begrüßung zwischen zwei Riesenpranken verschwinden, als wollte er sie zum Sandwich-Belag machen; immer wieder fassten ihm Männer bei Besprechungen an den Arm, scheinbar väterlich, um einer verbalen Belehrung Nachdruck zu verleihen; und manchmal, zum Beispiel in der Kantine, war er nicht sicher, ob ihn die Männer im

Gedränge wirklich aus Versehen streiften oder mit voller Absicht den Körperkontakt suchten.

Köpke, der Woll-Tester, war immer noch am Werk. Herr Müller hatte genug! Sein Bein holte Schwung. Nun würde er fester zustoßen, viel fester.

»Frau Müller, ich muss etwas Wichtiges mit Ihnen besprechen«, rief Frau Neuner von hinten.

Die Muskulatur in Herrn Müllers rechtem Bein erschlaffte. Köpke schoss einen ärgerlichen Blick auf die Sekretärin, wie ein beim Fressen gestörtes Raubtier, und ließ seine Beute los. »Wir setzen das fort«, sagte er.

»Allerdings«, sagte Herr Müller, »dann bekommen Sie, was Ihnen diesmal entgangen ist.«

Köpke pfiff wieder durch die Zähne und zeigte mit seinem Daumen nach oben. »Du gefällst mir, Petra!«

Nachdem er Petra Müller angefasst hatte, hielt er sie für seine Duzfreundin, wenn nicht sogar für mehr. Herr Müller duzte in Gedanken zurück: »Du Vollidiot!«

Frau Neuner wartete in der Tür ihres Büros. Sie wirkte aufgewühlt.

Trägt der Erfolg Ihren Namen?

Der Zeiger des Tachos übersprang die 130, noch ehe der Wagen die Auffahrt zur Autobahn genommen hatte. Dann stürzte er im freien Fall auf die 260 zu. Axel Schmidts Augen bohrten Löcher durch den Zigarettenrauch vor der Frontscheibe. Sein Ober- und sein Unterkiefer waren so fest aufeinandergepresst, dass der Druck die blutlosen Lippen aus dem Gesicht radierte. Schmidt fuhr auf der linken Spur und fegte alles zur Seite, was ihm in den Weg kam: mit der Lichthupe, mit dem Blinker und mit seinem Fahrtwind beim dichten Auffahren. Reagierte einer zu langsam, zog er rechts an ihm vorbei und zeigte beim Überholen einen Vogel.

Herr Müller, selbst ein flotter Fahrer, krallte seine Fingernägel in den Beifahrersitz. Hatte Ansgar Seidel nicht gesagt, dass Männer 70 Prozent aller tödlichen Verkehrsunfälle verursachen?

»Frau Müller, warum so bleich um die Nase?«, fragte Schmidt, während er die Straße fixierte und einen Rauchkringel ausstieß.

»Weil ich fürchte, wir kommen bei diesem Schneckentempo zu spät«, parierte Herr Müller.

»Ha, ha, Sie und Ihre Prognosen! Hatten Sie vor sechs Wochen nicht angekündigt, Frau Neuner arbeite in einem Monat für Sie? Und, was ist damit?«

»Warten Sie ab!«

»Ehrlich gesagt: Ich warte nicht selbst, dafür habe ich keine Zeit. Ich lasse warten, dafür habe ich ein Vorzimmer.«

Seine Hand fuhr zur Lichthupe, er drängte einen Lieferwagen aus dem Weg.

»Ein Vorzimmer habe ich auch«, sagte Herr Müller, »und bald …«

»Bald werden Sie den Job der Sekretärin aus dem Effeff beherrschen. Wenn Frau Neuner mal überlastet ist, bringe ich das Diktiergerät zum Abtippen zu Ihnen rüber!« So genüsslich, als schmeckte der Tabak nach Triumph, zog er an seiner Zigarette.

Wie gut, dass Schmidt nicht wusste, was Herr Müller mit Frau Neuner besprochen hatte; er würde sich noch wundern.

»Wollen Sie mir gerade sagen, wie neidisch Sie sind?«, fragte Herr Müller. »Neidisch, weil Ihre Kampagne für den ›Eisbrecher‹ abgeblasen wurde? Neidisch, weil es Ihnen stinkt, dass meine Idee ›Gutes will Reifen‹ groß laufen wird?«

Schmidt ließ seine Faust mit voller Wucht auf die Hupe sausen, die Asche seiner Zigarette bröckelte auf die Fußmatte. »Aus dem Weg, du Trottel!« Der Vordermann zog zur Seite.

Herr Müller grinste. Der Coup bei dem Strategie-Meeting war

ihm gelungen. Im Vorfeld hatte er auf leisen Sohlen für seine Idee geworben, vor allem beim Sandmann. Ihn von einem Geniestreich zu überzeugen, war etwa so leicht, als wollte man einen Maulwurf für ein Feuerwerk begeistern. Aber Herr Müller fand einen Dreh. Nachdem er sein Konzept erläutert hatte, sagte er: »Überlegen Sie mal, was hätte Ihr Vater wohl zu dieser Idee gesagt?«

Und der Sandmann, als hätte man sein loses Denkkabel endlich eingestöpselt, antwortete: »Ihm hätte das gefallen, glaube ich. Er war immer für zugespitzte Slogans.«

»Und was hätte Ihr Vater an der Idee vielleicht noch verändert?«

»Wahrscheinlich hätte er die Reifen der Konkurrenten bis zum Mars schießen lassen«, sagte Sander, und sein Gesicht hinter der Hornbrille hellte sich auf.

»Bis zum Mars! Herrlich.« Herr Müller knipste ein Lächeln an. »Das machen wir genau so, wie Sie es vorschlagen, Herr Sander. Ganz im Sinne Ihres Vaters. Dann wird unsere Idee noch wirksamer.«

Unsere Idee! Im Sinne des heiligen Vaters! Amen! Herr Müller schaffte es, Sander glauben zu machen, er habe Wesentliches zu dem Einfall beigetragen. Der Rest war leichtes Spiel: Er nahm sich jeden aus der Marketing-Runde zur Seite, den er für Schmidts Gegner hielt. Unter der Hand kündigte er einen Vorschlag an, der von Herrn Sander bereits abgesegnet sei, ohne dabei – Stichwort Ideendiebe! – ins Detail zu gehen.

Beim Meeting sagte er dann: »Herr Sander und ich, wir haben uns lange zusammengesetzt und sind auf eine Idee gekommen, die uns völlig neue Türen öffnen wird. Und zwar …«

Dabei hielt er den Blickkontakt mit seinem Chef, nickte ihm immer wieder zu und bat Sander, der Runde mitzuteilen, wohin die Kühlerhauben die Reifen der Konkurrenz schössen. Der Sandmann erzählte freudestrahlend vom Mars, einem Ort, den er sicher für den Firmensitz eines Schokoriegel-Herstellers hielt, dessen Produkte sich aus der Milchstraße speisten.

Die Runde reagierte so, wie Herr Müller es erwartet hatte: mit Verbal-Applaus. Weil die Idee vom Chef kam, musste die Idee gut sein – dass Herr Müller auch noch im Boot saß, ja sogar am Steuerrad stand, nahm die Runde billigend in Kauf.

Die Idee kam so gut an, dass die Runde beschloss, Schmidts Idee mit dem Handy-Kind durch diesen Einfall zu ersetzen.

Da konnte Axel Schmidt im Meeting nicht länger an sich halten: »Der Mars ist natürlich eine vorzügliche Idee«, meinte er und streichelte den Sandmann mit Blicken. »Und ›reif‹ ist ein nettes Wortspiel, natürlich. Aber dieses Wort steht doch ehrlich gesagt für uralt. Wenn eine Frau als ›reife Frau‹ beschrieben wird, heißt das doch: Ihr Körper gehorcht den Gesetzen der Schwerkraft, ihr Gesicht ist nicht mehr zu renovieren! Sollen unsere Reifen als altmodisch gelten, als Reifen von vorgestern?«

Typisch, dass er nur die reifen Frauen zu Fallobst erklärte. Dagegen hielt er reife Männer – etwa sich selbst – wohl für Typen in den besten Jahren, deren Haarausfall nichts mit körperlichem Verfall zu tun hatte, nur mit einem überraschenden Zuwachs an Männlichkeit. Und die Viagra-Packung, die halbleer in der Nachttischschublade lag, war lediglich ein Vorratskauf für den 99. Geburtstag – Mann konnte ja nie wissen.

Axel Schmidt brachte sein Auto mit einer Vollbremsung zum Stehen. Herr Müller rieb sich die Schulter. Das Firmengebäude von VG, ein protziger Glasbau, lag vor ihnen in der Nachmittagssonne und funkelte Lichtblitze in den Himmel.

Ein wichtiges Gespräch stand an; sie wurden erwartet von Jürgen Emmerich.

Kampf dem Herrenwitz

Emmerich verneigte sich für einen Kuss und hinterließ auf dem Handrücken von Herrn Müller eine Speichelprobe, die jeden DNA-Tester vor Glück hätte jubilieren lassen. Er richtete sich auf, und sein Blick begann eine gründliche Körperbegehung. Er spazierte über Herrn Müllers Gesicht, legte eine lange Pause auf den Brüsten ein – das war natürlich ein Aussichtspunkt! – und wanderte dann abwärts, an den Beinen entlang.

Schließlich schaute er wieder auf. »Was darf ich Ihnen anbieten?« Herr Müller war nicht sicher, ob er damit Getränke oder wieder hausgemachte Flüssigkeiten meinte.

Schmidt, der verloren im Raum stand, schaltete sich ein: »Für mich bitte Ihren bekannten Tee mit Schuss. Und für Frau Müller einen Kaffee mit viel Milch. Stimmt doch, meine Gute?«

Aha, jetzt ließ er wieder den Papi raushängen, der für seine zweijährige Tochter, die noch nicht reden konnte, eine Bestellung aufgab. Ein Status-Spielchen!

»Stimmt nicht, mein Guter«, sagte er. »Für mich auch einen Tee mit Schuss.« Eigentlich hatte er das Gesöff meiden wollen, doch der Trotz wog schwerer.

Emmerich klatschte zweimal in die Hände, laut und kräftig. Die Tür flog auf, und eine junge Frau stöckelte in den Raum. Vor lauter Bein war wenig Rock zu sehen. »Was kann ich für Sie tun, Herr Emmerich?«

»Dreimal Tee mit Schuss«, sagte er, ohne den Blick von Herrn Müller abzuwenden. Leise wurde die Tür wieder geschlossen.

»Rufen Sie Ihre Sekretärin immer so, mit Händeklatschen?«, fragte Herr Müller.

»Immer wenn ich ganz besonders charmanten Besuch habe! Dann kann es doch nicht schnell genug gehen.« Emmerich lachte abgehackt, es klang wie ein heiseres Husten. Sein ledernes Gesicht, das zu 90 Prozent aus Zigarettenrauch bestand, wellte sich wie altes Pergament-Papier. Dann holte er weit mit den Armen aus, wie ein Verkehrspolizist auf der Kreuzung, und gab den Weg zur Sofaecke frei. Frau Müller wies er den Platz neben sich auf dem Zweier-Sofa zu, Herrn Schmidt den Sessel gegenüber. Emmerich steckte sich eine Zigarette an und reichte seinem Gegenüber Feuer.

Schmidt setzte ein interessiertes Gesicht auf und erkundigte sich nach den letzten Urlauben, wohl um herauszufinden, welche Schmiermittel zurzeit die gefragtesten waren. Emmerich erzählte von märchenhaften Reisen, von Hotels auf unberührten Inseln, von Drinks aus Kokosnüssen und von Barmixern, die seine Vorlieben nach einem Jahr noch inklusive der Limettenscheibe kannten und sich beim Abrechnen stets zu seinen Gunsten verzählten, natürlich gegen fettes Trinkgeld.

Derweil trippelte die junge Sekretärin in den Raum, senkte die Tassen behutsam auf den Tisch und huschte wieder hinaus.

»Prost«, sagte Emmerich, leerte seine Teetasse und klatschte erneut in die Hände; zwei Minuten später kam Nachschub für alle drei.

»Tolle Sekretärin«, sagte Schmidt und nickte anerkennend.

»24«, sagte Emmerich.

»Verheiratet?«

Emmerich lenkte die Blicke auf den protzigen Goldring an seiner Hand. »Natürlich nicht – ich bin ja leider nicht mehr zu haben. Wenigstens nicht dafür!«

Er hustete ein heiseres Lachen hinterher. Rauch hing über dem Tisch, Herr Müller atmete schwer und sah Schmidt wie im Nebel sitzen. Der nahm jetzt eine kerzengerade Haltung an. »Habe ich Ihnen erzählt, Herr Emmerich, dass ich nun auch eine persönliche Sekretärin habe?«

»55«, sagte Herr Müller.

Schmidt feuerte einen Blick auf ihn ab, der locker als versuchte Körperverletzung gelten konnte.

»55? Ist das wahr, Schmidt?«, grunzte Emmerich, der selbst Ende 50 war, und hustete ein verächtliches Lachen in den Raum.

»Ehrlich gesagt: eine Altlast«, entschuldigte sich Schmidt. »Sie wurde mir von einem Kollegen vermacht.«

Herr Müller nahm einen tiefen Zug aus seiner Tasse. Das Gesöff kannte er von früher. Der Schuss war minimal: ein bisschen Tee in ganz viel Rum. Die Flüssigkeit rann ihm den Hals hinab, glühte im Bauch und schickte Hitzewellen in sein Gesicht. Als Peter Müller, das stand fest, hatte er mehr vertragen.

Wieder klatschte Emmerich in die Hände, wieder kam die Sekretärin – viel Bein, wenig Rock – mit neuen Tassen durch den Rauch ins Büro gestöckelt.

Herr Müller fragte sich, wo eigentlich geschrieben stand, dass im Sekretariat niemals ein Mann sitzen durfte? Welcher Tarifvertrag regelte es, dass Tätigkeiten wie Teekochen, Getränke servieren und Spülmaschinen einsortieren zur Arbeit einer Sekretärin gehörten? Wie wäre es wohl angekommen, wenn eine Managerin von Ende 50 einen spärlich bekleideten Knackarsch von 24 als ihren Sekretär vorgestellt und mit Händeklatschen durch den Raum gescheucht hätte, natürlich ohne sich bei ihm für das Servieren der Getränke zu bedanken?

Und wie hielten es eigentlich jene Politiker, die sich als Vorkämpfer der Gleichberechtigung gaben: Wurde ihr Kaffee von männlichen Sekretären gekocht und serviert? Herr Müller hielt inne: Warum stellte er dem Sekretär, der ja schon eine männliche Sprachform war, überhaupt das Adjektiv »männlich« voran? Weil Sekretärin nach Vorzimmer klang – und Sekretär nach Staatssekretär! Das Geschlecht desjenigen, der einen Beruf ausübte, wog schwerer als der Beruf an sich.

Er nahm sich vor, Frau Neuner bei erster Gelegenheit zu seiner

3. Der Schönheits-Fehler:

Stellvertreterin zu befördern und einen männlichen Sekretär, 24, für sein Vorzimmer zu heuern. Es musste ja kein Knackarsch sein. Aber warum eigentlich nicht? (Langsam, das musste er zugeben, fand er das männliche Geschlecht gar nicht mehr so unattraktiv, Mängelexemplare wie Schmidt und Emmerich einmal abgezogen.)

Emmerich, die Tasse in der Hand, kam langsam in Fahrt: »Jetzt hören Sie mal bitte weg, Frau Müller«, sagte er – und griff ihr kurz ans Handgelenk, damit auch klar war, welche der vielen Frau Müllers im Raum gemeint war.

»Also, Schmidt, kennen Sie den: Warum können Frauen nicht Ski fahren?«

»Keine Ahnung.«

»Weil es in der Küche nicht schneit!«, prustete Emmerich. Schmidt gluckste. Herr Müller rückte auf dem Sofa ein Stück zur Seite.

»Oder den hier, Schmidt: Was hat es zu heißen, wenn Ihre Frau plötzlich für Rohkost schwärmt?«

»Dass sie zu dick ist?«

»Dass sie nicht mehr kochen will!«

Er bellte ein Lachen, das nach viel Rum und wenig Gehirn klang. Dabei schielte er zu Herrn Müller, wie ein rauchender 12-Jähriger auf dem Schulhof, der sich vergewissert, ob sein verbotenes Verhalten den Mädels auch tatsächlich imponiert.

Herr Müller spürte, dass seine Zunge allmählich lockerer saß, als es der Situation angemessen war; vielleicht hätte er die dritte Tasse »Tee« doch ablehnen sollen.

»Jetzt Sie, Schmidt«, sagte Emmerich.

»Also: Kennen Sie den Unterschied zwischen einem langen Rock und einem Minirock?«

Emmerich zuckte mit den Schultern.

»Die Zugriffszeit!«

Das Bellen von Emmerich mischte sich mit dem Gackern von

Schmidt. Herr Müller war kurz davor, die nächste Teetasse in eine ungewohnte Richtung zu kippen.

Da kam ihm eine Idee: »Und jetzt erzähle ich Ihnen mal einen Witz über einen Mann«, sagte er zu Emmerich.

»Nur zu!«, meinte der. »Wer austeilt, muss auch einstecken können.«

»Dazu müssen Sie aber aufstehen und mich ein Stück begleiten.«

»Wenn eine schöne Frau mich ruft, laufe ich immer!«

Herr Müller ging vorweg zur Garderobe, die direkt hinter der Bürotür lag. Emmerich, nicht mehr ganz trittsicher, wuchtete seinen Körper vom Sofa und folgte ihm.

Herr Müller blieb vor der Garderobe stehen und bat Emmerich neben sich. Der schaute direkt in den Garderoben-Spiegel.

»Also, Frau Müller, wo bleibt Ihr Witz?«

»Er steht vor Ihnen«, entgegnete Herr Müller.

Diesmal bellte Emmerich nicht.

Chat mit Coach:
Rhetorik – mit der gleichen Waffe fechten!

Herr Müller machte es sich auf seinem Ledersofa bequem, fuhr den Laptop hoch und steuerte den Chatroom von Ansgar Seidel an. Höchste Zeit, dass er sich wieder mit dem Karrierecoach austauschte. Etliche Fragen brannten ihm unter den Nägeln (von denen er zugeben musste, dass sie mittlerweile lackiert waren, wenn auch dezent). Außerdem hoffte er, mehr über die »Revolution« zu erfahren, die Seidel mit seiner Unterstützung anzetteln wollte.

PM: Wenn Sie wüssten, was Sie mit Ihren Tipps angerichtet haben!
AS: So schlimm?

PM: Zumindest für meinen Abteilungsleiter-Kollegen. Ich habe seine Kampagne durch eine Idee von mir verdrängt. Es war gar nicht so schwer: die Idee schriftlich fixieren, den Chef ins Boot holen, ein paar informelle Gespräche vor dem Meeting – schon lief es.

AS: Gratulation!

PM: Aber wenn ich Ihnen jetzt erzähle, dass ich einen Geschäftspartner vor den Spiegel geführt und einen Witz auf seine Kosten gerissen habe – gratulieren Sie mir dann auch?

AS: Hängt davon ab, ob der Witz gut war! Im Ernst: Was hat Sie dazu veranlasst?

PM: Der Typ hat einen billigen Frauenwitz nach dem anderen losgelassen. Warum Frauen in die Küche gehören und Mini-Röcke gut zum Fummeln sind: unterstes Niveau. Das mit dem Spiegel war eine Retourkutsche.

AS: Dann vermute ich mal, dass Ihr Geschäftspartner die Botschaft verstanden hat.

PM: Einen Lachkrampf hat er nicht bekommen. Aber danach war Schluss mit den Frauenwitzen. Und er tat alles, sich sein Beleidigt-Sein nicht anmerken zu lassen. Er hat sogar den Vertrag unterschrieben.

AS: Sehr gut! Das wichtigste Gesetz der Kommunikation lautet: Schlagen Sie mit der gleichen Waffe zurück, mit der Sie angegriffen werden! Viele Frauen begehen den Fehler, dass sie auf hohem Niveau antworten, wenn sie auf niedrigem Niveau attackiert werden.[35] Das funktioniert so wenig, als hielten Sie einem bellenden Hund eine Lärmschutz-Verordnung unter die Nase.

PM: Leider war ich angetrunken. Fragen Sie nicht weiter nach!

AS: Vielleicht tröstet Sie das: Trinkfreudige Frauen (und Männer) sind erfolgreicher als abstinente, fand eine Studie heraus! Sie verdienen im Schnitt 14 Prozent mehr – sofern sie maximal 21 Drinks in der Woche zu sich nehmen.[36]

PM: Klingt besoffen! Haben Sie eine Erklärung?
AS: Ich schätze mal, dass zwei von drei Geschäften nicht bei Mineralwasser abgeschlossen werden – Ihres ja offenbar auch nicht. Alkohol fördert Geselligkeit. Beim Trinken entsteht Sympathie, Zungen lösen sich, wichtige Informationen fließen: Welche Führungsposition wird bald frei? Wie hoch gehen die Gehälter? Wohin entwickelt sich die Firma? Wenn Sie hier als Frau dabei sind, rückt ein Karrieresprung näher. Sofern Sie nicht über den Durst trinken.

PM: Also gut, ich puste ab jetzt vor jedem Meeting ins Röhrchen!
AS: Wie lief Ihr Gespräch mit dem Kunden ab – haben Sie die ganze Zeit über den Vertrag gesprochen?

PM: Die ersten 1 ½ Stunden fiel kein Wort über das Geschäft. Es ging um Strandurlaub und solche Dinge. Der Vertrag ist am Ende über den Tisch gewandert, als wäre er Nebensache.
AS: Ich würde sagen: Ein typisches Geschäft unter Männern! Manager tun zwar immer so, als ließen sie sich nur von Fakten leiten, aber entscheidend ist der Nasen-Faktor. Zum Abschluss kommt es nur, wenn die Chemie zwischen den Partnern stimmt – und die Chemie wird bei Smalltalk getestet, oft in Kombination mit Alkohol.

PM: »Geschäft unter Männern« – sind Frauen in diesem Punkt denn anders?
AS: Männer fällen Entscheidungen oft, um ihre Macht zu mehren und als tolle Kerle dazustehen. Und die Selbstüberschätzung vernebelt ihren Verstand, etwa bei Fusionen: Warum glauben so viele Manager, ein fußkrankes Unternehmen käme wieder auf die Beine, sobald

sie es übernehmen? Der US-Psychologe Daniel Kahneman, Träger des Wirtschafts-Nobelpreises, spricht von der »Hybris-Hypothese«.[37] Frauen dagegen gehen rationaler vor und fragen sich: Bringt diese Entscheidung unsere Firma wirklich voran? Der Kompass, an dem sie sich orientieren, ist die Sache.

PM: Wenn das stimmt, müsste das Management ja voll mit Frauen sein. Ist es aber nicht!

AS: Weil Sachorientierung den Aufstieg bremst! Wie wollen Sie nach oben kommen, ohne hungrig auf Macht zu sein? Wer bietet Ihnen einen Top-Job an, wenn Sie keine Netzwerke mit anderen Managern pflegen? Was treibt Sie an die Spitze einer Organisation, wenn nicht eine doppelte Portion Eitelkeit?

PM: An Eitelkeit fehlt es Frauen nicht!

AS: Aber an Machtbewusstsein! Viele Frauen definieren Macht nicht als Chance, etwas zu gestalten, sondern als Risiko, anderen zu schaden. Sie wollen niemandem auf die Füße treten. Sie verbinden Macht mit Willkür. Und sie scheuen sich, nach ihr zu greifen.

PM: Eigentlich schade.

AS: Das wurzelt in der Kindheit. Mädchen spielen *miteinander*: Sie kleiden Puppen an, betreiben Kaufmannsläden, hüpfen zusammen Seil. Sie brauchen keine Anführerin. Forscher fanden heraus: Wenn ein Mädchen seine Meinung zu selbstbewusst vertritt oder die anderen Mädchen kommandiert, macht es sich unter ihnen unbeliebt.[38]

PM: Bei den Jungs ist das wohl umgekehrt!

AS: Richtig, sie tragen Wettkämpfe *gegeneinander* aus: beim Fußball, beim Radrennen, beim Balgen. Und jeder will der Anführer sein! Wer seine Meinung durchsetzt und die anderen kommandiert, steht in der Gruppenhierarchie ganz oben.[39] Und jetzt malen Sie sich aus, was später im Beruf passiert: Eine Frau tritt unter Männern so auf, wie es sich ihr Leben lang unter Mädchen bewährt hat, zurückhaltend und bescheiden. Das wird als Geste der Unterwerfung missverstanden; das garantiert einen Kellerplatz in der Hierarchie.

PM: Aber heute werden Kinder doch modern erzogen! Sie beschreiben hier Rollenbilder, die längst überholt sind.

AS: Beobachten Sie mal, wer fürs Raufen als »wild und mutig« gelobt wird, der Junge oder das Mädchen? Beobachten Sie, wer mehr Kritik erntet, wenn er mit zerschlissener Kleidung nach Hause kommt, der Junge oder das Mädchen? Beobachten Sie, wer öfter aufgefordert wird, sich hübsch zurückzuhalten, der Junge oder das Mädchen?

PM: Aber kleine Mädchen werden eines Tages erwachsen. Und dann können sie selbst entscheiden, wie sie sich verhalten!

AS: Können sie das? Oder greift die Erziehung noch wie eine unsichtbare Hand in ihr Leben ein? Die Psychologie sagt, dass jeder Mensch ein »Eltern-Ich« hat, einen Persönlichkeitsanteil, der durch die Appelle der Vergangenheit gesteuert wird.[40] Zum Beispiel wurde in den USA ein Experiment unter Studienanfängern durchgeführt: Die Teilnehmer sollten ihre Noten vorhersagen. Einmal schriftlich, einmal mündlich vor einer Gruppe. Bei den Männern fielen beide Prognosen gleich aus. Doch die Frauen schätzten sich schlechter ein, wenn sie vor der Gruppe sprachen. Offenbar fürchteten sie, sonst als arrogant zu gelten – statt auf die Idee zu kommen, so ihr Ansehen zu steigern.[41]

PM: Sie haben neulich gesagt, dass jedes Gespräch ein kleiner Machtkampf sei. Jetzt mal ganz praktisch: Was tue ich, wenn mich ein Mann beim Reden am Arm anfasst, ich aber nicht angefasst werden will?

AS: Gegenfrage: Ein Mädchen wird auf dem Schulhof von einem Jungen geschubst – was empfehlen Sie: Soll es den Angriff ignorieren? Soll es den Jungen freundlich bitten, seine Attacken zu unterlassen? Oder soll es einmal kräftig zurückschubsen?

PM: Zurückschubsen! Denn wenn das Mädchen nicht reagiert, wird der Junge so lange schubsen, bis es reagiert – das ist ja schließlich der Zweck der Übung.

AS: Und wenn es sich nur mit Worten wehrt?

PM: Der Satz »Ärger mich nicht!« war zu meiner Schulzeit die Garantie, dass man noch mehr geärgert wurde.

AS: Dann wissen Sie die Antwort auf Ihre Frage doch schon! Der Schubser versteht die Sprache des Schubsens, und der Anfasser die Sprache des …

PM: … Anfassens?

AS: Exakt. Wenn Sie jemand beim Sprechen am Arm anfasst, dann sollten Sie seine Hand schnappen und schwungvoll wegwerfen. Oder ihn ebenfalls anfassen beim Sprechen. Dann wird er sich in Zukunft unterstehen.

PM: Empfehlen Sie dazu einen Satz wie »Behalten Sie Ihre Hand bei sich!«

AS: Nein, das schwächt die Wirkung ab. Handeln Sie exakt so wie der Angreifer: kommentarlos. Dann ist er irritiert, denn ihm fehlt eine Erklärung. Und er ist abgeschreckt, denn er weiß um die Gefahren dieser Waffe.

PM: Apropos: Ein Kollege hat mich Schätzchen genannt. Dann habe ich ihn auch als »Schätzchen« angesprochen. War das gut?

AS: Sehr gut! Denn hätten Sie ihn nur aufgefordert, diese Anrede zu unterlassen, wäre es Ihnen wie dem Mädchen auf dem Schulhof ergangen: Er hätte sich die Hände gerieben, denn offenbar war sein Angriff ein Volltreffer – und weitere Attacken gestartet. So aber haben Sie mit der gleichen Waffe zurückgeschlagen. Das hat ihn eingeschüchtert, nehme ich an.

PM: Stimmt, danach hat er mich nicht mehr »Schätzchen« genannt. Würden Sie sagen, eine solche Bezeichnung ist schon eine sexuelle Belästigung?

AS: Wenn ein Arbeitskollege Sie so nennt, will er Sie in den Tiefstatus schleudern. Die Anrede soll Ihre Autorität untergraben. Er, der Besitzer der Schatz-Truhe, und Sie, sein Schätzchen! Eine Diffamierung, die auf Ihr Geschlecht zielt.

PM: Dieser Kollege hat mich auch aufgefordert, mich für einen Geschäftstermin herauszuputzen, mit Stiefeln und so. Das hat sich ähnlich angefühlt.

AS: Fürs Kleiden und Schminken empfehlen die meisten Ratgeber: Je höher eine Frau in der Hierarchie steht, desto mehr sollte sie sich dabei zurückhalten. Und warum? Weil das beinfreie Kleid, der tiefe Ausschnitt und die grelle Schminke die Autorität untergraben. Weil sie dafür sorgen, dass Männer eine Frau nicht in ihrer Fachrolle, sondern in ihrer Frauenrolle wahrnehmen: Fleischliches statt Fachliches. Es ist daher auch nicht einzusehen, warum für eine Sekretärin andere Regeln als für eine Geschäftsführerin gelten sollen. Jede Frau hat das Recht, in ihrer beruflichen Rolle gesehen zu werden – und nicht als Sexualobjekt, wie es leider oft der Fall ist.[42]

PM: Ist sexuelle Belästigung eigentlich ein Thema in deutschen Betrieben?

AS: Und ob! Sieben von zehn Frauen gaben in einer großen Studie an, sie seien am Arbeitsplatz schon mal sexuell belästigt worden. Jede zweite Frau sah sich mit schlüpfrigen Bemerkungen konfrontiert, jede dritte mit unsittlichen Angeboten. Und jede fünfte wurde von Busen-Grabschern angegangen.[43]

PM: Dann werde ich dafür sorgen, dass mich niemand mehr ungestraft Schätzchen nennt! Und wollten wir nicht ohnehin eine Revolution anzetteln? Wie steht es damit?
AS: Noch etwas Geduld. Bald geht es los!

PM: Hat sich meine Kontaktperson bei Ihnen gemeldet?
AS: Ja, wir sind im Geschäft. Das Ergebnis werden Sie kommende Woche sehen. Und jetzt muss ich los, ein Beratungstermin. Machen Sie es gut!

PM: Sie auch!
AS: Und nicht mehr als 21 Drinks pro Woche, versprochen?

PM: Großes Indianer-Ehrenwort!

4. Die Lohn-Bremse:

»Ich schätze Ihre Bescheidenheit!«

In diesem Kapitel lesen Sie unter anderem ...

- wie Herr Müller das Opfer eines Diebstahls wird, den er schon meinte, verhindert zu haben,
- warum Sie in einer Gehaltsverhandlung mehr Geld fordern sollten, als Sie tatsächlich haben wollen,
- welche Tricks Chefs anwenden, um Ihnen beim Verhandeln ein Bein zu stellen
- und warum es sich lohnt, mit tiefer Stimme zu sprechen.

»Du bist zu weich für dieses Business!«

Das Feld lag unten am Fluss, eine Viertelstunde vor der Stadt, und dampfte wie eine Suppenschüssel. Der Morgennebel schien so dicht, dass man ihn nur in Flaschen hätte füllen müssen, um Vollmilch zu verkaufen. Herr Müller spürte, wie die Luft sein Gesicht benetzte, hauchfein und kalt. Mit jedem Atemzug kitzelten Wasserkristalle die Härchen in seiner Nase.

Der Tag kroch aus den Federn. Er war verabredet, hier auf diesem Feld, und es gab kein Entrinnen. Aus dem nahen Wald drang der Schrei eines Käuzchens. Katja ging an seiner Seite, der Nebel umhüllte sie wie ein Schleier.

»Da kommen sie!«, sagte Herr Müller. Schritte raschelten im Gras. Zwei Männergestalten, beide hochgewachsen, schälten sich aus dem milchigen Nebel.

»Gib's ihr!«, sagte eine tiefe Stimme. Es war Jan.

»Gib's ihm!«, sagte eine hohe Stimme. Es war Katja.

Wieder schrie das Käuzchen, die Stille des Morgens präparierte den Schrei gespenstisch heraus.

Peter Müller, ganz der Alte, trat so dicht vor Petra, dass sie den Kopf ein wenig nach hinten legen musste, um in seine Augen zu blicken.

»Einer von uns muss gehen!«, sagte er.

»Bitteschön, du hast den Vortritt«, antwortete Petra.

»Nein, Ladys first! Du hast mein Leben geklaut. Ich hole mir nur zurück, was mir zusteht.«

»Das war kein Diebstahl«, sagte Petra, »das war höchstens Mundraub. Dein Leben war nicht viel wert!«

Peter zog eine Grimasse. »Fällt dir gar nicht auf, wer dein Lieferant für solche Sprüche ist? Das bin ich; Frauen reden anders.«

»Ach ja«, sagte Petra Müller und fegte sich eine blonde Strähne aus dem Gesicht. »Mit solchen Behauptungen sagst du nichts darüber, wie Frauen sind – aber viel darüber, wie du Frauen gerne hättest. Nämlich auf den Mund gefallen. Und in dein Bett!«

Katja nickte.

Jan schüttelte den Kopf.

Das Käuzchen schrie, als wollte es ebenfalls Partei ergreifen.

»Und wer fällt in dein Bett, Petra? Männer nicht, weil du keine Frau bist; Frauen nicht, weil du kein Mann bist. Du weißt nicht, was du bist. Aber ich weiß es: Du bist unglücklich!«

Petra schnappte nach Luft, aber die dicke Milch des Nebels verschlug ihr für einen Moment den Atem. Dann presste sie heraus: »Du bist immer alleine aufgewacht, auch wenn jemand neben dir lag. Du hast es nur nicht gemerkt. Deine Welt war eine One-Man-Show, mit dir in der Hauptrolle. Und jetzt ist der Vorhang gefallen. Das hast du verdient!«

Katja nickte.

Jan schüttelte den Kopf.

Das Käuzchen enthielt sich jeden Kommentars.

»Du bist eine Betrügerin«, sagte Peter. »Eine, die ihre Zeugnisse fälscht und ihren Körper. Dir fehlt nicht nur der Pass, dir fehlt vor allem der Charakter! Du hast mir mein Leben genommen, und jetzt stolperst du in Schuhen durch die Welt, die viel zu groß für dich sind.«

»Du verwechselst Schuhgröße mit Charaktergröße. Für dich hat immer nur gezählt, was sich zählen ließ! Du hast deinen Kontostand besser gekannt als deine Freundin. Dein Gefühlskonto war im Minus!«

Peter schnaubte verächtlich. »Du verwechselst mein Gefühlskonto mit deinem Girokonto! Schau dir doch dein Gehalt an, diese armseligen 70 000 Euro. Warum hatte ich das Doppelte? Weil ich doppelt so gut war!«

»Der doppelt so gute Erpresser!«, sagte Petra. »Woher soll Eiger das Geld nehmen? Kaum warst du weg, hat der Sandmann den Etat gekürzt.«

»Aber sicher, unser kleines Petra-Mädchen glaubt noch an den Sandmann! Erst behauptest du in deiner Bewerbung, neun Leute mehr als ich geführt zu haben – und dann gibst du dich mit einem halben Gehalt zufrieden. Wach auf, Petra! Du bist der harten Realität einfach nicht gewachsen. Es ist mein Leben, nicht deines.«

»Das werden wir sehen!«

»Ja, lass es uns austragen!«

Feierlich blickte er zu Jan, der ein rotes Tuch auseinanderwickelte und ihm einen Gegenstand reichte. Katja, noch immer in den Nebelschleier gehüllt, drückte Petra ebenfalls etwas Metallenes in die Hand. Kalt war es und schwer und feucht.

Das Käuzchen schrie aus vollem Hals. Der Nebel quoll in dichten Schwaden empor. Herr Müller wusste, was jetzt fällig war: die Entscheidung!

Katja und Jan, die Sekundanten, traten ein Stück zur Seite.

Haltet den Ideen-Dieb!

Herr Müller hatte sich in die finsterste Ecke des Cafés verkrümelt, an einen Zweier-Tisch unter einem Schild, das zur Toilette wies. Der Geruch aus dieser Richtung ergänzte das Schild kongenial. Herr Müller studierte die Karte, obwohl er sich längst entschieden hatte für einen Cappuccino und einen Käsekuchen.

»Ich dachte schon, Sie sind nicht da!«, sagte eine warme Stimme. Johanna Neuner war an den Tisch getreten. Ihr Mund deutete ein Lächeln an. Im Hintergrund rauschte die Klospülung. Herr Müller kratzte sich am Ohr.

Als sie bestellt und ein paar Nettigkeiten ausgetauscht hatten, kam Frau Neuner zur Sache. »Er will Sie vernichten. Er erträgt es nicht, dass Sie in der Firma sind. Bitte sagen Sie mir, warum!«

Herr Müller stützte sein Kinn auf die rechte Hand. »Warum reißt ein kleiner Junge einem bunten Schmetterling die Flügel aus?«

»Axel Schmidt ist kein kleiner Junge, unterschätzen Sie ihn nicht! Als Ihr Vorgänger ging, hat er alles bekommen, was er wollte. Mich als Sekretärin. Und eine ordentliche Gehaltserhöhung. Ich habe für ihn die Gesprächsnotiz getippt. Ich fürchte, er hat einen guten Draht zur Geschäftsführung.«

»Und weil ihm die Götter im Firmenhimmel gnädig sind, verwechselt er sich mit dem lieben Gott!«, sagte Herr Müller.

»Zumindest wünscht er Sie in die Hölle! Gerade hat er Ihre Gutes-will-Reifen-Kampagne für den Deutschen Werbepreis eingereicht.«

»Er hat was?«, frage Herr Müller und saß da mit offenem Mund.

»Er hat Ihre Idee vorgeschlagen.«

Herr Müller strahlte. »Das ist ja so, als würde der Junge dem Schmetterling die schönste Blume hinhalten, statt ihm die Flügel auszureißen!«

»Die Blume ist vergiftet! Als Urheber hat er nicht Sie, sondern Sven Sander angegeben. Und zwei Abteilungsleiter-Kollegen haben das bestätigt.«

Herrn Müller klappte der Mund zu, und es brauchte eine Weile, bis er ihn wieder aufbekam. »Aber *ich* stehe doch auf dem Strategiepapier als Urheber! Das wird niemand leugnen können.«

Johanna Neuner sah ihn mitleidig an. »Haben Sie nicht in großer Runde verkündet, dass dieser Vorschlag auf einem Gespräch zwischen Ihnen und Herrn Sander basiert?«

»Aber das war doch nur Taktik! Ich wollte den Sandmann einbinden. Seine einzige Idee war, den Mond zum Mars zu machen.«

»Und jetzt hat Herr Schmidt Sie zum Schriftführer gemacht: die Idee von Herrn Sander, die Niederschrift von Ihnen.«

Herr Müller hörte die Klospülung. Seine Gedanken flossen aus seinem Gehirn. Sein Kopf fühlte sich an wie ein Vakuum.

»Ist Ihnen nicht gut?«, fragte Frau Neuner, »Sie sind auf einmal so bleich um die Nase.«

»Alles in Ordnung«, sagte er – und wusste, dass nichts in Ordnung war! Hatte er nicht alles getan, was ihm Ansgar Seidel empfohlen hatte? Doch jetzt sah er sein Ideen-Fahrrad, das er meinte, angekettet zu haben, auf den begehrtesten Preis der Werbebranche zurasen. Ein Idiot saß auf dem Sattel, und ein Intrigant hatte ihn dorthin gehievt. Und Peter Müller, duellbereit, würde mit dem großen Spott-Kaliber auf ihn schießen.

»An diesem Punkt war es für mich genug«, sagte Johanna Neuner. »Eigentlich schweige ich wie ein Grab über meine Chefs. Aber nicht, wenn sie Kolleginnen vernichten wollen!«

»Und es bleibt bei Ihrer Zusage, dass Sie in meine Abteilung wechseln, sobald ich grünes Licht von oben habe?«

»An dem Tag, an dem Sie grünes Licht haben«, sagte Frau Neuner. Es klang so melancholisch, als hätte sie gesagt: An dem Tag, an dem Weihnachten und Ostern am 31. Juni zusammenfallen.

»Ich gehe demnächst in meine Gehaltsverhandlung«, sagte Herr Müller. »Und eine meiner wichtigsten Forderungen wird sein: Ich möchte eine eigene Sekretärin. Und zwar Sie!«

»Und Sie meinen ernsthaft, Herr Sander winkt das durch? Axel Schmidt hat ihm doch gerade den Gefallen seines Lebens getan.«

»Ich werde nicht mit Sander sprechen. Ich spreche mit Eiger.«

»Aber der ist doch seit Monaten krank.«

»Ich besuche ihn zu Hause. Wir kennen uns gut.«

Die Klospülung rauschte. Herr Müller kratzte sich am Ohr. Sein Cappuccino war kalt geworden, der Käsekuchen lag unangerührt auf dem Teller.

»Die Art, wie Sie sich hinterm Ohr kratzen, von oben nach unten mit dem gekrümmten Mittelfinger – genau wie Ihr Vorgänger Peter

Müller!«, sagte Frau Neuner und lächelte wie jemand, der Lösungen sieht, wo andere noch vor einem Rätsel stehen.

»Dabei kann ich den Kerl nicht ausstehen«, sagte Herr Müller.

Von Gehältern und Geheimnissen

Seit ein paar Tagen lief Herr Müller einen Umweg, wenn er morgens in die Firma kam: nicht geradeaus durch die Empfangshalle und dann links zum Fahrstuhl. Vielmehr bog er nach der Tür rechts ab, zur roten Sofagruppe für Besucher, und schnappte sich die BAZ von dem kleinen Tisch. Jeden Tag blätterte er sie mit fliegenden Händen durch, von vorne bis hinten, und jeden Tag warf er sie dann so heftig auf den Tisch, dass die strenge Empfangsdame Sandra Klose ihn mit einem strafenden Blick bedachte.

Doch heute Morgen hatte sich der Umweg endlich gelohnt. Schon auf der Titelseite prangte die Überschrift: »Neue BAZ-Serie: So machen Frauen Karriere«. Zufrieden schob Herr Müller die Zeitung in seine Handtasche (mittlerweile hatte er eine, es ging einfach nicht ohne!), versprach Sandra Klose, das Blatt gleich zurückzubringen (was er natürlich nicht vorhatte), und zog sich damit in sein Büro zurück.

Chefredakteur Kurt Lehmann hatte es sich nicht nehmen lassen, die neue Serie einzuleiten. Ein kleines Foto zeigte ihn beim Telefonieren, und unter dem Bild stand: »Immer ein offenes Ohr für Frauen im Beruf: Chefredakteur Kurt Lehmann.«

Mit einer Dosis Eigenlob, die ausgereicht hätte, eine ganze Kleinstadt zu vergiften, feierte er sich für einen journalistischen Coup:

Unter persönlichem Einsatz ist es mir gelungen, einen der renommiertesten Karriereexperten Deutschlands exklusiv für eine einzigartige Interviewserie zu gewinnen: Ansgar Seidel. Etliche Zeitungen haben sich um diese Chance bemüht, aber Seidel hat sich aufgrund der hohen journalistischen Qualität und der gelebten Frauenförderung schließlich für unser Blatt entschieden.

Die Chefredaktion hat beschlossen, diese Serie – passend zum Thema – *nicht* von einem Redakteur betreuen zu lassen, sondern von unserer bewährten Reportage-Spezialistin Katja Hansen.

Kein Wort davon, dass er diese »Reportage-Spezialistin« sonst nur zu gesellschaftlichen Brennpunkten wie Tupper-Abenden, Alten-Nachmittagen und Einschulungen schickte. Kein Wort davon, dass die Serie nicht auf seinem Mist gewachsen war, sondern er sie Katja verdankte. Und erst recht kein Wort davon, dass in seiner kompletten Redaktion nur zwei Ressorts von Frauen geleitet wurden: die Kaffeemaschine und die Spülmaschine.

Herr Müller freute sich, dass Katja seinem Themenwunsch gefolgt war. Er lehnte sich in seinen Schreibtischstuhl zurück, die Zeitung mit beiden Armen ausgebreitet, und verschlang den Text.

Mehr verdienen als Frau

»Trainieren Sie den Gehaltswettkampf!«
von Katja Hansen

Warum verdienen Frauen im Schnitt 21 Prozent weniger als Männer? Warum blitzen sie in Verhandlungen so oft ab? Welche Rolle spielt dabei falsche Bescheidenheit? Wir haben einen gefragt, der es wissen muss: den renommierten Karrierecoach und Führungsexperten Ansgar Seidel. Dieses Interview läutet eine Serie ein, die Frauen im Beruf voranbringen soll.

BAZ: Herr Seidel, wie kommt es eigentlich, dass Frauen für dieselbe Leistung deutlich schlechter als Männer bezahlt werden?

A. Seidel: Ich sehe drei Gründe. Erstens versagen Führungskräfte, wenn sie Gehälter festlegen. Offenbar gehen sie nicht nach Leistung, sondern nach Geschlecht oder nach Lautstärke einer Forderung. Zweitens steigen Frauen nach einer Babypause oft auf einem geringen Gehaltsniveau wieder ein, während die Männer weit davongezogen sind. Und drittens suchen Frauen das Gehaltsgespräch mit ihrem Vorgesetzten deutlich seltener als Männer. Und sie treten dabei bescheiden auf – oft zu bescheiden!

Das Auftreten in der Verhandlung ist interessant: Welche typischen Fehler beobachten Sie?

Das geht bereits los bei der Sprache. Frauen neigen dazu, ihre Forderung im Konjunktiv zu formulieren: »Es wäre schön, wenn ich mehr Gehalt bekommen könnte.« Beim Vorgesetzten kommt an: Muss nicht sein! Außerdem stellen Frauen eigene Erfolge oft in der Wir-Form dar: »Unser Team hat erreicht, dass ...« Klüger wäre es, den eigenen Anteil in der Ich-Form zu betonen. Und zu guter Letzt kommt es auch auf die Tonlage an.

Inwiefern?

Eine hohe Tonlage weist auf Unsicherheit hin. Nehmen Sie den Satz »Ich habe meine Leistung des Vorjahres übertroffen«. Wenn der Satz im tiefen Ton endet, ist es eine selbstbewusste Aussage. Endet er jedoch im hohen Ton, wird daraus eine Frage, und die Antwort bleibt dem Chef überlassen. Das zeugt von Unsicherheit und mindert die Chancen.[44]

Aber Frauen haben nun mal von Natur aus eine höhere Stimme!

Ja, aber innerhalb der Stimmbreite gibt es hohe und tiefe Töne. In einer Verhandlung ist es wichtig, die tieferen Töne anzuschlagen.

Welche Fehler beobachten Sie außerdem bei Frauen?

Zu viel Ehrlichkeit! Sie fordern genau das, was sie am Ende tatsächlich haben wollen.

Was soll daran ein Fehler sein?

Verhandeln funktioniert nicht logisch, sondern psychologisch. Eine wichtige Regel lautet: Bauen Sie immer einen Verhandlungsspielraum ein. Wenn Sie 300 Euro pro Monat wollen, sollten Sie 500 fordern. Dann kann Ihr Chef Sie um 150 runterhandeln und sich auf die Schulter klopfen: Er hat das Gefühl, er habe einen guten Job gemacht. Und Sie nehmen 50 Euro zusätzlich mit. Hätten Sie aber nur 300 Euro gefordert, wären Sie maximal bei 200 oder 150 gelandet.

Läuft man nicht Gefahr, den Bogen durch unrealistische Forderungen zu überspannen?

Wenn Frauen meinen, den Bogen zu überspannen, ist die Höhe ihrer Forderung nach meiner Erfahrung genau richtig. Vergessen Sie nicht: Ihr Preis vermittelt eine Botschaft.

Wie meinen Sie das?

Es ist wie im Supermarkt: Die Sonderangebote auf dem Grabbeltisch sind für wenig Geld zu haben. Aber die Qualitätsprodukte haben ihren Preis. Wer wenig fordert, erweckt den Eindruck, auch wenig zu leisten. Dagegen passt eine gehobene Forderung zu gehobener Qualität, zu einer Spitzenleistung.

Nun haben wir über die Sprache und die Höhe der Forderung gesprochen. Gibt es weitere Punkte, die für Frauen wichtig sind?

Ja, eine Verhandlung ist nicht beendet, wenn der Chef »Nein« sagt – dann geht sie erst richtig los! Verhandeln bedeutet: Zwei unterschiedliche Standpunkte prallen aufeinander, und nun sucht man nach einer gemeinsamen Lösung. Frauen werten ein »Nein« oft als endgültige Absage – dabei ist es ein Betriebsgeräusch des Chefs, eine Einladung, der Forderung mit guten Argumenten Nachdruck zu verleihen.

Angenommen, ich will eine Gehaltserhöhung durchsetzen: In welchen Schritten gehe ich vor?
Erster Schritt: Finden Sie heraus, welches Gehalt für Sie drin ist. Dazu können Sie Gehaltsvergleiche im Internet nutzen sowie mit ehemaligen Ausbildungs- oder Studienkollegen sprechen. Männer tauschen sich gerne über Gehälter aus und haben eine gute Orientierung; Frauen noch viel zu wenig. Vergleichen Sie sich unbedingt auch mit Männern. Und denken Sie daran: Wenn Sie Überdurchschnittliches leisten, müssen Sie auch überdurchschnittlich verdienen!

Jetzt habe ich eine Summe X herausgefunden und will sie durchsetzen – nächster Schritt?
Legen Sie eine Leistungsmappe an. Sie besteht aus ein bis drei A-4-Seiten, auf denen Sie Ihre besonderen Leistungen der letzten 18 Monate festhalten. Das hat mehrere Vorteile: Zum einen bietet Ihnen die Mappe einen Leitfaden für Ihre Argumentation – Sie vergessen nichts. Zum anderen ist die Mappe eine wunderbare Arbeitsprobe – Sie zeigen, dass Sie wichtige Termine gekonnt vorbereiten. Und schließlich kann Ihr Chef diese Mappe mit zu seinem eigenen Vorgesetzten nehmen, falls er die Erhöhung nach oben vertreten muss.

Okay, jetzt ist meine Mappe fertig – und dann?
Wählen Sie für Ihre Verhandlung einen günstigen Zeitpunkt. Vielleicht haben Sie gerade ein wichtiges Projekt mit Erfolg abgeschlossen. Oder Sie haben eine zusätzliche Aufgabe übernommen. Solche Aufhänger sind ideal, um ins Gespräch zu kommen.

Muss ich dem Chef eigentlich ein »Gehaltsgespräch« ankündigen?

Bloß nicht! Dann fährt er doch schon seine Abwehrgeschütze auf. Geben Sie dem Gespräch einen größeren Rahmen, etwa Ihre »Perspektive in der Firma«. In dieser Umschreibung ist alles drin: Ihre Leistung, Ihre Aufstiegschancen, Ihr Gehalt.

Und dann packe ich den Stier gleich bei den Hörnern und sage: Ich hätte gern eine Gehaltserhöhung!

Auch diesen Begriff sollten Sie meiden! Gehaltserhöhung klingt, als würden Sie teurer. Genau dieser Eindruck darf nicht entstehen. Sprechen Sie besser von einer »Gehaltsanpassung«, Motto: Ich bin mit meiner Arbeit in Vorleistung gegangen – jetzt muss die Firma nachlegen. Und steigen Sie ins Gespräch mit einer Präsentation Ihrer Leistung ein; das Gehalt sprechen Sie erst später an.

Welche Argumente ziehen bei Chefs am besten?

Alle, die den Vorteil der Firma betonen. Haben Sie Geld gespart? Oder zusätzliches Geld gebracht? Haben Sie Ihre Verantwortung ausgebaut? Die Qualität Ihrer Arbeit erhöht? Oder einen größeren Umfang an Arbeit bewältigt? Eine wichtige Fortbildung abgeschlossen? Zeigen Sie, dass Ihre Leistung deutlich gestiegen ist. Dann gerät Ihre Firma unter Zugzwang.

Wie hoch darf eine Gehaltsforderung ausfallen?

Sie beginnt bei 5 Prozent – weniger wäre nur ein Inflationsausgleich. Wer eine gute Leistung vorweisen kann, für den sind auch mal 10 oder 15 Prozent drin – gerade bei Frauen, die Nachholbedarf haben. Weisen Sie ruhig auf Ihren Marktwert hin. Dann hört Ihr Chef zwischen den Zeilen, dass Sie womöglich Kontakt mit anderen Firmen haben. Und gehen lassen will er Sie als Leistungsträgerin auf keinen Fall.

Welche Stärken haben Frauen gegenüber Männern in einer Verhandlung?

Mir fallen drei Vorzüge ein. Zunächst sind Frauen lernbereiter als Männer. Viele proben ihre Gehaltsverhandlung im Rollenspiel mit einem Freund oder einer Freundin. Das erhöht die Sicherheit enorm, man wird von Runde zu Runde besser. Ein ideales Trainingslager für den Gehaltswettkampf!

Und die zweite Stärke?

Frauen sind wie gemacht für das Harvard-Verhandlungskonzept: Sie können freundlich im Ton, aber hart in der Sache sein. Diese Kombination ist ideal, denn sie bietet keine Angriffsfläche.[45] Dagegen rutschen Männer oft in einen aggressiven Tonfall ab: »Entweder mehr Geld – oder ich bin weg!« Dieser Schuss geht natürlich nach hinten los.

Und jetzt noch die dritte Stärke?

Frauen sind nachweislich empathischer.[46] Sie können sich besser in den Chef versetzen. Das ist ein großer Vorteil, wenn Sie sich fragen: Welchen Nutzen biete ich dem Chef? Durch welche meiner Arbeiten bringe ich seine Abteilung voran? Und wie ihn persönlich seinen Jahreszielen näher? Ihr Chef ist Egoist. Wenn er spürt, dass Sie ihn vorwärtsbringen, können Sie selbst davon profitieren – durch eine saftige Gehaltserhöhung.

Tun sich eigentlich auch Managerinnen mit Gehaltsverhandlungen schwer?

Ausgerechnet Chefinnen schneiden beim Gehalt besonders schlecht ab: Sie bekommen 30 Prozent weniger als männliche Chefs – während das Minus der Frauen im Durchschnitt 21 Prozent beträgt. Der Stundenlohn der Führungsfrauen liegt bei rund 28 Euro, Männer bekommen etwa 12 Euro mehr.[47] Die Managerin muss bis Anfang April des kommenden Jahres arbeiten, ehe sie dasselbe verdient hat wie ihr Kollege im alten Jahr. Und in der zweiten Führungsebene bekommen von 100 Männern nur 23 weniger als 50 000 Euro – aber fast doppelt so viele Frauen: 41![48]

Warum lassen Managerinnen sich das gefallen?
Ich finde es falsch, die Frauen für dieses Unrecht verantwortlich zu machen. Die Firmen müssen endlich dafür sorgen, dass Arbeitskräfte nach Leistung und nicht nach Geschlecht bezahlt werden. Es ist gut, wenn Frauen geschickt verhandeln. Aber der schwarze Gürtel in Verhandlungs-Judo darf nicht Voraussetzung für ein gerechtes Gehalt sein.

Gibt es darauf eigentlich einen gesetzlichen Anspruch?
Auch wenn die Firmen es nicht gerne hören: Das Grundgesetz gilt auch für sie! Die Gleichberechtigung zwischen Mann und Frau darf nicht auf dem Gehaltszettel enden. Zusätzlich verbietet das Allgemeine Gleichbehandlungsgesetz eine Diffamierung der Frauen. Aber das ist mir noch nicht genug: Ich fordere von unserer Regierung einen Equal Pay Act, ein Gesetz für gleiche Gehälter – in den USA gibt es das schon seit 1963.[49] Aus gutem Grund!

Herr Seidel, ich danke Ihnen für dieses aufschlussreiche »Gehaltsgespräch«.

Warum eine Forderung keine Bitte ist

Der Frühling hatte die ersten Blätter an die Bäume des Stadtparks gemalt, in hauchfeinem Grün. Die Sonne kämpfte mit den Wolken, Licht und Schatten rannten über die Wiese und spielten Fangen. Mal gewann Hell, mal Dunkel.

Herr Müller atmete wie eine Dampflok, er war aus der Puste, er hätte beim Joggen nicht so viel reden sollen. Katja, die neben ihm trabte, sagte: »Nun reg dich doch nicht so auf! Hauptsache, das Interview ist erschienen!«

»Erst musst du eine Woche mit Lehmann diskutieren, bis er den Text bringt. Und dann schmückt er sich auch noch mit deinen Federn!«

»Sein Zögern ist doch das schönste Kompliment!«, sagte Katja, und ihr Pferdeschwanz hüpfte beim Laufen auf und ab. »Eine falsche Anleitung, wie man seinen Geldspeicher ausraubt, würde Dagobert Duck sofort im ›Panzerknacker-Magazin‹ drucken lassen. Aber nicht eine richtige!«

»Lehmann hat Angst, dass seine eigenen Redakteurinnen den Etat-Speicher plündern?«, fragte Herr Müller.

»Wenn du wüsstest, mit welchen Gehältern uns der Verlag abspeist, wäre deine Frage beantwortet.«

»Hast du denn nie nach einer Gehaltserhöhung gefragt?«

Die Sonne träufelte eine halbe Portion Licht durch eine milchige Wolke.

»Nein«, sagte Katja mit einem Kopfschütteln, das ihren Pferdeschwanz zur Seite ausbrechen ließ. »Der Chef muss doch sehen, wie gut ich meinen Job mache. Wenn ich erst lange betteln muss, fühlt sich die Gehaltserhöhung wie Schmerzensgeld an.«

Herr Müller keuchte wieder. »Und warum sollte dein Chef erhöhen, wenn du nicht mal eine Forderung stellst? Er wird nicht fürs Gerecht-Sein bezahlt, sondern fürs Sparen!«

»Jetzt klingst du wie ein Mann! Wahrscheinlich musst du als Abteilungsleiterin so denken. Erzähl mal, was müssen Frauen tun, um bei dir in der Gehaltsverhandlung abzublitzen?«

Herr Müller musste an seine Erlebnisse als Peter denken. Die meisten Frauen hatten nicht mehr Gehalt gefordert, sondern darum gebeten. Das erschien ihm so lächerlich, als würde ein Bankräuber seine Plastiktüte mit den Worten über den Tresen schieben: »Vielleicht wären Sie so freundlich, ein paar Scheine in diese Tüte zu füllen. Falls nicht, danke ich Ihnen dennoch – und schleiche brav auf die Straße zurück.«

Eine Forderung ohne Konsequenzen war wie ein Boxhandschuh ohne Faust. Peter Müller hatte sich in jedem Gehaltsgespräch gefragt: Was passiert, wenn ich die Erhöhung ablehne? Die Antwort bei Frauen lautete oft: nichts! Sie würden den Korb kassieren, ohne ihre Arbeitsleistung zu verringern, ohne an die Tür eines Wettbewerbers zu klopfen, ohne ihm die geringsten Schwierigkeiten zu bereiten. Einem solchen Gehaltswunsch nachzugeben, wäre eine nette Geste gewesen. Aber er wurde nicht fürs Nett-Sein bezahlt, sondern fürs scharfe Kalkulieren.

Zumal er seine Abteilung als Profit-Center leitete. Je weniger vom Etat er ausgab, desto mehr floss über die Jahresprämie auf sein Konto. Warum sollte er Geld aus seiner eigenen Tasche an zaudernde Mitarbeiterinnen weiterreichen? Vom Spenden hielt er nichts, auch wenn es sich – er kannte ja die Gehaltszahlen! – durchaus um Bedürftige handelte.

Außerdem hatte er mit den Jahren gelernt, wie er Frauen den Schneid abkaufen konnte, er liebte Sätze wie: »Keine Frage, Frau Steiner, Sie hätten eine Erhöhung verdient. Aber der Etat ist gedeckelt, ich müsste das Geld bei einer Ihrer Kolleginnen abziehen. Wollen Sie das wirklich?«

Das reichte aus, um Frau Steiner für mindestens eine Woche den Schlaf zu rauben und sie ihre Forderung in aller Form zurückziehen zu lassen. Natürlich war die Argumentation Quatsch: Er bekam jedes Jahr einen stattlichen Betrag, den er unter seiner Belegschaft verteilen konnte. Aber weil der Großteil an Männer floss, die lauthals forderten, blieb für die Mitarbeiterinnen wenig übrig. Die Gehaltsstruktur war schief wie der Turm von Pisa. Und natürlich neigte sich der Turm zugunsten der Männer.

Wie gut, dass Frauen so empathische Wesen waren, ihr Gerechtigkeitsgefühl ließ sich als Gehaltsbremse nutzen. Gerne sagte Peter Müller auch: »Das von Ihnen geforderte Gehalt passt einfach nicht in die Gehaltsstruktur. Das wäre ungerecht gegenüber Ihren Kolleginnen, das könnte ich nicht vertreten. Dafür haben Sie doch sicher Verständnis!«

Er gab sich als Edelmann, der gegen die Ungerechtigkeit antrat. Das war natürlich Humbug. Denn wer als Frau eine Gehaltsgrenze durchbrach, bahnte anderen Frauen den Weg in höhere Gehaltsregionen.

Und wenn in der Verhandlung alles nichts half, flüchtete sich Peter in die Mitleidsnummer: »Wenn ich diese Forderung bei der Geschäftsleitung vortrage, kriege ich so richtig Ärger. Die sind ohnehin nicht gut auf mich zu sprechen. Wollen Sie mich in solche Schwierigkeiten bringen?« Dabei setzte er den Blick eines UNICEF-Kindes auf und ließ sich sofort mit einer verbalen Streicheleinheit trösten: »Nein, Schwierigkeiten möchte ich Ihnen natürlich nicht bereiten.« Klar, die Frauen fühlten sich ja dafür bezahlt, ihm solche vom Hals zu halten!

Die Sonne blendete wieder auf. »Kriege ich noch eine Antwort?«, fragte Katja, die mit gleichmäßigem Schritt neben ihm trabte.

»Wie war noch gleich die Frage?«

»Welche Frauen blitzen in Gehaltsverhandlungen bei dir ab?«

»Alle, die nicht fordern, sondern bitten. Alle, die sich schnell abwimmeln lassen. Alle, die den Eindruck vermitteln, nach einer Ablehnung genauso fleißig und treu wie zuvor weiterzuarbeiten.«

Katja sah ihn schief von der Seite an. »Aber du bist nicht zufällig eine Zwillingsschwester meines Chefredakteurs?«

Vom Himmel fiel wieder Schatten. Herr Müller schüttelte sich beim Laufen, er wollte Peter Müller endlich loswerden.

»Wenn du mehr Geld willst, muss dein Chef spüren: Es ist dir ernst!«, sagte Herr Müller. »Nur wenn du selbst überzeugt bist, kannst du ihn überzeugen.«

»Und wie flüstert man diese Botschaft ins Ohr eines Tauben?«

»Zum Beispiel so: Ich habe meinen Marktwert recherchiert und habe mir das Ziel gesetzt, ihn in den nächsten zwölf Monaten zu realisieren. Am liebsten hier im Haus.«

»Da schwingt doch mit: Wenn nicht, bin ich weg! Das ist doch Erpressung!«

»Nein, das ist Klarheit. Dein Chef muss wissen, woran er ist. Und du übrigens auch; du bist in einer Verhandlung immer nur so stark wie deine Alternativen am Markt.«

»Und was geht im Kopf eines Chefs vor, wenn er eine solche Forderung hört?«, fragte Katja.

»Er denkt: Verdammt, sie meint es ernst! Wenn ich jetzt nicht erhöhe, heuert sie bei der Konkurrenz an, dann muss ich die Stelle neu besetzen. Das kostet mich Geld, wohl mehr, als ich bislang bezahlt habe. Und das kostet mich Zeit, denn ich muss eine Ausschreibung veranlassen, Bewerbungen sortieren, Vorstellungsgespräche führen. Und es ist ungewiss, ob ich einen Mitarbeiter dieser Qualität finde, das bedeutet Risiko. Auf einmal ist die Gehaltserhöhung der einfachste und bequemste Weg.«

Katja trabte einen Moment schweigend neben ihm her, ehe sie zusammenfasste: »Chefs wägen also ab, was unterm Strich mehr kostet: eine Erhöhung oder eine Nicht-Erhöhung?«

»Das ist der Punkt!«, sagte Herr Müller. »Und wenn die Nicht-Erhöhung gratis ist, weil jemand halbherzig fordert, dann fließt kein Cent.«

Eine fette Wolkenfront knickte der Sonne ihren letzten Strahlenfinger um. Von hinten näherten sich hektische Schritte, und eine Stimme, romantisch wie ein Wasserrohr-Bruch, ergoss sich kalt über Herrn Müllers und Katjas Rücken: »Ich fass es nicht! Jetzt macht ihr auch noch gemeinsame Sache!«

Es war Jan, der Racheengel. Er rannte vorbei, bremste scharf ab und stellte sich mit ausgebreiteten Armen in den Weg. Sein Gesicht verriet, dass diese Arme nicht mit offenen Armen zu verwechseln waren. Herr Müller und Katja mussten abrupt stoppen, sonst wären sie gegen ihn geprallt.

»Himmel Donnerwetter, was habt ihr mit Peter gemacht, ihr beiden Hexen! Ich weiche keinen Schritt von dieser Stelle, ehe ich es weiß!«

Herr Müller spürte, wie sein Magen in die Achterbahn stieg und abwärts fuhr.

»Peter ist mit seinem Motorrad unterwegs, das habe ich doch schon erzählt«, sagte er.

»Du lügst, wenn du den Mund aufmachst.«

»Aber Jan!«, schaltete sich Katja ein.

»Und du auch! Ihr steckt doch unter einer Decke!«

Seine Stimme überschlug sich. Ein paar Männer, die auf der nahen Wiese Volleyball spielten, ließen den Ball ruhen und verfolgten die Szene.

Jan äffte Herrn Müller mit hoher Stimme nach: »Peter ist mit seinem Motorrad unterwegs. Und was, bitteschön, ist das hier?«

Er zog sein Handy aus der Tasche und hielt es Herrn Müller unter die Nase. Seine Hand zitterte dabei. Herr Müller sah sein eigenes Motorrad, ein wenig verschwommen, durch das kleine Fenster der Garage fotografiert. Den gelben Sack daneben hatte er erst gestern rausgebracht. Sein Magen raste durch die Looping-Schleife.

»Er hat sich ein Motorrad geliehen!«, sagte er.

»Und ich leih mir eine Folterbank, wenn du mich weiter anlügst! Wo ist Peter?«

»Ich werde ihn bitten, dass er dir schreibt. Noch diese Woche. Versprochen!«

»Bereitet Ihnen dieser Herr Schwierigkeiten?« Ein dunkelblonder Volleyballer, etwa Mitte 30, war zum Spazierweg herübergelaufen. Er baute sich vor Jan auf, obwohl er einen Kopf kleiner und nicht gerade ein Muskelpaket war (süßer Typ, fand Herr Müller).

»Kleiner, du bewirbst dich gerade um ein blaues Auge!«, knurrte Jan und fixierte den Volleyballer aus engen Augenschlitzen. »Und ich verspreche dir: Deine Bewerbung wird erfolgreich sein – wenn du dich nicht sofort verpisst!«

»Und ich verspreche Ihnen, dass meine Volleyballfreunde Sie nicht gerade auf ein Friedenspfeifchen einladen, falls Sie handgreiflich werden sollten.« Seine Worte klangen selbstbewusst und geschliffen, sein Geist schien besser in Schuss als seine Muskeln. Und wie zur Bestätigung winkte er seine Kollegen vom Volleyballfeld herbei. Der kleine Trupp ließ den Ball fallen und setzte sich in Bewegung.

»Nicht ich mache diesen Frauen Schwierigkeiten, sondern sie mir«, sagte Jan. »Sie haben meinen besten Freund …« Er stockte.

»Sie haben ihn … einfach so. Ich weiß nicht, was sie haben …«

»Sie scheinen leicht desorientiert zu sein«, merkte der Volleyballer an und klang nun sanft wie ein Arzt, der mit einem kranken Jungen spricht.

»Diese Woche noch will ich eine Nachricht!«, brüllte Jan und schickte Herrn Müller einen Blick aus Eis. »Wenn ich keine Nachricht bekomme, dann …« Er riss seine Faust nach oben. Die anderen Volleyballer, große Kerle, traten in kampfbereiter Pose hinzu.

Jan warf ihnen einen verächtlichen Blick zu, drehte sich um und joggte los. Schwere Schatten fielen vom Himmel. Die Sonne war von den Wolken verschluckt.

Wie Chefs beim Gehaltspoker tricksen

Als Herr Müller die Teetassen auf den Tisch stellte, achtete er darauf, den weiten Bogen vorm Abstellen zu vermeiden. Katja hatte nach dem Joggen bei ihm geduscht und saß nun quer auf dem Sofa, die Beine angezogen, die Knie mit den Armen umklammert. Um ihr nasses Haar hatte sie ein weißes Handtuch gewickelt, es sah aus wie ein Turban. Diesen Anblick kannte er gut, von früher.

»Petra«, hob Katja an, »warum hast du mich angelogen?«

»Ich habe nicht gelogen.«

»Du hast gesagt, Peter ist mit seinem Motorrad unterwegs. Er dreht ja wohl kaum Runden in seiner Garage.«

»Ich habe gesagt, dass es ihm gutgeht. Und das ist wahr.«

Katja angelte sich mit langem Arm ihre Tasse vom Tisch, führte sie zum Mund und blies vorsichtig in den Tee. »Dann sag mir bitte: Wo ist Peter? Und was tut er gerade?«

Herr Müller nahm sich vor, ab sofort die Wahrheit zu sagen, um nicht noch tiefer im Morast der Lügen zu versinken.

»Ich weiß, dass er gerade in diesem Moment mit einer jungen, attraktiven Frau zusammen ist.«

»Er hat schon wieder eine Neue?« Katja stellte ihre Tasse ab, etwas zu rasch; Tee flutete in die Untertasse.

»Nein, keine Neue: Es ist eine Ex.«

Katja atmete schwer. »Der Kerl heiratet dich und ein paar Tage später fällt ihm ein, dass er ein anderes Leben führen will.«

»Ein anderes Leben!«, sagte Herr Müller, und es kam tief aus seiner Seele.

»Petra, das tut mir ja so leid! Ich hätte das auch niemandem auf die Nase binden wollen. Ich verstehe, dass du geschwindelt hast.«

Herr Müller spürte, wie der Schleusenwärter seines Tränenkanals begann, ein Tor zu öffnen; der Wasserpegel in seinen Augen stieg bedrohlich. Katja bemitleidete ihn zwar aus den falschen Gründen, aber er war sich dennoch sicher, legitimer Empfänger dieses Mitgefühls zu sein. Erst in letzter Sekunde wendete er die Tränen ab, indem er das Gespräch auf ein sachliches Thema lenkte: »Lass uns doch mal deine Gehaltsverhandlung durchspielen, Katja.«

»Wie meinst du das?«

»Ich bin Kurt Lehmann«, sagte Herr Müller mit tiefer Männerstimme (und kam sich dabei doppelt komisch vor).

Katja drehte sich zum Tisch, ließ ihre Beine auf den Boden rutschen und eröffnete die Gehaltsdebatte: »Ich finde, Herr Lehmann, es wird höchste Zeit für eine Gehaltserhöhung.«

»Finden Sie also, Frau Hansen«, antwortete Herr Müller. »Und warum?«

»Weil ich in den letzten zwölf Monaten einen guten Job gemacht habe – und das seit vier Jahren zum gleichen Gehalt.«

Herr Müller beschloss, mit einer der gefährlichsten rhetorischen Waffen zu kontern: einer unzulässigen Verallgemeinerung.

»Was Sie da sagen, trifft auf neun von zehn Kollegen zu. Deshalb kann ich nicht jedem eine Gehaltserhöhung geben.«

Katja saß spitz auf der Sofakante (zu spitz, fand Herr Müller, denn es sah nach Fluchtbereitschaft aus). Ihre Hände knetete sie (auch keine Geste, die für Souveränität sprach). Dann erklärte sie: »Es gibt einen aktuellen Anlass für meine Forderung. Gerade habe ich eine Interview-Serie mit einem der bekanntesten Karriereberater Deutschlands an Land gezogen – eine Leistung, die Sie offenbar zu schätzen wissen, wie ich Ihrer Einleitung zu dem Artikel entnommen habe.«

Herr Müller musste sich beherrschen, dass er keinen Szenenapplaus spendete. Katja war schwach in das Gespräch eingestiegen, mit einem zögerlichen »Ich finde«; sie hatte ihre Forderung im ersten Anlauf viel zu allgemein begründet (und damit seine Verallgemeinerung fast heraufbeschworen). Doch jetzt hatte sie einen Treffer gelandet.

»Stimmt«, sagte Herr Müller in seiner Rolle als Chefredakteur, »damit war ich sehr zufrieden. Aber Sie werden verstehen, dass ich eine einmalige Leistung nicht gleich durch eine Gehaltserhöhung belohnen kann.«

Katja – nun saß sie stabiler, die Füße fest auf dem Boden – überlegte einen Moment. »Die Serie ist für ein halbes Jahr geplant. Wir sprechen nicht von einer einmaligen Leistung, sondern von einer dauerhaften. Außerdem habe ich im letzten Jahr mehrfach den Chef vom Dienst vertreten, zwei Volontärinnen eingearbeitet und die Internet-Redaktion bei ihrem Engpass im Sommer unterstützt. Allein dafür hätte man sonst jemanden einstellen und viel Geld ausgeben müssen.«

Wow, dachte Herr Müller, Katja hatte das Interview mit Ansgar Seidel wirklich verinnerlicht. Sie hielt sich strikt an seine Lehre. Jedes dieser Argumente hob den Vorteil der Firma hervor, nach der Devise: Mit einer Hand habe ich gegeben, nun darf ich mit der anderen auch nehmen. Doch Herr Müller konnte es nicht lassen: Er holte aus zum ultimativen Totschlag-Argument, das er als Peter immer wieder eingesetzt hatte: »Das mag alles zutreffen. Aber der Verlag hat im Moment kein Geld. Es sind keine Erhöhungen drin, auch wenn ich persönlich dafür wäre.«

Katja sah hilflos an die Decke. »Und das soll ich Ihnen glauben?«

»Es ist leider wahr! Aber ich verspreche Ihnen: Sobald sich am Etat etwas ändert, nehmen wir dieses Gespräch wieder auf.«

Katja drehte die Handflächen nach oben und verließ ihre Rolle. »Und jetzt, Petra? Jetzt bin ich doch geschlagen!«

»Bist du nicht«, sagte Herr Müller. »Dein Chef hat doch gerade indirekt gesagt, dass er deinen Gehaltswunsch für berechtigt hält. Das hättest du einmal hervorheben sollen: Verstehe ich Sie richtig: Sie persönlich unterstützen meinen Gehaltswunsch – und jetzt suchen Sie nach einem Weg, das mit dem Etat in Einklang zu bringen?«

»Genial!«, sagte Katja. »Jetzt hat er sich selbst in die Falle geredet und kommt nicht mehr raus. Aber was sage ich dazu, dass kein Geld da ist?«

»Du weißt doch so gut wie ich: Solange eine Firma nicht insolvent ist, hat sie Geld. Jetzt musst du nur zeigen, dass es in dein Gehalt gut investiert ist.«

»Und wie könnte eine solche Argumentation klingen?«, fragte Katja.

»Sag doch zum Beispiel: Gerade weil der Etat dünn ist, bin ich als Mitarbeiterin für den Verlag besonders wertvoll. Denken Sie an das Geld, das durch mich in der Internet-Redaktion gespart wurde. Denken Sie daran, dass ich die Volontärinnen schnell eingearbeitet und dadurch der Etat für freie Mitarbeiter geschont wurde. Denken Sie daran, dass wir für die Interviews mit Ansgar Seidel keinen Cent bezahlen, weil ich die Texte schreibe und nicht er.«

Katja starrte ihn an. »Wahnsinn! Und das schüttelst du einfach mal so aus dem Ärmel.«

»Quatsch«, sagte Herr Müller, »ich habe die ganze Zeit überlegt. Das kannst du mindestens genauso gut wie ich. Du solltest die Verhandlung tatsächlich führen!«

»Das werde ich«, sagte Katja, nahm einen Schluck Tee und ging wieder in Position. »Lass uns gleich noch eine Runde üben!«

Eine Villa und vier Forderungen

Der Hund kam wie ein Geschoss geflogen, direkt auf Herrn Müller zu. Seine Zähne waren gefletscht. Mit einem Krachen prallte er vom Metallgitter des großen Eingangstors zurück, sprang wieder daran hoch und bellte wie von Sinnen.

»Klaus Eiger« stand auf einem goldenen Namensschild, das an einer roten Mauer neben dem Tor glitzerte. Herr Müller drückte den Knopf und sah sich um.

Das Grundstück war von einer immergrünen Hecke umstellt, so dicht und hoch, dass hier zweifelsfrei der grüne Daumen eines Gärtners am Werk war. Die weiße Villa räkelte sich einen gefühlten Kilometer hinterm Tor, in ein Korsett aus bunten Blumenbeeten geschnürt. Auf fortgeschrittene Verarmung deutete dieses Haus nicht hin. In einer kleinen Ledermappe trug Herr Müller ein Papier mit sich, auf dem er seine drei Forderungen festgehalten hatte:

Forderungskatalog

1. Mein Gehalt muss auf 110 000 Euro steigen.
2. Ich will Frau Neuner als Sekretärin haben.
3. Ich werde als Urheber der »Gutes-will-Reifen«-Kampagne anerkannt; Sven Sander zieht seinen Anspruch zurück.

Er hatte den sicheren Verdacht, dass sich Ansgar Seidel eine Leistungsmappe ganz anders vorstellte, aber immerhin hatte er sich anregen lassen, seine Forderungen schriftlich festzuhalten. Und was die Höhe seines Gehaltes anging, hatte er einen Spielraum von 10 000 Euro gelassen; Hauptsache sechsstellig. Ein solcher Betrag reichte aus, um Peter Müllers großes Maul zu stopfen. Warum sollte er sich als Frau mit dem halben Gehalt begnügen, obwohl er genauso viel leistete?

Was er Klaus Eiger zu bieten hatte, war sein Schweigen. Sicher war Eiger klar, dass ein falsches Wort aus Petra Müllers Mund diese weiße Villa mehr erschüttert hätte als ein Erdbeben der Stärke zehn. Aber hatte Klaus Eiger nach seiner monatelangen Krankheit überhaupt noch Macht in der Firma? Der Vater von Sven Sander hatte ihn einst an der Seite seines Sohnes installiert, im Wissen um dessen Schwächen. Wer ohne Bein war, bekam eine Prothese. Wer ohne Gehirn war, bekam Klaus Eiger. Doch der hochintelligente Kontrolleur hatte bald herausgefunden, dass er nach dem Tod des Vaters selbst nicht mehr kontrolliert wurde; nur so konnte es zu seinen Spiel-Exzessen, zu seinen Griffen in die Firmenkasse gekommen sein. Und womit hatte er eigentlich diese Villa finanziert?

Hoffentlich funktionierte die Prothese noch; hoffentlich verließ sich der Sandmann noch immer blind auf seine denkende Hälfte namens Eiger.

Endlich raschelte es in der Türsprechanlage.

»Ja, bitte?«, sagte eine Frauenstimme.

»Petra Müller ist hier. Die Frau von Peter Müller. Ich muss Klaus Eiger sprechen. Es ist dringend.«

»Herr Eiger befindet sich außer Haus.«

»Es geht um seine Existenz. Lassen Sie mich zu ihm. Ich weiß, dass er krank und zu Hause ist.«

»Herr Eiger wünscht keine Kontakte.«

»Machen Sie die Tür auf! Und nehmen Sie den Hund weg!«

»Herr Eiger erwartet keinen Besuch.«

Herr Müller bemühte sich, nun mit ganz tiefer Stimme zu sprechen (auch wenn er wiederum ahnte, dass Ansgar Seidel nicht stolz auf ihn gewesen wäre): »Hören Sie gut zu! Wenn ich Herrn Eiger jetzt nicht sprechen kann, verspielt er im Roulette seines Lebens die letzte Chance.«

Die Sprechanlage schwieg. Es knackte wieder. Dann sagte die Stimme: »Einen Moment bitte.«

Na also, das Stichwort Roulette hatte die Kugel doch noch ins Rollen gebracht! Zwei Minuten später trat eine Frau von Ende 50 ans Tor, ihr Kinn war zur Brust geneigt, als zöge die schwere Perlenkette es nach unten. Sie stellte sich als Frau Eiger vor und rückte, als Herr Müller ein paar Andeutungen machte, die aktuelle Wohnadresse ihres Mannes heraus: Es war eine Suchtklinik für Spieler.

»Sie sind schon die Zweite, die ihn heute ganz dringend sprechen will«, sagte sie. Als sie zurück zum Haus schlurfte, schien sie noch etwas gebeugter.

Die Suchtklinik lag so weit vom Schuss entfernt, dass ein Insasse, wäre er ausgebüxt, höchstens eine Runde Skat in der Dorfkneipe hätte spielen können. Herr Müller stellte sich als Tochter von Klaus Eiger vor und war selbst erstaunt, wie schnell ihn eine Schwester vor das Zimmer 147 führte.

»Ich werde Herrn Eiger sagen, dass seine Tochter hier ist.«

»Nicht nötig«, sagte Herr Müller schnell, »ich möchte Papi überraschen.«

»Wie Sie wünschen.«

In diesem Moment ging die Tür auf. Klaus Eiger erschien. Er sah aus wie sein eigener Großvater. Die Haare der Einstein-Frisur taten alles, um von seinem Kopf zu emigrieren, sie streckten sich in alle Richtungen. Sein Gang war unsicher, sein Gesicht ausdrucksarm wie ein leer gefressener Hunde-Napf.

Die Schwester sprach ihn übertrieben laut an: »Herr Eiger, Ihre Tochter ist hier!«

Eiger schaute kurz zu Herrn Müller auf. »Ich habe keine Tochter.«

Herr Müller spürte seinen Magen durchsacken. Die Schwester kniff die Augen zusammen. Er malte sich schon aus, als Hochstaplerin vom Dorf-Sheriff verhaftet zu werden. Sollte er flüchten, solange es noch ging?

Er zog die Flucht nach vorne vor: »Papi, du kennst mich doch! Ich weiß so vieles über dich, was sonst niemand weiß. Das Leben ist wie ein Spiel. Wir müssen miteinander reden.«

»Schicken Sie diese Frau weg«, murmelte Eiger.

Die Schwester zuckte mit den Achseln. »Das sind die Medikamente! Ihr Bruder war vor einer Stunde hier, den hat er auch nicht erkannt.«

»Mein Bruder?«

»Ja, er ist mit einem Gruß Ihrer Mutter vorbeigekommen. Ich war ihm schon unten auf dem Hof begegnet, er fuhr einen schwarzen BMW.«

Herr Müller spürte, wie ein schlimmer Verdacht seinen Hals hinaufkrabbelte. Konnte Axel Schmidt wissen, dass Eiger erpressbar war? Grußlos drehte Herr Müller sich um und ging.

Wie gut, dass er heute Abend noch zum Joggen verabredet war! Dabei würde er plaudern, lachen und seinen Frust abbauen können. Nicht mit Katja wollte er laufen – sondern mit einem höchst attraktiven Mann, der ihm kürzlich aus der Patsche geholfen hatte.

Chat mit Coach:
Der Fluch der Bescheidenheit

Herr Müller streckte sich auf seinem Ledersofa aus und fuhr den Laptop auf seinen Oberschenkeln hoch. Der Austausch mit Ansgar Seidel schien ihm dringender als je zuvor. Sofort stieg er in den Chat ein:

PM: Ihr Interview in der BAZ war toll – Gratulation!
AS: Beglückwünschen Sie Ihre Freundin Katja Hansen; sie hat das fantastisch gemacht.

PM: Wussten Sie, dass Katja direkt danach ihr eigenes Gehalt verhandelt hat?
AS: Nein. Wie ging es aus?

PM: Sie verdient jetzt 350 Euro mehr im Monat. Aber es war kein Zuckerschlecken.
AS: Das sind Verhandlungen nie!

PM: Ihr Trumpf war die Leistungsmappe: Sie hat Punkt für Punkt nachgewiesen, wie sie ihre Leistung gesteigert hat. Und sie rechnete aus, wie viel Geld sie dem Verlag gebracht und gespart hat.
AS: Und ihr Chef hat sofort genickt?

PM: Natürlich nicht! Erst als sie in ernstem Ton über ihren Marktwert gesprochen hat, bekam Lehmann das große Hosenflattern; er hat wohl gefürchtet, sie wechselt zur anderen großen Regionalzeitung, wenn er ihr nicht mehr bezahlt. Und dann wäre ja auch die Serie mit Ihnen, die er lauthals angekündigt hatte, in ein anderes Blatt gewandert. Oder wären Sie bei der BAZ geblieben?
AS: Auf keinen Fall! Der Kontakt zu Frau Hansen, den ich Ihnen verdanke, war für mich entscheidend. Vom Chefredakteur habe ich das erste Mal in der Einleitung zu der Serie gelesen. Typisch Führungsmann, dass er den Erfolg seiner Mitarbeiterin sofort aufs eigene Leistungskonto gebucht hat.

PM: Gutes Stichwort. Ich muss Ihnen etwas beichten. Ich habe Bockmist gebaut; meine »Gutes-will-Reifen«-Kampagne ist mir geklaut worden.
AS: Geklaut? Wie das?

PM: Ich hatte damals im Meeting verkündet, ich hätte die Idee zusammen mit Geschäftsführer Sven Sander entwickelt. Jetzt ist *er* allein für den Deutschen Werbepreis vorgeschlagen. Meine tollen Abteilungsleiter-Kollegen haben ihn mit ihrer Unterschrift als Urheber bestätigt. Dumm gelaufen.
AS: Ich fürchte, Sie haben dazu beigetragen, Frau Müller. Richtig war, dass Sie Ihren Chef einbezogen haben. Aber falsch war, dass Sie die Kampagne offenbar in der Wir-Form vorgestellt haben. Das hat ihn nicht nur auf eine Ebene mit Ihnen gehoben, sondern – der Hierarchie entsprechend – über Sie hinaus auf eine höhere. Man spricht

145

hier vom Halo-Effekt, einer Überstrahlung. Sie hätten bei der Präsentation deutlich machen müssen: Welches war Ihr Anteil an der Kampagne? Und was hat Herr Sander beigesteuert?

PM: Bei Sander hätte ich nicht viel zu sagen gehabt ...
AS: Und jetzt?

PM: Eigentlich wollte ich Druck über den Prokuristen Klaus Eiger machen. Er ist – um es vorsichtig zu sagen – sehr auf meiner Seite. Aber nun, da ich ihn dringend brauche, habe ich festgestellt: Er gammelt in einer Klinik für Spielsüchtige vor sich hin, am Rande der Zurechnungsfähigkeit.
AS: Und warum haben Sie den Kontakt zu ihm erst in der Not gesucht? Warum haben Sie nicht die ganze Zeit sichergestellt, dass Ihre Truppen in Stellung sind?

PM: Das Verhältnis zu Eiger beruht auf einer schwierigen Grundlage.
AS: Egal, worauf es beruht: Gutes Networking besteht darin, Kontakte in guten Zeiten zu pflegen, um sie in schlechten Zeiten zu nutzen. Wer den Finger nur dann hebt, wenn er gerade in Not ist, findet keine Verbündeten.

PM: Woran erkenne ich eigentlich, ob mein Networking funktioniert?
AS: Daran, dass Sie vor anderen wissen, was in Ihrer Firma und am Markt geschieht. Ehe die Nachrichten durchs große Megaphon gerufen werden, verbreitet der Flurfunk sie. Zum Beispiel gab es bestimmt Kollegen, die um die Krise des Prokuristen gewusst haben.

PM: Allerdings! Einer war sogar bei Eiger zu Besuch, und zwar vor mir.
AS: Hoffentlich ein Kollege, der auf Ihrer Seite ist; denn je besser einer informiert ist, desto größer seine Macht.

PM: Ich fürchte, es war mein Abteilungsleiter-Kollege Axel Schmidt, und der ist alles andere als ein Freund. Aber jetzt möchte ich Ihnen noch von einem kleinen Erfolg berichten.
AS: Und zwar?

PM: Mein Gehalt – auch ich habe neu verhandelt. Eigentlich wollte ich mit Klaus Eiger sprechen. Aber als das nicht klappte, ging ich zu unserem Personalchef Udo Weimer.
AS: Und, reicht die Erhöhung für Ihre 21 Drinks?

PM: Locker! Und dennoch bin ich nicht zufrieden.
AS: Warum?

PM: Ich fühlte mich in der Verhandlung nicht ernst genommen. Wissen Sie, was Weimer auf meine Forderung gesagt hat? Er meinte: »Mal unter uns, Frau Müller: So viel wie Sie hat noch nie eine Frau in diesem Hause verdient.« Dabei hatten wir noch nie eine weibliche Abteilungsleiterin.
AS: Raffiniert! Er hat Sie nicht mit Ihrer eigenen Hierarchie-Ebene verglichen – nicht mit männlichen Kollegen. Somit waren Sie bei der Gehaltsolympiade außen vor, durften aber gnädigerweise bei den Paralympics starten – ausschließlich für Frauen, ausschließlich untere Gehaltsklasse.

PM: So war es! Und in der Verhandlung ist er mir mehrfach ins Wort gefallen und hat an meine soziale Ader appelliert: »Frau Müller, es geht doch nicht an, dass Sie dreimal so viel wie eine Sekretärin fordern.«
AS: Das sind Argumente, wie sie ein Mann nie zu hören bekommt – schon deshalb, weil Männer durchaus der Meinung sind, ihr Gehalt dürfe andere überflügeln. Eine Umfrage der Unternehmensberatung McKinsey ergab: Schon Studenten erwarten bis zu 20 Prozent mehr

Einkommen als ihre Kommilitoninnen. Der Unterschied war nicht in der Qualifikation, nur im Geschlecht zu finden.[50] Das ist der Fluch der Bescheidenheit!

PM: Bei mir hat Weimers Trick aber nicht gezogen! Ich habe ihn daran erinnert, auf welcher Ebene ich arbeite und welche Verantwortung ich trage. Außerdem habe ich angedeutet, dass mein Vorgänger für die gleiche Leistung ein deutlich höheres Gehalt bekam. Ihnen kann ich es ja sagen: exakt das Doppelte!
AS: Ihre Netzwerke funktionieren ja doch! Sonst würden Sie diese Zahl nicht kennen. Wie ging die Verhandlung weiter?

PM: Ich habe auf meine Kampagne verwiesen, einen gewissen Anteil konnte er nicht bestreiten – schließlich stand mein Name auf dem Konzeptpapier. Das wird uns eine hohe Aufmerksamkeit und damit viele Verkäufe bringen. Erst recht, wenn es dafür tatsächlich den Werbepreis gibt.
AS: Was konnten Sie am Ende durchsetzen?

PM: Nicht alles, was ich wollte. Zum Beispiel misslang es mir, eine eigene Sekretärin an Land zu ziehen.
AS: Das geht Führungsfrauen oft so! Stillschweigend wird angenommen, sie könnten sich zweiteilen: in eine Managerin und ihre eigene Sekretärin, je nach Bedarf. Zwei Jobs, ein Gehalt.

PM: Heutzutage ja nicht ganz so schlimm, da man die meisten Mails ohnehin selber schreibt.
AS: Eine Assistentin hilft nicht nur praktisch, sondern ist auch Statussymbol. Wie der Vorgarten zu einer Villa gehört, so gehört das Vorzimmer zu einer Chefin. Ohne Vorgarten keine Villa. Ohne Vorzimmer kein Chef. Wer seine eigene Sekretärin spielt, muss damit rechnen, auch als Sekretärin wahrgenommen zu werden.

PM: Aber immerhin habe ich eine Gehaltserhöhung von zehn Prozent rausgeholt. Und was die Sekretärin angeht, werde ich am Ball bleiben.

AS: Zehn Prozent sind gut – Gratulation! Hat Herr Sander eigentlich Töchter?

PM: Ja, zwei sogar – aber was soll die Frage?

AS: Eine Studie aus Dänemark weist nach: Wenn der Firmenchef seine erste Tochter bekommt, steigen die Gehälter der Frauen um über drei Prozent.[51] Und für die nächste Tochter gibt es noch mal ein Prozent obendrauf. Offenbar weckt weiblicher Nachwuchs bei den Chefs jenes Gewissen, das vorher laut vor sich hin schnarchte.

PM: Dann wünsche ich dem Sandmann noch fünf, sechs weitere Töchter! Verrückte Studie!

AS: Ich kenne noch eine verrücktere. Was, glauben Sie, passiert, wenn eine beruflich erfolgreiche Transgender-Person über Nacht ihr Geschlecht wechselt – wenn also Paul zu Paula wird oder umgekehrt?

PM: Wenn Sie wüssten, wie mich dieses Thema interessiert!

AS: Man sollte meinen: Derselbe Mensch, dieselbe Leistung, dasselbe Gehalt.

PM: Allerdings!

AS: Aber weit gefehlt, zwei amerikanische Forscher weisen nach: Wird der Mann zur Frau, sinkt sein Gehalt. Und wird die Frau zum Mann, dann steigt es – um immerhin 1,5 Prozent im Schnitt.[52]

PM: Uff! Umso mehr danke ich Ihnen für Ihre Tipps – ich stehe in Ihrer Schuld.

AS: Geben Sie mir einfach einen Ihrer 21 Drinks aus, wenn wir uns das nächste Mal sehen – dann sind wir quitt.

PM: Versprochen! Und Sie melden sich in Sachen »Revolution«? Ich bin schon ganz neugierig.

AS: Verlassen Sie sich drauf!

5. Der Sozial-Fall:

»Backen Sie wieder den Geburtstagskuchen?«

In diesem Kapitel lesen Sie unter anderem …

- warum Herr Müller eine Gemeinheit plant, als er den Betriebsausflug organisieren soll,
- warum es immer Frauen sind, die Feiern organisieren, Geschenke kaufen und Kaffee kochen,
- mit welchen Tricks Männer es schaffen, belanglose Arbeiten auf Kolleginnen abzuwälzen
- und wie Sie auftreten müssen, um der Sozial-Falle zu entrinnen und sich Respekt zu verschaffen.

Zwei Freunde fürs Leben

Herr Müller wälzte sich in seinem Bett, an der Oberfläche des Schlafes. Jedes Knacken in der Wohnung ließ ihn hochschrecken. Seit Jan gedroht hatte, jeden Stein der Welt umzudrehen, bis er Peter gefunden hatte, lebte Herr Müller in Alarmbereitschaft.

Was, wenn sein alter Kumpel durchdrehte? Wenn er seine Drohung mit der Folterbank wahrmachte? Wenn er das Team von »Aktenzeichen XY« so lange bequatschte, bis sie nach dem vermissten Peter Müller suchten, begleitet von einem Fahndungsfoto der inzwischen flüchtigen Petra Müller, schwer bewaffnet mit einem Haargummi und einer Handtasche?

Jan war ein Mensch, von dem keiner wusste, was er als Nächstes tat, ein junger Hund, der ungestüm seinem Herzen folgte. Das war schon immer so gewesen. In der siebten Klasse hatte er sich zum Sitzenbleiben entschlossen, weil ihm Susanne aus der 6 B so gut gefallen hatte. Sein Plan ging auf, er kam in die Klasse von Susanne, aber die junge Lady hielt nichts von Schulversagern. Und Jan hielt nichts von Streberinnen!

Also verliebte er sich in Birgit, eine Rockerbraut aus der 7 C, der er sich annäherte, indem er seinen Mitschülern so lange auf die Nasen schlug, bis der Klassenfrieden als gestört galt. Und er von der 7 B in die 7 C versetzt wurde.

Dort begegnete er Peter Müller. Fortan gab es keinen Jan und keinen Peter mehr, nur noch Ja-Pe, wie die ganze Klasse das Duo nannte. Wo der eine war, war auch der andere. Zwei Jungs aus demselben Holz, die große Löcher in ihre Jeans schnitten und sich als Volljährige ins Kino mogelten. Zwei Jungs, die drei Hobbys teilten: Mädchen, Mädchen, Mädchen.

Und Ja-Pe blieben sie, als der Strudel des Alltags sie der Schule entriss, durch die Universität wirbelte und in Berufe abtrieb, über die sie auf dem Schulhof gespottet hätten: Jan, der Ingenieur; Peter, der Betriebswirt.

Aber zusammen waren sie mehr, immer noch Ja-Pe. Zwei, die jedes Geheimnis teilten, die zusammen durch die Wüste knatterten, die nichts trennen konnte.

Fast nichts. Herr Müller rollte seinen verspannten Hals und setzte sich auf die Bettkante. Ein Streich des Schicksals hatte Peter ausradiert, und was von Ja-Pe noch übrig war, also Jan, geisterte als Racheengel durch die Welt, wie vom Phantomschmerz getrieben.

Herr Müller schlüpfte in seine Hausschuhe (längst hatte er sich welche der Größe 39 besorgt), schlurfte an den Computer und schaltete das Gerät ein. Er musste Jan eine Mail schreiben, ihn beruhigen und davon überzeugen, dass es Peter noch gab, dass er bald wieder auftauchen würde.

Er fing an zu tippen und behauptete, gerade in Südfrankreich am Strand zu sitzen, neben einem ganz tollen Leihmotorrad. Aber jedes Wort, das er durch seine verschwommenen Augen auf dem Bildschirm las, jede neue Lüge beschwerte sein Herz. Wie konnte er seinen besten Freund beschwindeln, ihm Hoffnung machen, für die es keinen Anlass gab? Wie konnte er »Ja« verheimlichen, dass es »Pe« nicht mehr gab?

Am liebsten hätte er Jan die Wahrheit geschrieben. Das war ein absurder Gedanke, denn die Wahrheit klang wie eine Unwahrheit, sie passte in keinen Kopf (bis auf seinen, er hatte ja alles am eigenen Leib erfahren!).

Die Wahrheit – wie würde sie eigentlich klingen? Aus Neugier wollte er einmal nach Worten suchen. Seine Finger begannen, über die Tastatur zu wandern:

Hey Jan,

es war einmal ein Peter, der wachte als Petra auf, im Körper einer Frau. Nun war Petra körperlich da, aber Peter geistig noch nicht weg. Alle Welt sah nun die Petra, und es war gar nicht so leicht, als Frau zu leben (Peter hätte das nie gedacht!).
Und noch weniger hätte Peter gedacht, dass ihn keiner vermissen würde. Keiner bis auf einen, und der hieß Jan. Und zusammen hatten sie Ja-Pe geheißen. Ja-Pe seit der 7 C.
Die 7 C gibt es nicht mehr. Und Pe gibt es nicht mehr. Und deshalb gibt es auch keinen Ja-Pe mehr. Leider! Aber wir bleiben Freunde. Für immer.

Mach's gut, altes Haus!
Peter

Herr Müller las seine Mail. Er schwankte zwischen Rührung und Befremden. In der dritten Person klang der Text wie ein Märchen, wie eine chiffrierte Botschaft. Als wäre er zu feige gewesen, die Wahrheit direkt zu sagen, aber mutig genug, sie überhaupt in den Mund zu nehmen.

Wie spät war es eigentlich? 7.30 Uhr! Mist, er hatte um 8.30 ein Meeting; er musste ganz schnell ins Badezimmer (mittlerweile brauchte er mindestens 45 Minuten). Wollte er den Entwurf speichern? Ja, er wollte. Er klickte den Button.

Und dann las er auf dem Bildschirm: »Ihre Mail wurde erfolgreich um 7.31 Uhr versendet.«

Suche Dumme fürs Organisieren!

Udo Weimer kam in offizieller Mission. Feierlich wie ein Pastor vor der Weihnachtspredigt baute er sich vor Herrn Müller auf. »Meinen allerherzlichsten Glückwunsch, werte Frau Müller! Die Belegschaft hat Sie mit großer Mehrheit gewählt.«

Eigentlich hätte Herr Müller es zu schätzen gewusst, von allen Führungskräften die meisten Stimmen auf sich zu ziehen. Aber diesmal ging es um eine Aufgabe, die unter den Managern des Hauses so beliebt war wie Geschirrspülen bei pubertären Jungs. Alle Manager duckten sich, um bloß nicht in das Organisationskomitee für den Betriebsausflug gewählt zu werden.

Peter Müller hatte immer Frau Neuner als Schutzschild vor sich gehalten und ihr Organisationstalent gepriesen: Wählt sie, nicht mich! Und nie wäre er auf die Idee gekommen, Frau Neuner von ihrer Tagesarbeit zu entlasten, um ihr Zeit für die Aufgaben des Komitees zu geben. Irgendwie ließ sich das nebenbei bewältigen, die Treffen fanden ohnehin nach Feierabend statt. Und da dort fast nur Frauen saßen, bekam Peter Müller wenig davon mit – bis auf die Tatsache, dass der Ausflug jedes Mal perfekt organisiert war.

Oder fast perfekt. Denn Peter Müller und seine Manager-Kollegen machten sich einen Spaß daraus, die Lupe ihrer Wahrnehmung über die kleinen Mängel zu halten. Warum gab es auf dem Ausflugsdampfer eigentlich nur Pils und kein Weizenbier? Warum hatte niemand daran gedacht, für den Grillabend eine sechste Schale Kartoffelsalat zu machen, obwohl doch die fünfte schon seit kurz nach Mitternacht leer war? Und wer, zum Teufel, zeichnete für den selbstgebackenen Kirschkuchen verantwortlich, in dem sich noch zwei Kirschkerne befanden?

Einmal war Wolf Behr, schon nicht mehr ganz nüchtern (aber

immer noch nach Pfefferminze statt nach Schnaps riechend), durch den Ausflugsbus gewankt, einen Kirschkern wie eine Patronenhülse auf der Handfläche. Das Beweisstück! Kommissar Behr von der Sonderkommission Sander ermittelte, indem er den Kern jeder Frau einzeln unter die Nase hielt, begleitet vom Gejohle seiner männlichen Kollegen, die schon deshalb aus der Reihe der Verdächtigen fielen, weil ihnen nie eingefallen wäre, einen Kuchen für den Ausflug zu backen.

Weimer rückte seine rote Fliege zurecht. »Ich merke, dass Sie regelrecht gerührt sind, werte Frau Müller! Und in der Tat ist diese Wahl keine Selbstverständlichkeit: Sie zeigt, wie viel Vertrauen man Ihnen als dienstjüngster Führungskraft des Hauses schon entgegenbringt!«

»Dienstjüngste« klang wie ein anderes Wort für »Baby«! Und Weimer schwang die rhetorische Rassel, um ihn einzulullen.

»Eine Frage, Herr Weimer«, sagte Herr Müller. »Welche praktische Aufgabe für den Betriebsausflug übernehmen eigentlich Sie?«

»Ich gebe das Budget frei und stelle das Organisations-Komitee zusammen.«

»Fein. Nur habe ich nach einer *praktischen* Aufgabe gefragt. Werden Sie vielleicht einen Apfelkuchen backen? Oder eine hausgemachte Himbeermarmelade mitbringen? Oder wenigstens einen Kartoffelsalat?«

Weimer strahlte. »Vorzügliche Idee, Frau Müller! Ich werde diese Anregungen gleich an meine Frau weitergeben.«

Herr Müller warf mal wieder einen sehnsüchtigen Blick auf die Blumenvase, die immer noch verwaist – und inzwischen ohne Wasser – auf seiner Fensterbank stand.

»Herr Weimer, ich spreche nicht von Ihrer Frau – ich spreche von Ihnen. Wann werden Sie den Teig kneten? Wann werfen Sie den Backofen an?«

Weimers Hand zupfte hilflos an seiner Fliege. Es sah aus, als rupfte er eine Mohnblume. »Dieses Vorhaben scheitert an einem einfachen Umstand: Ich beherrsche das Backhandwerk nicht.«

»Aber ein Backbuch lesen können Sie doch? Da steht drin, wie's geht!«

»Bislang habe ich in der Küche kein sonderliches Geschick bewiesen.«

»Sagen Sie doch gleich, dass Sie sich um die Küchenarbeit drücken!«

Schleimer Weimer trat von einem Bein aufs andere. »Die Talente sind in meiner Familie ungleichmäßig verteilt. Meine Frau ist die Spezialistin für dieses Fachgebiet.«

Herr Müller spürte, wie seine Lust wuchs, mal ein Nudelholz abseits der Kuchenteig-Produktion einzusetzen. Aber wozu hatte er die Vase? Offenbar reisten männliche Gewaltphantasien immer noch als blinde Passagiere in seinem Frauenkopf mit.

»Gut«, sagte er, »dann bringen Sie halt andere Talente für unseren Betriebsausflug ein: Wie wäre es, wenn Sie mit Schere und Buntstiften die Platzkarten basteln? Das kriegen Sie hin, ganz sicher!«

Weimer hatte seine Fliege mittlerweile zwischen einer Faust zerquetscht. »Wissen Sie eigentlich, werte Frau Müller, wie zeitintensiv meine Aufgabe als Personalchef ist? Ich bin schon froh, wenn ich früh genug nach Hause komme, um meinen beiden Kindern noch einen Gute-Nacht-Kuss zu geben.«

Gerne hätte Herr Müller nachgefragt, wer eigentlich dafür sorgte, dass die Kinder mit frisch geputzten Zähnen, mit gewaschenen Schlafanzügen und mit einem Abendessen im Bauch kussbereit in ihren Betten lagen, wenn der göttliche Vater einschwebte.

Stattdessen sagte er: »Verstehe, Herr Weimer, ein Gute-Nacht-Kuss geht als schwere Haushalts-Arbeit durch. Damit sind Sie natürlich vom Rest befreit und haben keine Zeit für Zusatzaufgaben wie den Betriebsausflug.«

Weimer ließ seine Fliege los, die Blüte entfaltete sich wieder. »Völlig korrekt, werte Frau Müller.« Er wandte sich zum Gehen.

»Eine Frage habe ich noch.« Herr Müller fixierte Weimer. »Wie kommen Sie eigentlich darauf, dass ich mehr Zeit habe als Sie? Wer sagt Ihnen, dass ich bessere Kuchen backe? Und woher nehmen Sie die Erkenntnis, dass mir das Basteln von Platzkarten mehr Spaß macht als Ihnen?«

Weimer antwortete mit einem verstörten Blick und murmelte: »Ich muss jetzt wirklich los, bitte entschuldigen Sie mich.« Mit einer fluchtähnlichen Bewegung verließ er den Raum.

Herr Müller entschuldigte nichts!

Ganz toll, Ihr Protokoll!

Seit er eine Frau war, beschlich Herrn Müller das Gefühl, dass er nicht nur als Mädchen für alles galt, sondern vor allem: als Mädchen für alles Belanglose. Wann immer eine Aufgabe anlag, um die sich die Herren der Schöpfung drücken wollten, richteten sich alle Augen auf ihn, die einzige Frau in der Führungsriege.

Das war nicht nur ein Gefühl, das ließ sich mit Zahlen untermauern. Zum Beispiel hatte Peter Müller in fünf Jahren nur dreimal das Protokoll des Jour Fixe geschrieben, wohlgemerkt in seinem ersten Jahr. Später, als er in der internen Hierarchie aufgestiegen war, hatte er sich stets mit Hinweis auf seinen vollen Terminkalender dieser Pflicht entwunden.

Petra Müller dagegen brachte es in einem halben Jahr schon auf 14 Protokolle, sie war sozusagen die inoffizielle Schriftführerin des Führungsklubs, wenn auch wider Willen.

Herrn Müllers erste Protokolle waren gefeiert worden wie literarische Werke: »Sie machen das wirklich ausgezeichnet, Frau Müller!«, hatte Wolf Behr gesagt.

Übersetzt hieß das: »Komm bloß nicht auf die Idee, diese Scheiß-
arbeit wieder abzugeben, schon gar nicht an mich!«

Und Axel Schmidt fügte hinzu: »Beim Protokollschreiben lernen
Sie die Abläufe in unserer Firma schneller kennen.«

Übersetzt hieß das: »Herr Doktor Schmidt verschreibt Ihnen,
kleine Patientin Müller, das Protokollschreiben als Medizin gegen
Ihre Ahnungslosigkeit. Bitte wöchentlich bei jedem Meeting ein-
nehmen. Eine Überdosis ist unschädlich. Und auf keinen Fall ohne
Rücksprache mit Doktor Schmidt absetzen!« Womit Schmidt mal
wieder im Hochstatus thronte, während Herr Müller aus einem
Erdloch zu ihm aufblicken musste.

Und natürlich hielt Schmidt den Beipackzettel geheim, auf dem
es hieß: »Ständige Hilfsarbeiten gefährden Ihre Autorität. Fragen
Sie Ihren Azubi oder Ihre Praktikantin!«

Und Schleimer Weimer sagte: »Seit Sie, werte Frau Müller, das
Protokoll schreiben, kommt es immer pünktlich!«

Übersetzt hieß das: »Da sieht man mal wieder, dass Sie wenig zu
tun haben! Wären Sie ausgelastet, so wie ich, hätten Sie für solchen
Spielkram keine Zeit. Schon gar nicht umgehend!«

Für unangenehme Aufgaben galt das Motto: »Alles Müller – oder
was?« Vor allem für Tätigkeiten, die als Sozialarbeit gelten konnten. Anderen aus der Patsche zu helfen, ihnen Freude zu bereiten,
ihr Leben leichter und problemloser zu machen, das galt als Fach-
bereich der Frauen.

Eines Tages hatte der Sandmann, ungeschickt wie immer, seinen
Kaffeebecher umgestoßen. Ein brauner Fluss überschwemmte den
Sitzungstisch. Die Männer reagierten blitzschnell: Sie rafften ihre
Unterlagen vom Tisch, damit nichts feucht wurde. Und sie rich-
teten ihre Blicke auf Herrn Müller, damit das Unglück umgehend
beseitigt würde. Herr Müller, einzige Frau der Runde, sollte zum
Putzlappen springen und das Problem im wahrsten Sinne berei-
nigen. Als er keine Anstalten machte, drückte der Sandmann auf

die Tränendrüse: »Frau Müller, ich bin jetzt gerade etwas hilflos – können Sie mich unterstützen?«

Da rief ein pubertärer Junge nach seiner Mutti, die ihm das ganze Jahr peinlich war, nur dann nicht, wenn sie hinter ihm her wischte. Allmählich ahnte Herr Müller, wie sich Angela Merkel den Spitznamen »Mutti« erworben haben könnte.

Reichte es denn schon, in einem weiblichen Körper zu stecken, um als Expertin für Putzaufgaben aller Art zu gelten? Um die Nummer 1 im Organisieren von Geburtstagsgeschenken zu sein? Um wissen zu müssen, wie man die Spülmaschine in der Kaffeeküche bediente und wo die Servietten zu finden waren?

Warum musste man als Frau sofort den Welt- und den Betriebsfrieden retten, wenn sich zwei Kollegen auf dem Gang zankten und alle Blicke nach einer Vermittlerin suchten, die mit den Worten »Jetzt mal schön friedlich!« die kochenden Männerseelen abkühlte? Und warum sofort die perfekte Gratulationskarte texten, mit grüner Tinte und gereimt, wenn mal wieder ein Kollege Vater geworden war?

Wieder einmal war es Axel Schmidt, der Herrn Müller die gemeinste Falle stellte. Die Führungskräfte saßen in einem Meeting und diskutierten die Etats fürs kommende Jahr, als Schmidt auf eine Eiche neben dem Fenster wies: »Schaut mal, da!« Eine schwarz-weiße Katze, offenbar sehr jung, war bis knapp unter die Krone des Baumes geklettert. Dort kauerte sie, anscheinend verängstigt, auf einer Astgabel.

Ein schadenfrohes Grinsen lief durch die Runde, und Wolf Behr riss seinen Pfefferminze-Mund weit auf und meinte: »Die höchsten Bäume haben die schönsten Vögel. Und runter kommt man immer!«

Alle wollten sich wieder der Tagesordnung zuwenden, nur Axel Schmidt nicht. Mit gönnerhaftem Gesicht nickte er Herrn Müller zu: »Ehrlich gesagt, die Katze braucht Hilfe. Tun Sie sich keinen Zwang an, Sie haben doch Ihr Handy dabei.«

Sicher hoffte er, die Kollegin würde mit zitternder Stimme die Feuerwehr alarmieren, um dieses hilflose Wesen mit einer Drehleiter aus seiner Not befreien zu lassen – während sie selbst den Einsatz von der Straße aus dirigierte. Welch eine Gaudi für die Männer wäre das gewesen! Wolf Behr hätte wahrscheinlich geprustet: »Einmal im Jahr sind Frauen dann doch gute Krisenmanager. Aber nur, wenn diese Arbeit für die Katz ist!«

So hätten sie es gerne gehabt, die Alpha-Männer: Sie als Geschäftsfreunde, hart und sachlich – Petra Müller als Tierfreundin, weich und sentimental. Ein Hausmütterchen mit sozialer Ader, das sich ins Management verirrt hatte wie die junge Katze auf den Baum, große Fallhöhe, keine Leiter in Sicht.

Herr Müller atmete tief durch und sagte: »Katzenjammer ist doch das Spezialgebiet Ihrer Abteilung, Herr Schmidt – wenn ich mir die Reaktionen auf Ihre letzten Ideen so anschaue!« Die Runde lachte. Und Schmidt ballte die Faust.

Nie hätte Herr Müller geglaubt, wie schwer es ist, eine Frau zu sein! Aber es hatte ja auch seine Vorteile. Er grinste in sich hinein und beschloss, seinen männlichen Kollegen beim Betriebsausflug eine Freude der ganz besonderen Art zu bereiten. Die würden sich noch wundern!

Wer backt den Geburtstagskuchen?

Herr Müller saß im Straßencafé und beobachtete die Fußgängerzone. Die Menschen flitzten dem Feierabend entgegen, als würde ein Film zu schnell abgespult. Dicke Plastiktüten baumelten an Armen. Weiß gequetschte Fingerknöchel hielten sich an Griffen farbloser Aktentaschen fest. Die Menschen strömten zum Hauptbahnhof, nebeneinander her, den Blick stur geradeaus. Es roch nach Waffeln und Abgas.

Sibille Schneider kam als Erste – das brünette »Mäuschen aus der Buchhaltung«, wie Peter Müller sie genannt hatte. Sibille, die das dunkle Geheimnis Klaus Eigers kannte, ohne davon zu profitieren.

Dann gesellten sich Johanna Neuner und Sandra Klose hinzu, die Empfangsdame mit dem strengen Scheitel, die ihren Tresen in der Eingangshalle wie eine Zollstation betrieb (und bekannt für ihre mahnenden Blicke war, wenn jemand die BAZ vom Tisch stibitzte!). Damit war das Organisationskomitee komplett. Man plauderte ein wenig. Herr Müller bot den anderen das Du an, er wollte hier als »Petra« sitzen, nicht als »Abteilungsleiterin Müller«.

»War eigentlich schon mal ein Mann in dieser Runde?«, fragte Herr Müller.

»Vor einem solchen Unglück sind wir bislang verschont geblieben«, sagte Sandra Klose trocken.

Die anderen Frauen lachten.

»Aber es ist doch nicht richtig, dass wir uns hier nach Feierabend den Kopf zerbrechen, noch dazu unbezahlt – und die Abteilungsleiter mit ihren fetten Gehältern machen keinen Finger krumm!«, sagte Herr Müller.

Sibille Schneider schaltete sich ein. »Bei uns in der Buchhaltung haben wir versucht, dass die Männer die Geburtstagsgeschenke organisieren.«

»Sehr gut!«, sagte Herr Müller.

»Eben nicht«, meine Sibille. »Die Hälfte der Geburtstage wurde vergessen. Die Leute waren tödlich beleidigt.«

»Und warum siehst du das Glas dann als halbleer?«, fragte Herr Müller. »An die andere Hälfte der Geburtstage wurde doch gedacht!«

Sibille zog eine Grimasse. »Aber wie! Ratet mal, was ich zum Geburtstag bekam?«

»Wahrscheinlich einen Arztroman«, meinte Sandra Klose.

»Schlimmer noch: Ich habe einen Gutschein fürs Nagelstudio bekommen. Anita wurde mit einem vegetarischen Kochkurs beglückt. Und Julia bekam einen Gutschein für ›Frauenmode Brückner‹. Gegenseitig aber haben die Männer sich Sachbücher geschenkt: über schnellen Aufstieg, schwarze Rhetorik und Verhandlungstaktik.«

Herr Müller, der Frau Neuner mal einen Friseurgutschein geschenkt hatte, wünschte sich einen Freiflug zum Mond, ohne Rückticket. Und war es nicht auf seinem Mist gewachsen, einer Kollegin mit zwei kleinen Kindern einen Erziehungsratgeber schenken zu lassen?

An solche Geschenke für Frauen, an einen solchen Blick aufs weibliche Geschlecht hatte er sich derart gewöhnt, dass ihm die Diffamierung darin erst jetzt bewusst wurde. Die Männer bekamen Geschenke, die sich auf ihren Beruf bezogen, auf ihre professionelle Rolle. Dagegen zielten die Geschenke für Frauen oft aufs Äußere, auf die Kochkünste, auf die Kinder – als wären sie hauptberuflich Frau und nur nebenberuflich Angestellte. Und wenn es einen Geburtstagskuchen zu backen galt, war das natürlich reine Frauensache.

»Aber was sollen wir draus lernen?«, fragte Herr Müller. »Dass Männer nicht in der Lage sind, ein vernünftiges Geschenk zu kaufen? Dass sie es nicht hinkriegen, einen Ausflug zu organisieren? Und dass wir Frauen folglich alles auf unsere Schultern laden müssen? Damit machen wir uns zu Sozialarbeiterinnen. Damit geht das Kalkül der Männer doch auf!«

»Stimmt«, sagte Sibille. »Aber wenn du Wolf Behr einen Ausflug organisieren lässt, dann gehe ich jede Wette ein, dass wir in die Südkurve des Fußballstadions marschieren und jede von uns eine Fahne schwingen muss. Darauf habe ich keinen Bock.«

Endlich hatte Herr Müller eine Steilvorlage bekommen, um das Gespräch in die gewünschte Richtung zu lenken: »Und warum nehmen wir uns nicht das Recht heraus, einen Ausflug zu organisieren, bei dem die Männer nur ein Anhängsel sind? Einen Ausflug, der den Herren *nicht* gefallen wird? Je weniger sie mit unseren Organisationskünsten zufrieden sind, desto größer die Chance, dass sie im kommenden Jahr selbst die Ärmel hochkrempeln.«

Johanna Neuner, die Älteste, hatte das Gespräch mit wachen Augen verfolgt. »Petra hat recht! Solange wir nichts anbrennen lassen, werden wir diese Arbeit nicht los. Aber wehe, den Herren schmeckt unser Ausflug nicht mehr. Dann stehen sie auf vom Gästetisch und mischen beim Organisieren mit.« Sie lächelte wie jemand, der gefunden hat, wonach andere noch suchen.

»Danke, Frau Neuner!«, sagte Herr Müller.

»Seit heute Johanna«, zwinkerte sie ihm zu.

Er würde noch lange brauchen, bis er sich an das Du gewöhnte.

Die vier Frauen heckten einen Plan aus, der ihnen so gut gefiel, dass immer wieder eine glucksende Lachwelle um den Tisch schwappte. »Die Gesichter der Männer will ich sehen!«, sagte Herr Müller.

Um 20.30 Uhr war die Sitzung beendet. Die Frauen verabschiedeten sich voneinander und strebten in alle Himmelsrichtungen. Herr Müller blieb noch einen Moment in der Fußgängerzone stehen und beobachtete, wie Sibille in Richtung Hauptbahnhof lief. Als sie 50 Meter entfernt war, beschleunigte sie ihren Schritt und breitete die Arme aus. Ein Mann fing sie auf. Es war Axel Schmidt.

Wie Mann delegiert: »Kollegin, übernehmen Sie!«

Es gab zwei gute Gründe, warum Herr Müller aufs Gas drückte, statt zu Hause anzuhalten. Der erste Grund war ein Polizist. Und der zweite Grund war eine Polizistin. In Uniform standen sie auf dem Trottoir vor seinem Haus. Ihm war klar, was sie ihm übermitteln wollten: einen Gruß von Jan, womöglich in Form eines Haftbefehls.

Wie hatte Jan Peters Mail aufgenommen? Als Hilferuf eines Entführten, der so vollgestopft mit Beruhigungsmitteln war, dass er wirres Zeug absonderte? Oder als windige Ausrede einer eiskalten Killerin, die sich als Jans Reinkarnation ausgab, aber nur ein als Frau getarntes Monster war?

Herr Müller beschleunigte seinen Wagen, er kam sich vor wie ein Bankräuber auf der Flucht. Im Rückspiegel sah er, wie die beiden Polizisten in den Streifenwagen stiegen. Hatten sie ihn erkannt? Nahmen sie jetzt die Verfolgung auf? Lief schon eine Ringfahndung nach seinem roten BMW?

Den Tag in der Firma hatte Herr Müller für ein Experiment genutzt: Statt wie gewohnt in sein Chefbüro zu verschwinden, hatte er sich ins Großraumbüro gesetzt, zu seinen acht Mitarbeitern und vier Mitarbeiterinnen. Er pflanzte sich an den freien Praktikanten-Schreibtisch, mit Hinweis auf angebliche Elektroarbeiten in seinem Büro, und hoffte inständig, Axel Schmidt würde heute nicht vorbeischauen und spotten: »Glückwunsch, Frau Müller! Endlich haben Sie eine Position erreicht, die Ihren Fähigkeiten voll und ganz entspricht.«

Herr Müller war als Spion unterwegs, aus der Nähe wollte er beobachten, wie sich die Arbeit in seiner Abteilung verteilte zwischen Männern und Frauen. Die erste Stunde war ein Reinfall: Seine Anwesenheit wirkte sich auf die Natürlichkeit der Mitarbeiter aus wie eine Prüfungssituation auf die Spontaneität.

Doch am späten Vormittag siegte die Gewohnheit: Die Mitarbeiter begannen zu plaudern, zu scherzen, zu kichern. Dass ihre Chefin im Raum war, schienen sie nahezu vergessen zu haben. Herr Müller sagte keinen Ton und bewegte sich kaum. Nur seine Augen und seine Ohren waren auf Empfang geschaltet.

Und so machte er eine verblüffende Entdeckung: Die Arbeit war ein Fluss, der sich von den Schreibtischen der Männer wie ein Wasserfall auf die Schreibtische der Frauen ergoss, begleitet von rhetorischem Sprudeln.

Zuerst war es ihm bei den Telefonaten aufgefallen. Wenn ein Mann genervt war, weil er mit einem schwierigen Kunden sprach, fielen Sätze wie: »Kleinen Moment, ich stell Sie mal zu meiner Kollegin durch. Vielleicht kann sie Ihnen helfen.«

Dann rief eine Männerstimme durchs Büro: »Bettina, du hast doch ein gutes Händchen für anspruchsvolle Kandidaten. Ich bin mit meinem Latein am Ende.«

Und Bettina, geschmeichelt durch die Ansprache, ging brav ans Telefon. Aus dem Hörer quoll ihr so viel Wut entgegen, dass sie vergeblich dagegen anredete: »Jetzt bleiben Sie doch ruhig!«, »Ich kann mich nur entschuldigen«, »Nein, das passiert ganz sicher nicht wieder!«

Derweil vertiefte sich der Kollege wieder in seine eigentliche Arbeit, offenbar froh, den Ärger weitergereicht zu haben. Erst recht, als der Anrufer nach einer halben Stunde noch immer am mittlerweile glühenden Ohr der Kollegin kaute.

Nächste Szene: Thomas Bösch, ein junger Werbekaufmann, nähert sich mit hängendem Kopf dem Schreibtisch seiner Kollegin Patrizia Storm.

»Was ist los, Thomas?«, fragt sie.

»Ach, Patrizia, wenn du wüsstest!«

»Bist du krank? Ist es was Ernstes?«

»Das nicht. Aber ...« Er macht eine lange Pause, und seine Mundwinkel sinken.

»Aber?«

»Ich krieg es nicht mehr hin.«

»Was kriegst du nicht mehr hin?«

»Die Ausschreibungen. Ich muss heute noch zehn auf den Weg bringen. Es ist einfach nicht zu schaffen.«

Ein Mann, verschüttet unter einem Erdrutsch aus Arbeit, schickt ein Gebet gen Himmel. Und eine Frau, Engel von Geschlechts wegen, breitet die Flügel aus. »Kann ich dir vielleicht helfen?«

»Das kann ich nicht verlangen«, sagt er (während er es doch verlangt!). »Du hast doch selbst jede Menge zu tun« (der einzige Satz von ihm, dessen Wahrheitsgehalt über null Prozent liegt).

»Na los, her mit den Unterlagen!«

Und schon ergießt sich der Arbeits-Wasserfall auf den Schreibtisch der Frau, natürlich wieder eine Fleißaufgabe, die Schuften ohne Ende, aber keinerlei Ruhm verspricht. Außerdem wird Thomas Bösch, wenn er nach oben Vollzug meldet, sicher kein Wort über Patrizias Anteil verlieren.

Etliche solcher Szenen beobachtete Herr Müller. Und er wusste nicht, ob es seine Empörung anfachen oder dämpfen sollte, dass er die ganze Zeit auch in einen Spiegel sah, aus dem ihn der junge Peter Müller angrinste. War er nicht ein Spezialist darin gewesen, Frauen für sich und seine Karriere einzuspannen? Dabei zielte er mit Vorliebe auf ihre soziale Ader, etwa indem er sagte: »Ach, Britta, drei Dinge zur selben Zeit, das kriege ich einfach nicht auf die Reihe!«

Armer, überforderter Junge! Und dann appellierte er an Brittas gutes Herz: »Ich weiß, du hast viel mehr Talent zum Multitasking. Das haben Frauen ja ohnehin. Kannst du mich vielleicht bei zwei klitzekleinen Aufgaben unterstützen? Du hilfst mir wirklich aus der Patsche!«

Der so Umschmeichelten blieben nur zwei Möglichkeiten, wollte sie nicht als Unmensch gelten: Sie konnte ja sagen. Oder ja.

Und schon wanderte ein 125-seitiges Dokument zum Korrekturlesen zu ihr auf den Tisch. Und dazu noch eine Tabelle mit Kundendaten, die gepflegt werden wollte.

Was dagegen hübsch auf Peter Müllers Schreibtisch blieb, war das Strategiepapier für eine neue Positionierung, an dem er für seinen Chef bastelte. Und dem er sich jetzt mit ganzer Kraft widmen konnte. Und aus dem, nicht zuletzt deshalb, ein beachtlicher Erfolg wurde. »Hut ab, Müller, dass Sie so was neben Ihrer sonstigen Arbeit schaffen!«, würdigte der Chef die Leistung seines Spitzenmitarbeiters.

Auf diese Weise hatte Peter Müller dafür gesorgt, dass der Ritterschlag der Beförderung ihn getroffen hatte und an den Kolleginnen vorbeigegangen war. Sie hatten ihm geholfen, aus Gutmütigkeit. Und er hatte sie zu Gehilfinnen seines Aufstiegs gemacht, ohne dass sie es bemerkten. Dieses Spiel zwischen Männlein und Weiblein lief offenbar noch immer ab, auch in seiner eigenen Abteilung.

Ein Blaulicht riss Herrn Müller aus seinen Gedanken. 200 Meter vor ihm, direkt vor einer Kreuzung, stand ein Polizeiwagen. Ein Polizist mit einer Kelle stoppte den Verkehr. Tröpfchenweise rollten die Autos über die Kreuzung. Keine Frage, die Polizei wartete auf ihn! Ihn, der als Einziger Auskunft über das Verschwinden von Peter Müller geben konnte – und es doch nicht konnte, weil die Wahrheit zu kompliziert war.

Im Schritttempo fuhr er auf die Straßensperre zu. Sein Herz lag wie ein Stein in der Brust. Petra Müllers Zeit war abgelaufen! Wie schade, die neue Rolle hatte gerade angefangen, ihm Spaß zu machen.

Der Polizist trat an sein Auto. Herr Müller ließ die Scheibe runter: »Ich bin Petra Müller!«, bekannte er.

»Und ich Herbert Glaser«, sagte der Polizist. »Bitte machen Sie langsam. Wir hatten auf der Kreuzung einen Unfall mit ausgelaufenem Öl. Gute Fahrt, Frau Müller!«

Betriebsausflug ins Blaue

Die Stimmung im Bus schaukelte sich hoch von Kilometer zu Kilometer. Aus dem Lautsprecher dröhnte eine Musik, die der Bierzelt-Experte Wolf Behr ausgewählt hatte. Und auf die gesungene Frage, was sie sieben Tage lang trinken wollten, hatten die Männer praktische Antworten parat. Mal in Dosenform, mal aus der Flasche.

Herr Müller fühlte sich an einen Schulbus erinnert. Die Mädchen saßen vorne, brav und unauffällig. Sie redeten in gedämpfter Lautstärke und sahen aus dem Fenster. Und die Jungs saßen hinten, wild und ungestüm. Sie grölten, bis die Scheiben wackelten, und rissen ihre Zoten.

Auf die Rückbank hatten sich die Führungskräfte gequetscht, Schmidt, Behr, Weimer, Dr. Dörflinger und der Sandmann. Wolf Behr rief durch den Bus: »Frau Müller, Ihre Fahrt ins Blaue ist der Knaller! Ich habe das Gefühl, wir sind dem Blauen nicht mehr fern. Prost, Axel!« Zwei Dosen klackten aneinander.

Herr Müller saß neben Johanna Neuner und warf ihr einen vielsagenden Blick zu. Der Bus näherte sich seinem Ziel. Noch eine halbe Stunde, und sie wären dort.

»Wo geht es eigentlich hin?«, rief Udo Weimer.

»In die Hölle«, antwortete Frau Müller, was kaum gelogen war.

»Und warum hat dieses Jahr niemand einen Kuchen für die Fahrt gebacken?«, wollte Weimer wissen.

»Weil alle Ihrem Beispiel folgen«, gab Herr Müller zurück.

Der Bus hatte die Autobahn verlassen und fuhr am Rande eines Tals, durch das sich ein glitzernder Fluss schlängelte. Links und rechts der Straße fingen die Fichten mit ihren langen Ästen die Sonne ab. Die Straße lag im Schatten. Dann ruckelte der Bus einen Hügel hinauf, auf dessen Kuppel ein Schloss mit Erker thronte. »Feinschmecker Stehr« stand groß am Eingang. Schnaubend öffneten sich die Bustüren.

»Wow, wir gehen gut essen!«, freute sich Axel Schmidt.

»Vergiss die Getränke nicht«, sagte Wolf Behr, malmte auf seinem Kaugummi herum und reimte: »Wer beim Essen nicht trinkt, der später nicht singt!«

Der Sandmann, als Einziger im Anzug, sagte gar nichts; vielleicht fragte er sich, wer die Rechnung für dieses Luxusrestaurant würde bezahlen müssen.

Ein 150-Kilo-Mann, ganz in Weiß, brach aus der Tür des Restaurants und walzte als Ein-Mann-Lawine auf den Bus zu. Mit seiner Kochmütze war er mindestens 2,40 Meter groß. »Sind Sie Frau Müller«, fragte er mit einer Stimme, die wie der Bass einer Punkband klang.

»Und Sie sind der Chefkoch Stehr, nehme ich an?«

Der Koch grinste, was sein finsteres Gesicht nur unwesentlich aufhellte. Herr Müller hatte sich für ihn entschieden, weil er wusste, dass Stehr jahrelang eine Gefängnisküche geleitet hatte und nun regelmäßig Kochkurse mit schwer erziehbaren Jugendlichen durchführte.

Mit einem verächtlichen Nicken blickte Stehr auf die Männer, die nun albernd aus dem Bus hüpften. »Sind das unsere Burschen?«

»Etwas Besseres habe ich leider nicht zu bieten!«

Der Koch ging auf die Gruppe zu. Er klatschte in die Hände, das Geräusch hallte wie ein Teppichklopfer. »Hopp, hopp – alle Männer mir nach. Aber wird's bald!«

»Dieser Ton gefällt mir nicht, ehrlich gesagt«, protestierte Axel Schmidt. »Wir sind schließlich zahlende Gäste.«

Der Koch trat so dicht vor Schmidt, dass dieser wie ein Zwerg am Fuße eines Berges wirkte. »Und das hier ist eine Faust«, entgegnete er dem Winzling und streckte sein riesiges Prachtexemplar gen Himmel, wo es wie der schlagbereite Kopf eines Schmiedehammers verharrte. Die Männer, gerade noch eine tobende Horde, nahmen widerwillig Haltung an. Der Koch ging voraus, als General, sie marschierten hinter ihm her, als Soldaten: im Gleichschritt Marsch.

Derweil machten es sich die Frauen auf der Sonnenterrasse bequem. Plätzchen wurden gereicht, Kaffee serviert, und die ersten Eisbecher schwebten auf einem Tablett ein. Herr Müller hatte den Erdbeerbecher mit Sahne bestellt. Eine laue Brise strich ihm durchs Gesicht. Hier ließ es sich leben, mit Blick hinab in das Tal, wo die Bäume so winzig wie Spielzeug aussahen und der Fluss nur noch der blau glitzernde Strich eines Buntstiftes in der grünen Landschaft war.

Die Kolleginnen, gerade noch brave Schülerinnen, kamen nun in Stimmung. Sie scherzten über die Busfahrt, imitierten ein paar Wortfindungsfehler des Sandmanns und genossen das Kitzeln der Sonnenstrahlen auf ihren Nasen.

Und immer wieder kam eine Frage auf, die sich an die vier Organisatorinnen richtete – und die schließlich auch beantwortet wurde: »Nun sagt es doch endlich: Was machen denn jetzt die Männer?«

»Kuchen«, antwortete Frau Müller.

»Tomatensalat«, ergänzte Sibille Schneider.

»Und ein Vier-Gänge-Mittagessen für uns«, fügte Johanna Neuner hinzu.

»Aber nur, sofern der Koch vorher *kein* Geschnetzeltes aus ihnen macht«, meinte Sandra Klose.

»Was unwahrscheinlich ist«, ergänzte Herr Müller, »sie sind sicher ungenießbar.«

Chat mit Coach:
Der Fehler, dein Freund und Helfer!

Herr Müller machte es sich auf seinem Ledersofa bequem, warf den Laptop an und freute sich schon auf den Austausch mit Ansgar Seidel im Chat.

PM: Hätten Sie mir zugetraut, einen Skandal zu verursachen?
AS: Nach 21 Drinks? Oder davor?

PM: Ich war nüchtern wie eine Soldatin der Heilsarmee, das schwör ich Ihnen. Aber unsere Alpha-Männer waren es nicht.
AS: Ein Abend an der Bar?

PM: Nein, unser Betriebsausflug. Die Männer haben sich wieder mal zurückgelehnt und die Organisation den Frauen überlassen. Da habe ich mir was für sie ausgedacht.
AS: Und zwar?

PM: Sie mussten in einen Männer-Kochkurs und ein Vier-Gänge-Menü zaubern. Unter die Fittiche genommen hat sie ein Ex-Gefängniskoch. Wir Frauen haben uns bedienen lassen.
AS: Da hätte ich gern in der Küche zugeschaut!

PM: Ich auch! Weimer, unser Personalleiter, hat einen Mixer aus dem Teigbottich gezogen, ohne ihn abzustellen. Die Kollegen waren von oben bis unten weiß gesprenkelt.
AS: Das nenne ich Schaumschlägerei!

PM: Die Männer sahen aus wie nach der Schlacht im Teutoburger Wald. Der Sandmann trug ein riesiges Pflaster, weil er seinen Finger mit einer Zwiebel verwechselt hat. Schmidt trug einen Kühlverband um den Unterarm. Und Dr. Dörflinger hatte die doofe Idee, mit seiner Wange einen Fettspritzer aufzufangen – sah böse aus, dieser Fleck!

AS: Was wollten Sie mit diesem Betriebsausflug in die Küche erreichen?

PM: Ich wollte den Männern zeigen, wie sich die Frauenrolle anfühlt – denn bisher waren immer nur Frauen fürs Essen verantwortlich. Außerdem wollte ich sie anregen, künftig auch mal einen Finger krumm zu machen für die Organisation des Ausflugs.

AS: Ich schätze mal, dieser Wink mit dem Zaunpfahl wurde verstanden.

PM: Allerdings. Die Männer waren auf der Rückfahrt so still wie schon lange nicht mehr. Aber eines haben sie dann doch geknurrt: »Nächstes Jahr reden wir ein Wörtchen mit.« Mal ehrlich: Glauben Sie, diese Aktion hat mir geschadet?

AS: Sagen wir es so: Freunde unter den Männern haben Sie damit sicherlich nicht gewonnen, aber Respekt. Und das ist im Zweifel wichtiger. Jeder Kollege weiß jetzt: Mit Ihnen ist nicht zu scherzen. Und das ist gut so – sonst wären Sie Clown und keine Führungskraft.

PM: Vielleicht habe ich mich schon längst zum Clown gemacht, weil ich fast jede Woche das Protokoll der Führungsrunde schreibe.

AS: Ich nehme an, Sie geben sich große Mühe, die Fakten eins zu eins aufs Papier zu bringen.

PM: Klar, ich will den Job doch gut machen!

AS: Mal angenommen, Sie würden in das Protokoll immer wieder Interpretationen zugunsten Ihrer Abteilung schmuggeln und vielleicht ein paar Dinge »missverstehen« – was wäre wohl die Folge?

PM: Die Männer würden protestieren.
AS: Und weiter?

PM: Wahrscheinlich dürfte ich kein Protokoll mehr schreiben.
AS: Schlimm?

PM: Im Gegenteil, das will ich ja! Aber wären Fehler im Protokoll keine Blamage für mich?
AS: Natürlich könnten Sie sagen: »Ich entschuldige mich für die Fehler im Protokoll.« Ein typischer Männersatz wäre hingegen: »Es wundert mich, dass nicht noch viel mehr Fehler drin sind. Ich habe einfach keine Zeit für den Kram. Letzte Woche musste ich drei wichtige Verträge unter Dach und Fach bringen.« Entscheiden Sie selbst, wer mehr für sein Image tut.

PM: Die Strategie lautet also: Lass den Fehler für dich arbeiten, statt ihn gegen dich zu verwenden?
AS: Exakt! Beobachten Sie mal, wenn jemand verspätet in ein Meeting kommt. Die meisten Frauen schleichen an den Tisch und murmeln: »Bitte entschuldigen Sie die Verspätung!« Viele Männer aber platzen in den Raum und posaunen hinaus: »Ihr dürft mir gratulieren: 300 000 Euro – ein ganz frischer Abschluss!«

PM: Also werde ich eine ungeliebte Arbeit los, indem ich aller Welt zeige, dass ich Wichtigeres zu tun habe – und indem ich Fehler mache?
AS: Gerade haben Sie ein großes Geheimnis der Menschheit gelüftet – das Geheimnis, warum so viele Männer von sich behaupten, sie seien »ungeschickt« beim Kochen, beim Putzen, beim Wickeln und bei allem, worauf sie keine Lust haben. Achten Sie mal darauf, wie viele damit bei ihren Frauen durchkommen!

PM: Aber laufe ich nicht Gefahr, dass ich meinen Ruf als Managerin ruiniere? Der Beiname »Fehler-Petra« würde mir nicht gefallen!

AS: Sie begehen die Fehler ja *nicht* bei Ihren Kernaufgaben. Vielleicht kennen Sie das Pareto-Prinzip: 20 Prozent Ihrer Arbeiten machen 80 Prozent Ihres Erfolges aus.[53] Finden Sie heraus, woran Sie wirklich gemessen werden. Ein Gedankenspiel hilft dabei: Angenommen, Sie könnten aufgrund einer Krankheit nur noch zwei Stunden am Tag arbeiten – was müssten Sie dann anpacken, um Ihre Ziele zu erreichen? Solche Aufgaben erster Priorität erledigen Sie mit größter Sorgfalt. Den Rest sollten Sie bewusst vernachlässigen, um Energie fürs Wesentliche freizusetzen.

PM: Dann gilt hier dasselbe wie für einen Fußballstürmer: Nicht an der Mittellinie muss er jeden Zweikampf gewinnen, sondern im Strafraum; denn dort schießt er seine Tore und braucht seine Energie?

AS: Perfekter Vergleich! Ich wusste gar nicht, dass Sie sich auch mit Fußball beschäftigen.

PM: Ich habe selbst im Verein gespielt. Aber noch mal eine andere Frage: Was tut man als Frau, wenn ein Kollege ein SOS funkt: »Bitte hilf mir bei der Arbeit – sonst gehe ich unter!« Es wäre doch kaltherzig, ihn einfach hängen zu lassen.

AS: Erinnern Sie sich an das Gesetz, immer mit der gleichen Waffe zu erwidern? Es ist völlig in Ordnung, dem Kollegen unter die Arme zu greifen – sofern er Ihnen auch unter die Arme greift, wenn Sie ihn brauchen. Das sollten Sie frühzeitig durch ein eigenes SOS ausprobieren.

PM: Und wenn er darauf nicht anspringt?

AS: Angenommen, nach dem Baden in einem Natursee hängt ein Blutegel an Ihrem Bein – was tun Sie?

PM: Ich streif ihn mir sofort von der Haut!

AS: Dasselbe müssen Sie mit Ihrem Kollegen tun. Er ist ein Schmarotzer und will sich von Ihrer Energie nähren. Schütteln Sie ihn und seine Arbeitspakete ab. Sonst gehen Sie bald auf dem Zahnfleisch – während er seine Zähne zum Grinsen benutzt.

PM: Und wie stehen Sie dazu, dass Frauen Geburtstage organisieren, Kuchen backen, Kaffee kochen und so weiter?

AS: Solche Kolleginnen werden unter Männern oft als »nett« bezeichnet, was freundlicher klingt als »wir nehmen sie nicht ernst!«, aber dasselbe meint. Wenn Ihr Name fällt, sollten die Kollegen an Ihre fachlichen Qualitäten denken, an Ihre erfolgreichen Projekte – aber nicht daran, dass Sie den besten Kaffee der Welt kochen. Oder die schönsten Geschenke verpacken. Oder dass Ihr Apfelkuchen ein Traum ist. Es sei denn, Sie streben eine Beförderung zur »Kaffeekocherin des Monats« an.

PM: Sind Sie jetzt nicht zynisch? Oft sind es die gutherzigsten Frauen, die sich um das Wohl der ganzen Truppe kümmern!

AS: Und es sind auch die gutherzigsten Frauen, die als Erste mit einem Burnout in der Klinik landen. Denn vor lauter Kümmern um andere haben sie einen Menschen übersehen: sich selbst!

PM: Sie plädieren *gegen* soziales Verhalten?

AS: Ich rate nur zu zweierlei: Erstens sollte das soziale Verhalten zur Position passen – wenn Sie als Managerin immer die Spülmaschine für andere einräumen, wirft das kein gutes Licht auf Ihr Delegationstalent und Ihre Prioritätensetzung. Und zweitens bin ich der festen Überzeugung: Soziales Verhalten darf keine Einbahnstraße sein. Wer gibt, muss auch zurückbekommen. Nicht nur von Frauen – auch von Männern.

PM: Aber ich habe gerade von einem Fall gehört, da haben die Männer für ein paar Monate die Geburtstage organisiert, doch alles vermasselt: Termine vergessen, blöde Geschenke ausgewählt und so weiter.

AS: Kommt Ihnen dieses Muster nicht bekannt vor, Frau Müller? Haben wir nicht gerade davon gesprochen, dass sich Menschen blöd anstellen, um von einer Pflicht befreit zu werden? In diesem Fall darf man sie einfach nicht aus der Pflicht entlassen – so wie man einen Englisch-Schüler, der alle Vokabeln falsch ausspricht, deshalb nicht vom Englisch-Unterricht befreit. Im Gegenteil, man ruft ihn im Unterricht öfter auf.

PM: Leider sind diese Männer schon aus ihrer Pflicht befreit worden – und wieder durch Frauen ersetzt.

AS: Das muss künftig anders laufen! Apropos: Überlegen Sie bitte mal, welche Aktion wir anstoßen könnten, damit die Männer im Land einmal erfahren, wie sich die Arbeitswelt für eine Frau anfühlt. Haben Sie Lust, sich was auszudenken? Sie sind doch Kampagnen-Profi!

PM: Geht klar! Ich schlage vor, wir treffen uns dann wieder einmal persönlich. Vielleicht können wir uns zum Essen verabreden.

AS: Gerne. Ich bin immer wieder bei Ihnen in der Gegend. Aber ich habe eine Bedingung.

PM: Und die wäre?

AS: Kein Kochkurs mit Gefängniskoch!

PM: Versprochen!

6. Die Partner-Panne:

»Schatz, mein Hemd ist schlecht gebügelt!«

In diesem Kapitel lesen Sie unter anderem ...

- warum Herr Müller, frisch verliebt, seinen Schlaf durch einen Griff zum Messer unterbricht,
- warum einseitig verteilte Haushaltsarbeit eine Karriere ausbremst,
- warum es eine Beziehung belebt, wenn beide Partner im Beruf erfolgreich sind
- und wie Sie das Karriere-Rennen als Staffellauf gestalten, bei dem Ihr Partner Sie unterstützt.

Frühschicht für den Freund

Als Herr Müller eines Morgens aus federweichen Träumen erwachte, lag er nicht allein in seinem Bett. Neben ihm, den Mund gerade so weit geöffnet, dass man eine kleine Erdbeere hätte hineinschieben können, ging Fridolin von Sternberg einer höchst spannenden Tätigkeit nach: Mit einem leicht pfeifenden Geräusch atmete er ein und aus. Ein und aus. Ein und aus.

Herr Müller verfolgte das Schauspiel mit der Aufmerksamkeit eines neugierigen Kindes. Woran erinnerte ihn das Geräusch bloß? Ganz kurz dachte er an eine halbvolle Luftmatratze, deren Stöpsel man gezogen hatte und deren Luft man jetzt in Schüben entweichen ließ, aber diesen unromantischen Gedanken verscheuchte er wieder. Nein, was da aus Fridos Mund kam, war der zauberhafte Flötenton eines Virtuosen, der an- und abschwoll.

Herr Müller hatte sich ergeben – einem Gefühl ergeben, das zum ersten Mal durch seinen Körper spaziert war, als er damals das alte Bewerbungsfoto von Peter Müller in seinem Lebenslauf gesehen hatte. Er wollte den Kerl nicht süß finden, auf keinen Fall. Aber während sein Verstand in die eine Richtung ging, bog sein Gefühl in die andere Richtung ab.

Wie ein Fisch kam er sich vor, der an einer Leine hing, es zog ihn an ein Ufer, zu dem er gar nicht wollte: zu Männern. Lange hatte er seine Gefühle verdrängt, um seinen männlichen Kern zu wahren. Er redete sich ein, es sei ein Kinderspiel für ihn, diese Anziehung zu unterbinden, er brauchte nur sein Gehirn einzuschalten. Dort war doch in hundert Geschichten gespeichert, dass man Typen wie Peter Müller sein Herz nicht in die Hände legen konnte, ohne später die Scherben vom Boden aufkehren zu müssen.

Aber was half der Vorsatz, Männer nicht als Männer zu sehen, wenn sie nun mal Männer waren, mit einer Männerstimme, einem Männermund, einem Männerlächeln und einem Männerhintern? Ja, sogar diese Region konnte er nicht mehr ignorieren! (An die Männerbäuche und die Männerbräuche, erst recht in seiner Firma, wollte er in diesem Zusammenhang nicht denken!)

Natürlich war dieser schleichende Wandel nicht unkommentiert geblieben; die Stimme Peter Müllers hatte sich wieder in seinen Kopf gedrängt: »Na, Petra, wann schleppst du den ersten Kerl ab?«

»Mach dir keine Hoffnungen: Du wirst es nicht sein!«

»Mein Geschmack funktioniert noch«, erwiderte Peter. »Ich stehe nur auf echte Frauen!«

Herr Müller spürte, dass ihn diese Worte trafen. »Ich kleide mich als Frau, denke als Frau, jogge als Frau, arbeite als Frau, steh als Frau vorm Spiegel. Sag mir einen Grund, warum ich nicht als Frau lieben sollte?«

»Weil du zu viel über die Männer weißt. Durch eine Stadt, in der du seit 35 Jahren wohnst, kannst du keine Abenteuerreisen mehr machen.«

»Und du, Peter? Bist du durchs Land der Frauen nicht immer mit einer Augenbinde gefahren, um bloß nichts zu sehen, was von deinem Klischee abwich?«

»Verbundene Augen machen das Abenteuer größer!«, sagte Peter.

»Unterschätz meine Ortskenntnis nicht«, gab Petra zurück. »Zum Beispiel kann ich als Frau Charakter-Baustellen wie dich gezielt umfahren – eben weil ich Männer kenne!«

»Wir werden ja noch sehen, wer unser Duell gewinnt«, entgegnete Peter. Und verzog sich wieder.

Herr Müller räkelte sich im Bett. Sein Blick richtete sich noch immer auf Fridos Mund, der auf die Erdbeere zu warten schien. Mittlerweile wusste er: Peter hatte sich getäuscht. Herr Müller hatte die Stadt des Männlich-Seins bislang nur tief von innen gekannt, aus den Tunneln und den U-Bahn-Schächten. Und jetzt schaute er das erste Mal von außen auf sie. Die Empfindungen, die Fridolin in ihm auslöste, fühlten sich besser und tiefer an, als er sich das als Mann hätte vorstellen können. Was wusste der flache Stein, den man in einen See warf, schon von der Tiefe des Wassers?

Wie im Märchen hatte die Liebe zu Fridolin begonnen – ausgerechnet dank Jan. Denn als er, der Racheengel, ihn und Katja am Rand des Volleyballfeldes überfallen hatte, war ihnen ein Volleyballer zu Hilfe geeilt (obgleich einen Kopf kleiner als Jan): Fridolin von Sternberg.

Nach diesem Tag war Herr Müller auffallend oft an diesem Volleyballfeld entlanggejoggt, und Frido hatte auffallend oft Volleyball gespielt – wobei Herr Müller nicht auf den Weg schaute und Frido nicht auf den Ball. Und als sich ihre Blicke oft genug begegnet waren – und Frido, der den Ball mal wieder vergeben hatte, ausgewechselt wurde –, kamen sie eines Abends ins Gespräch.

Fortan spielte Fridolin nicht mehr Volleyball, sondern sie joggten zusammen. Dabei offenbarte er eine Eigenart, die unter Männern höchst selten ist: Er redete! In ganzen Sätzen, die klug und charmant klangen (wenn auch manchmal ein wenig gestelzt, er war halt Adelsspross!). Mit jedem Lauf kamen sie sich näher, bis sie eines Abends nach dem Joggen befanden, dass eine Dusche für zwei Menschen genug sei.

Liebevoll ließ Herr Müller seinen Blick über den schlafenden Frido streichen, über sein dunkelblondes Haar, dessen Spitzen sich immer zu Löckchen kringelten, wenn er es wusch und nicht föhnte (als Kind hatte er den ganzen Kopf voller Locken, erzählte er). Seine Nase hatte ihre Flügel einen Zentimeter weiter als nötig ins Gesicht ausgebreitet, als wollte sie den Blick auf die lebendig-roten Wangen lenken.

Das Manöver gelang, er streichelte Frido über das Gesicht. Der schnurrte.

»Wann musst du zur Arbeit, Schatz?«, fragte Herr Müller.

»Nie mehr! Die nächsten 100 Jahre werde ich hier weilen.«

»Dann muss ich dir wohl nicht sagen, dass es schon 5 Uhr ist?«

»5 Uhr!« Fridolin schoss hoch. »Dann muss ich mich sputen. Mir obliegt die Frühschicht in der Klinik.«

»Macht doch nichts, wenn du zu spät kommst; der Chefarzt kennt dich ja«, sagte Herr Müller.

»Wenn du wüsstest, welchen Zoll an Nerven es kostet, für den eigenen Vater zu arbeiten!«

Herr Müller wusste, dass die von Sternbergs mehrere Kliniken betrieben, hatte dieses Thema aber nie vertieft, um den Eindruck zu vermeiden, er sei mehr am Vermögen der Familie als am Sohn interessiert. Wieder ein Frauen-Gedanke; als Peter Müller wäre er nie auf eine solche Idee gekommen.

»Bereitest du mir noch einen Obstsalat, Schatz?«, rief Frido, während die Badezimmertür hinter ihm ins Schloss flog.

Herr Müller pellte sich aus dem warmen Bett, tappte schlaftrunken in die Küche, griff ein Brettchen und suchte nach Obst. Im Wohnzimmer trieb er noch einen Apfel auf, im Küchenregal zwei Birnen. Sein Brotmesser klopfte rhythmisch auf das Brett, mit der Klinge schob er das zerstückelte Obst in eine Tupper-Dose. Er drückte den Deckel drauf und stellte die Dose von innen vor die Haustür.

Herr Müller tappte zurück ins Bett, unter der Decke war noch Glut, er zog sie sich bis ans Kinn. Ein stressiger Tag lag vor ihm, er wollte noch eine Mütze Schlaf nehmen. Derweil stürmte Frido aus dem Bad, tauchte mit einer Schwimmbewegung in seinen Pulli und fragte: »Mulivitamin ist hinzugefügt?«

»Hä?«, brummte Herr Müller in sein Kopfkissen.

»Im Obstsalat. Hast du einen Schuss Mulivitaminsaft hineingeträufelt?«

»Nein«, sagte Herr Müller.

»Der ist aber vonnöten«, sagte Frido, »sonst schmeckt er mir nicht.«

Herr Müller pellte sich wieder aus dem Bett, schnappte sich die Schüssel und gab noch einen Schuss Multivitaminsaft hinzu. Hieß es nicht, dass Liebe durch den Magen ging?

Frido war hinter ihn getreten und küsste ihm zärtlich den Nacken.

»Nicht gerade bunt«, sagte er.

»Ich will auch keine Knutschflecken«, antwortete Herr Müller.

»Der Obstsalat, meine ich. Meine Mutter verwendet immer Orangen und Kiwi als Basis.«

»Muttersöhnchen! Wer wohnt denn mit 35 noch zu Hause?«

»War das eine Einladung, bei dir einzuziehen?«

»Hast du's denn bei deinen Eltern schöner?«

Frido streichelte Herrn Müller die Haare aus dem Gesicht: »Schöner als *dies* hier wäre ein Ding der Unmöglichkeit.«

Mit einem Kuss auf den Lippen und einer Tupperdose in der Hand flog Frido aus der Tür.

Herr Müller hätte noch über eine Stunde schlafen können. Doch jetzt wälzte er sich unruhig im Bett. Der Schlaf hatte sich mit seinem Freund verabschiedet.

Die rhetorische Retourkutsche

Herr Müller hätte sich ohrfeigen können. Warum hatte er seit Wochen nicht mehr ins Mailfach von Peter Müller geschaut? Warum hatte er verdrängt, dass er die ganze Wahrheit an Jan verschickt hatte, wenn auch versehentlich? Jetzt – er saß im Büro – flimmerte auf seinem Bildschirm eine Antwort, und die war bereits zwei Wochen alt:

Hey Peter,

ich habe Zweifel, dass du es bist. Aber wenn du es bist, kannst du es mir beweisen. Ich stell dir drei Fragen, auf die nur wir beide Antwort wissen:

1.) Welches der fünf Poster in meinem Kinderzimmer habe ich als Erstes abgehängt – und warum?
2.) Welchen Stern habe ich für uns in der Wüste von Dakar herbeigesehnt?
3.) Woraus besteht ein Zitronenfalter aus Mexiko?

Wahrscheinlich bekomme ich keine Antworten, weil die Mail nicht von dir war, sondern von der Frau, die dich auf dem Gewissen hat. Wenn du mir doch antwortest, und zwar richtig, bin ich sehr, sehr beruhigt.

Jan

Das klang sehr gut, fand Herr Müller. Mit den richtigen Antworten könnte er den Haftbefehl gegen sich abwenden. Noch stand er nicht auf der Fahndungsliste: Bei ihrem letzten Einsatz vor seinem Haus hatte die Polizei nur den trinkenden Tom zur Ordnung gerufen, wie ihm ein Nachbar steckte.

Frage 1 und Frage 3 waren kein Problem. Aber was, zum Teufel, meinte Jan mit dem Stern in Dakar? Herr Müller wusste definitiv, dass sie auf der ganzen Motorradtour kein Wort über Gestirne gewechselt hatten.

Da flog die Bürotür auf. Axel Schmidt stürmte in den Raum. »Frau Müller«, bellte er, »Ihre Extrawürste gehen mir langsam auf den Senkel. Und ich spreche da für eine Mehrheit!«

Herr Müller klickte sich von seinem privaten Mailfach ins Outlook. Dort löschte er ein freundliches Viagra-Angebot, öffnete den Anhang einer Mail und studierte das Angebot einer Agentur (es versprach ähnlich viel wie die Viagra-Werbung, würde aber vermutlich noch weniger halten).

Schmidt, dessen Stimme verloren aus der Raummitte kam, bellte noch lauter: »Ich habe gehört, dass Sie sich bei der Verleihung des Deutschen Werbepreises auf die Rednerliste haben setzen lassen. Das ist nicht abgesprochen mit Sven; das geht nicht!«

Herr Müller sortierte ein paar Mails in seinen Projektordner und begann, eine Antwort an einen Mitarbeiter zu tippen.

Schmidt stampfte mit seinem Schuh auf den Boden. »Ehrlich gesagt, ich muss Sie warnen, Frau Müller: Kein falsches Wort bei der Verleihung!«

Das Telefon klingelte, Herr Müller nahm ab, ohne aufzusehen: »Frido, du bist es, Schatz. Wie schön! Wie war dein Tag bislang? Ja, ich weiß – tut mir leid. Das nächste Mal mit Orange und Kiwi. Können wir später noch mal sprechen? Ich habe gleich ein wichtiges Gespräch. Bis dann – mach's gut!«

»Wurde auch Zeit«, knurrte Schmidt. »Bitte kommen Sie rüber an den Besprechungstisch.«

Herr Müller tippte eine kurze Nachricht an einen Mitarbeiter im Großraumbüro.

»Frau Müller«, flehte Schmidt, »so geht es doch nicht! Wir müssen miteinander reden!«

Sieh an, jetzt war Schmidt in den Tiefstatus gerutscht. Der Überfall hatte sein Ziel verfehlt, nun wurde er zum Bittsteller.

Thomas Bösch steckte seinen Kopf durch die Tür: »Hier bin ich, Frau Müller. Aber ich sehe, Sie haben Besuch. Soll ich später wiederkommen?«

»Nehmen Sie bitte Platz, Herr Bösch, wir sind unter uns«, sagte Herr Müller. Er kam um seinen Schreibtisch herum und setzte sich an den kleinen Tisch.

Schmidt stand im Raum wie ein Schuljunge, dem der Bus vor der Nase weggefahren war, bei Platzregen. Er drehte sich um und schlich aus dem Raum.

»Herr Bösch«, wandte sich Herr Müller an seinen Mitarbeiter, »was hat Sie denn bei den Ausschreibungen geritten? Die sind ja voll mit Fehlern!«

Der Blick des jungen Mannes senkte sich auf die Tischplatte. »Wirklich? Aber das war ich ja gar nicht, das hat Patrizia Storm ganz allein gemacht.«

Herr Müller sah ihn durchdringend an: »Eigentlich war das als Scherz gemeint – die Ausschreibungen sind erstklassige Arbeit. Aber nicht Ihre. Darum können Sie wieder gehen.«

Bösch zögerte einen Moment, dann schlurfte er mit hängendem Kopf zur Tür.

»Und eines noch«, rief ihm Herr Müller nach, »schicken Sie mir bitte Frau Storm vorbei!«

Zwischen Bügeln und Beruf

»Lassen Sie uns jetzt in die Kleinigkeiten gehen«, sagte der Sandmann. Alle Führungskräfte am Sitzungstisch raschelten in ihren Projektunterlagen. Herr Müller sah nervös auf die Uhr: Noch eine halbe Stunde, dann würde der Markt schließen. Wie sollte er es schaffen, bis 21 Uhr ein perfektes Menü auf den Tisch zu zaubern? Dann kam Fridolin aus der Klinik nach Hause.

Seit Frido bei ihm eingezogen war, hatte Herr Müller das Gefühl, in zwei Schichten zu arbeiten: erst in der Firma, wo er eine Abteilung leitete, und dann zu Hause, wo er einen Haushalt leitete. Welche Aufgabe mehr Kraft kostete, vermochte er nicht zu sagen.

Frido stammte aus einem Elternhaus, in dem sich die Rollen klassisch verteilten: Das Leben seines Vaters war die Arbeit. Und das Leben der Mutter war dieser Vater. Er der Chefarzt, sie die Chef-arzt-Gattin. Die Mutter hechelte im Morgengrauen vors Haus, ap-portierte die Zeitung und trug sie ihrem Gemahl ans Bett. Na-türlich hatte sie vor seinem Nachttisch schon am Vorabend seine Hausschuhe arrangiert, immer im günstigsten Einstiegs-Winkel. Und wehe, sie kochte das Frühstücksei auch nur fünf Sekunden zu lang oder den Braten zwei Minuten zu kurz!

Zu Hause war Fridolin die Nummer 2 in der Thronfolge des Ver-wöhnt-Werdens. Nun, da er bei Herrn Müller wohnte, strebte er offenbar den Aufstieg zur Nummer 1 an. Seine Beteiligung an der Haushaltsarbeit bestand darin, dass er sich mit zwei bewährten Methoden um die Lebensmittel kümmerte: Er aß. Und er trank. Außerdem sprang er herbei, sobald eine Apfelmus- oder Milch-packung zu öffnen war, und zückte aus seiner Hosentasche ein kleines Skalpell, das er stets bei sich trug, wie andere Männer ihr Taschenmesser. Mit schelmischer Freude rief er: »Skalpell in der Tasche – das hilft dir aufs Rasche!«

Ein Leben, das sich am Mann ausrichtete, dieses Modell gab es nicht nur in Chefarzt-Kreisen. Herr Müller musste an seine Pflegeeltern denken, zu denen der Kontakt seit Jahren abgeris-sen war (seine leiblichen Eltern – die Mutter alkoholkrank, der Vater durchgebrannt – hatte er nie kennengelernt, er wusste nur, dass er einen ein Jahr älteren Bruder hatte). Sein Pflegevater, ein Schreinermeister, hatte seine Ehefrau, eine Friseurin, immer wie-der ins Gebet genommen: »Bleib doch zu Haus! Mein Gehalt bringt uns alle durch. Die Leute sollen nicht denken, dass du ar-beiten musst.«

Dass die Mutter mitarbeitete, hatte der Vater als Makel gesehen. Wer ein echter Mann war, musste die Familie durchbringen, ohne die Frau als finanziellen Hilfsmotor zu nutzen. Fortan wurden die Rollen verteilt wie in einer frühzeitlichen Höhle: Der Mann ging hinaus in die Welt, um die Familie zu ernähren. Und die Frau blieb drinnen, hielt die Behausung in Schuss und wartete in der Koch-schürze auf die Heimkehr des Göttergatten.

Alte Zöpfe, die heute keiner mehr trug? Herr Müller zweifelte. Hatte Ansgar Seidel nicht gesagt, dass noch bis 1977 eine Ehe-frau zum Arbeiten die Erlaubnis des Mannes brauchte? Und lag es nicht auf der Hand, dass dieses Rollenmodell auf die jüngeren Generationen abfärbte und Frauen oft der Mut fehlte, neue Wege zu gehen?[54]

Zwar konnten die Männer jetzt keine Arbeitsverträge ihrer Frau-en mehr kündigen. Aber sie konnten sich durchaus zur Sonne er-klären, um die der Rest der Familie zu kreisen hatte. Zum Beispiel war es in Peter Müllers Freundeskreis üblich, dass Männer sich von ihrer Firma ins Ausland versetzen ließen, um dort ein Arbeits-abenteuer zu erleben. Die Frauen, oft Akademikerinnen, wurden zu solchen Aufenthalten mit derselben Selbstverständlichkeit wie der Reisekoffer mitgenommen.

Völlig normal, dass die Frauen ihre Karriere in die Parkbucht fuhren (die sich später oft als Sackgasse erwies) und am Zielort, wo sie womöglich nur mit Kopftuch vor die Tür durften, den gan-zen Tag ihre Kompetenzen verbesserten: im Zeit-Totschlagen und im Däumchen-Drehen. Wenigstens geriet die abendliche Heim-kehr des Mannes so zu einer Feierlichkeit, wie man sie sonst nur kennt, wenn frischgebackene Weltmeister auf den Rathausbalkon ihrer Heimatstadt treten: großer Jubel!

»Frau Müller«, riss der Sandmann ihn aus seinen Gedanken und sah ihn streng über den Rand seiner Hornbrille an, »zu welcher Einschätzung sind Sie gelangt?«

Herr Müller hatte keine Ahnung, worauf die Frage zielte. »Wir müssen Risiko und Chance gründlich abwägen«, sagte er ins Blaue. »Wenn wir die Kräfte bündeln und innovativ handeln, wird der Markt das belohnen.«

Solche Sätze passten eigentlich immer. So auch jetzt; der Sandmann nickte, die Runde gab ihren Senf dazu. Und Herr Müller nahm seine Gedanken wieder auf.

War er in seiner Beziehung nicht gerade dabei, Anhängsel und Dienerin eines Mannes zu werden? Sein Verstand schlug Alarm. Aber sein Herz, das viel lauter sprach, wollte es seinem Freund recht machen. Oder fühlte er sich nur dazu genötigt von einer Gesellschaft, die nie darauf gekommen wäre, die schmutzige Wohnung eines Paares dem Mann anzulasten? Wenn ein Mann nicht putzte oder kochte, hieß die Erklärung: »Er ist halt Mann!« Wenn eine Frau nicht putzte oder kochte, sagten alle: »Sie ist halt faul!«

So kam es, dass Herr Müller seinen Feierabend oft nach vorne verlegte (während die Männer noch ihre Pfründe sicherten), und dann ging der zweite Vollzeit-Job los: auf dem Markt frisches Gemüse kaufen, schnell die Waschmaschine anwerfen (für Buntwäsche), mit dem Staubwedel durch die Wohnung flitzen, die benutzten Tempo-Taschentücher von Fridos Nachttisch in den Mülleimer befördern, die Spülmaschine anwerfen, den Müll vor die Tür tragen, den Wäschetrockner anstellen, das Bügeleisen ergreifen, Fridos Hemden in Form bringen, die Wäsche zusammenlegen, die Schränke füllen, gleich noch eine Maschine mit Kochwäsche anwerfen, Fridos Lackschuhe wienern, als Meisterin Propper durch das Badezimmer robben, den Wasserkocher entkalken, schon mal den Salat waschen, die Radieschen schneiden, das Wasser für die Kartoffeln aufsetzen, das Filet würzen, die Servietten falten, den Tisch decken, die Kerzen anzünden, das Altpapier noch schnell vor die Tür bringen …

Und wenn Fridolin abends vom Schichtdienst aus der Klinik kam, wenn die Wohnung glänzte und das Essen auf dem Tisch dampfte, dann gab er ihr zur Belohnung einen Kuss. Aber fragte er sich je, wie es zu dem Wunder gekommen war, dass sich ein Rezept aus dem Kochbuch – er hatte es ausgesucht – in ein Menü auf dem Tisch verwandelt hatte (allein der Einkauf hatte fast eine Stunde gedauert!)? Fragte er sich je, wie der Zaubertrick funktionierte, dass er zerknitterte und verschwitzte Hemden in einen Wäschebottich steckte und schon zwei Abende später frisch gewaschene und gebügelte Hemden in seinem Schrank vorfand?

Und, sofern er seiner Freundin eine Beteiligung an diesem Phänomen zugestand: Stellte er sich dann auch die entscheidende Frage, *wann* Herr Müller überhaupt dazu kam, sich als Hausfrau ins Zeug zu legen?

Denn immerhin war Petra Müller keine Vollzeit-Putzkraft, keine Vollzeit-Köchin, keine Vollzeit-Bügelhilfe, keine Vollzeit-Gärtnerin. Nein, Herr Müller leitete eine Marketing-Abteilung, jeden Tag machte er sich neun bis elf Stunden im Büro krumm. Und wenn er nach Hause kam, ausgelaugt und geschafft, stand er vor dem nächsten Arbeitsberg. Und am kommenden Tag musste er mit ausgeruhten Männern konkurrieren, deren Rücken von Frauen freigehalten und womöglich auch noch in der Badewanne geschrubbt wurden. Eine Dauermüdigkeit senkte sich auf seinen Körper wie ein Gewicht, gegen das er sich den ganzen Tag stemmen musste, um nicht in den Schlaf zu sinken.

Aber durfte er wirklich jammern? Was sollte dann die berufstätige Mutter sagen, die neben dem Haushalt zwei Kinder erziehen musste? Oder die Verkäuferin, die bis 20 Uhr an der Kasse saß? Oder die Bauersfrau, die neben Mann und Kindern noch 20 Kühe und 2000 Quadratmeter Gemüsegarten am Hals hatte? Vielleicht war er, Herr Müller, nur nicht belastbar genug. Er würde sich mehr anstrengen müssen!

»Die Sitzung ist beendet«, sagte der Sandmann. Endlich! Die Männer standen auf und bildeten kleine Grüppchen. Sie plauderten, tauschten Infos, schmiedeten Allianzen. Derweil flitzte Herr Müller aus dem Raum. Ob er auf dem Markt wohl noch einen frischen Salatkopf bekäme?

Bin ich seine Putzfrau?

»Du willst *was?*«, keuchte Katja ungläubig und kam beim Laufen aus dem Schritt.

»Ich will meinen Chef als Dieb entlarven: Bitte applaudieren Sie für den besten Kampagnen-Dieb Deutschlands! Diese Rede wird ihn umhauen.«

»Das ist ja so, als würde ich in der BAZ schreiben: Unser Chefredakteur Kurt Lehmann frühstückt jeden Morgen eine Redakteurin.«

»Wenn er das täte, wäre das doch eine Nachricht!«

Herr Müller trabte neben Katja her, ihr Pferdeschwanz hüpfte im Rhythmus der Schritte. Die Morgensonne malte den Himmel rot. Ein Spielplatz ohne Kinder schlief am Wegesrand.

»In deinem Beruf bist du ganz schön mutig«, sagte Katja.

Herrn Müllers Ohr war fein genug, um die Einschränkung zu hören. »Sag doch gleich, dass ich privat eine feige Kuh bin.«

»Ich finde, du hätschelst Fridolin mehr als nötig.«

»Du kennst ihn nicht gut genug. Frido weiß, wie man ein OP-Besteck bedient. Ein Skalpell trägt er sogar in der Hosentasche. Aber bei alltäglichen Dingen ist er hilflos wie ein Analphabet in der Lesestunde. Jemand muss sich um ihn kümmern.«

»Und wer kümmert sich um dich?«, fragte Katja und sog pfeifend Luft ein. »Wer macht dir einen Obstsalat, wenn du morgens aus dem Haus gehst? Wer bügelt dir das Kostüm? Wer kauft für dich ein und stellt dir ein leckeres Essen auf den Tisch, wenn du nach einem langen Arbeitstag müde nach Hause kommst?«

»Das ist doch nicht nur mein Problem«, sagte Herr Müller. »Damit kämpfen neun von zehn Frauen in Deutschland. Und die zehnte nur deshalb nicht, weil sie Single ist. Oder Witwe.«

»Zu Tode gearbeitet hat sich ein solcher Mann ganz sicher noch nicht!«, schnaubte Katja und wirbelte ihren Pferdeschwanz durch die Luft.

Der Himmel, gerade noch rot, hatte sich ein verwaschenes Blau übergestreift. In der Ferne bellte ein Hund.

»Und wie teilt sich die Arbeit zwischen dir und Christian auf?«, fragte Herr Müller und bog mit Katja in einen Waldweg ein.

Katja hatte den Web-Designer Christian Sprenger fast zur gleichen Zeit kennengelernt wie er Fridolin. Beim ersten Treffen hätte es Herrn Müller fast umgehauen; Christian sah Peter Müller verblüffend ähnlich: das Gardemaß, das blonde Stoppelhaar und vor allem das Gesicht (nur waren die Geheimrats-Ecken des Imitats deutlich schneller vorangeschritten, wie Herr Müller nicht ohne einen Rest von Genugtuung feststellte).

»Mit Christian und mir, das ist was ganz anderes«, antwortete Katja. »Jeder wohnt für sich. Jeder putzt seine eigene Wohnung. Besucht er mich, koche ich. Besuche ich ihn, kocht er. Und ich habe nicht vor, mich ihm als Putzfrau anzubieten.«

»Danke für das Kompliment!«, zischelte Herr Müller.

»Ich mach mir doch nur Sorgen, Petra! Am Arbeitsplatz bist du für mich ein Vorbild, du lässt dir nichts gefallen, du zeigst den Männern klare Kante. Aber zu Hause …«

»… bespaße und säuge ich einen 34-Jährigen, als ob er ein kleines Baby wäre. Willst du das behaupten?«

»So genau wollte ich es gar nicht wissen«, lachte Katja und joggte ein wenig langsamer. »Neulich habe ich für die BAZ einen Artikel über einen Kindergarten geschrieben. Es gab dort ein paar Kinder, die immer noch ihren Schnuller lutschten.«

»Deine Themen werden ja immer emanzipierter«, stichelte Herr Müller.

»Und was meinst du, wie mir ein Psychologe diese Schnuller-Vorliebe erklärt hat?«

»Irgendwas mit Siggi Freud und oralem Dingsbums, oder?«

»Nein«, sagte Katja, »er hat mir erklärt: Wenn die Eltern ihr Kind länger als notwendig wie ein Baby behandeln, dann wird es sich auch länger als notwendig wie ein Baby verhalten. Je länger ein Kind im Kinderwagen durch die Landschaft geschoben wird und im Gitterbettchen mit der Rassel unterhalten, desto größer die Chance, dass es erst spät vom Schnuller loskommt und sich länger einnässt.«

»Ins Bett macht Frido nicht!«, sagte Herr Müller und kickte mit seinem Joggingschuh einen Tannenzapfen aus dem Weg. »Oder will mir die Frau Hobbypsychologin etwas über die Kindheit von Fridolin erzählen?«

Sie joggten durch ein Tannen-Wäldchen, es roch nach Harz und Erde, ein paar Tauben flatterten aus den Baumkronen auf.

»Petra, ich spreche von eurer Gegenwart! Wir haben es doch in der Hand, die Männer zum Mithelfen im Haushalt zu erziehen.«

»Das ist ja dein Spezialgebiet«, sagte Herr Müller, »wahrscheinlich hast du deshalb jeden Besuch bei Peter mit einer so romantischen Tätigkeit wie Staubsaugen begonnen.«

»Das hat er dir erzählt?«

»Stimmt es etwa nicht?«

»Ich habe daraus gelernt, Petra!«

»Und warum sieht dein neuer Freund dann aus wie eine Kopie des alten?«, fragte Herr Müller. Er blieb auf dem Waldweg stehen, Katja stoppte ebenfalls und sah ihn kopfschüttelnd an. »Nach fortgeschrittenem Erkenntnisgewinn riecht das nicht gerade.«

»Er sieht Peter sehr ähnlich, das stimmt. Aber wenn der Charakter sich im Äußeren niederschlüge, sähen sie so verschieden aus wie ein Aasgeier und ein Singvogel. Apropos: Weißt du eigentlich, was Peter gerade so treibt?«

Herr Müller schüttelte den Kopf. »Weiß der Geier!«

Männer an die Waschmaschine!

»Morgen, Petra! Du wirst doch nicht wieder …« Sandra Klose setzte hinter ihrem Empfangstresen ein Gouvernanten-Gesicht auf, wenn auch mit leichtem Augenzwinkern.

»Doch, ich werde!« Herr Müller klemmte sich die BAZ unter den Arm und nahm den Fluchtweg zum Fahrstuhl. Sandra Klose lachte. Seit ihrer gemeinsamen Arbeit in dem Ausschuss für den Ausflug hatten sie ein gutes Verhältnis.

Katja hatte angekündigt, dass mal wieder ein Teil ihrer Interview-Serie liefe. Herr Müller war gespannt auf das Thema. Er ließ sich auf seinen Schreibtischstuhl fallen und blätterte die Zeitung auf.

Zwischen Familie und Beruf

Karrierefrauen sind keine Putzhilfen
von Katja Hansen

Der Karrierecoach Ansgar Seidel weiß genau, wie Frauen im Beruf durchstarten. Aber er kennt auch Fehlzündungen und Hindernisse. Für unsere Interview-Serie haben wir ihn befragt, welche Bedeutung ein ganz besonderes Vitamin B für die Karriere hat – die Beziehung zum eigenen Partner.

BAZ: Mal ehrlich, Herr Seidel: Haben Sie Ihrer Frau heute Morgen das Frühstück ans Bett gebracht?
A. Seidel: Nein, aber ich habe mir auch kein Frühstück ans Bett bringen lassen. Und das Einzige, was meine Frau auf dem Frühstücks-

tisch vorfindet, ist ein Zettel mit einem Gruß – kein schmutziges Geschirr.

Dann nehme ich an, Ihre Frau ist auch berufstätig.
Richtig. Sie ist Filialleiterin im Einzelhandel. Morgens muss sie die Erste im Laden sein, und abends geht sie als Letzte.

Wer kocht dann bei Ihnen das Abendessen?
Zweimal ich, unter der Woche. Und zweimal sie, am Wochenende. Den Staffelstab im Haushalt übernimmt, wer gerade mehr Zeit hat.

Aber jetzt erzählen Sie mir nicht, dass ein so erfolgreicher Mann wie Sie ein Spezialist für Staubwedeln und polierte Wasserhähne ist!
Genauso wenig wie meine Frau. Wir beschäftigen eine Reinigungskraft, die zweimal pro Woche den Haushalt macht.

Als Gutverdiener können Sie sich das leisten! Die meisten Paare können das nicht.
Die Wahrheit ist doch: Die meisten *wollen* es nicht, weil sie eine billigere Lösung finden – sie lassen diese Arbeit zum Nulltarif verrichten. Einer der beiden Partner schuftet pro Woche 19 Stunden im Haushalt.[55] Gratis.

Die Frau!
In 96 Prozent der Fälle trägt sie die Hauptlast! Nur vier Prozent der Männer waschen, kochen oder putzen öfter als ihre Frauen, sagt die Deutsche Forschungsgemeinschaft.[56]

Wie wirkt sich das auf die Karriere aus?
Fatal! Je mehr Bälle sie in der Luft halten müssen, desto eher fallen sie runter.

Aber diese Bälle sind doch nicht gleichzeitig in der Luft. Während eine Frau im Büro arbeitet, muss sie sich nicht um den Haushalt kümmern.
Die Haushalts-Bälle sind während der Arbeitszeit sehr hoch in die Luft geworfen, sie kommen nicht unmittelbar runter. Aber man muss sie doch im Auge behalten! Psychologen sprechen vom Zeigarnik-Effekt.[57] Offene Aufgaben ziehen besonders viel geistige Energie auf sich. Wenn eine Frau am Arbeitsplatz sitzt, aber in Gedanken schon vorm Supermarkt-Regal für den Familieneinkauf steht, dann ist sie weder am Arbeitsplatz noch im Supermarkt.

Das heißt: Frauen mit umfangreichen Familienpflichten sind zu abgelenkt, um Karriere zu machen?
Viele Frauen brennen aus oder geben auf, denn kaum jemand schafft zwei Vollzeit-Arbeiten nebeneinander. Tagsüber, am Arbeitsplatz, legen sie sich ins Zeug als Verkäuferin, Betriebswirtin oder Krankenschwester. Abends, im Haushalt, schuften sie weiter als Erzieherin und Nachhilfe-Lehrerin, als Köchin und Putzfrau, als Taxifahrerin und Einkäuferin, als Näherin und Gärtnerin. Arbeit ohne Ende. Da bekommt das Wort »Familienbetrieb« eine völlig neue Bedeutung!

Nehmen die Firmen auf eine solche Doppelbelastung denn keine Rücksicht?
Die Berufswelt ist immer noch auf Männer ausgerichtet, die ihre Firma als Hauptwohnsitz und ihre Karriere als Lebenszweck sehen. Wichtige Sitzungen und Geschäftsessen finden abends statt, Dienstreisen verlangen Flexibilität, Fortbildungen fallen oft aufs Wochenende. Da sind Frauen mit familiären Pflichten massiv im Nachteil. Zumal die Firmen immer noch naiv genug sind, lange Anwesenheit im Büro mit guter Leistung zu verwechseln.

Und wie steht es mit den inoffiziellen Karrierewegen?
Überspitzt gesagt: Während die Frau abends am Herd steht, um ei-

197

nen Kassler zu machen, steht der Mann an der Bar, um Karriere zu machen. Karrieresprünge werden meist außerhalb der regulären Arbeitszeit eingefädelt.

Welche Rollenteilung in einer Partnerschaft schlagen Sie vor?
Ich bin dafür, dass Frauen ihre Männer bei der Karriere unterstützen, mit voller Kraft. Aber ich bin auch dafür, dass sie von ihren Männern bei ihrer eigenen Karriere unterstützt werden, ebenfalls mit voller Kraft. Dann – und nur dann – herrscht Augenhöhe in einer Partnerschaft.

Ist es überhaupt realistisch, dass zwei Partner zur selben Zeit Karriere machen?
Ja, wenn sie sich gegenseitig anschieben. Sobald einer die Kräfte des anderen für die eigene Karriere einspannt, ist das, als hielte sich ein Radfahrer am Gepäckträger des anderen fest. Wer den anderen zieht, verausgabt sich. Wer gezogen wird, spart Kraft und kann vorbeiziehen.

Was halten Sie davon, wenn Paare sich das Karriere-Rennen aufteilen: Die ersten fünf Jahre hat die Karriere des Mannes Vorfahrt, die nächsten fünf Jahre ist die Frau an der Reihe?
Solche Pläne enden meist damit, dass ein Paar nach fünf Jahren feststellt: Der Mann hat einen solchen Karrierevorsprung erzielt, vor allem beim Gehalt, dass ein Stabwechsel unwirtschaftlich wäre. Die Folge: Der Mann steigt immer weiter auf, die Frau bleibt hängen.

Interessant, dass Sie den Gehaltsunterschied ansprechen! In meinem Freundeskreis haben mehrere Paare ausgerechnet: Es lohnt sich nicht, dass die Frau zur Arbeit geht, wenn man die Kosten für die Kinderbetreuung und eine Putzhilfe gegenrechnet.
Das ist eine Milchmädchen-Rechnung zulasten der Frauen. Erstens

kann eine Frau ihr Gehalt und ihre Karriere nur vorantreiben, indem sie arbeitet. Während sie zu Hause bleibt, sinkt ihr Marktwert. Und zweitens: Wenn Frauen nicht zur Arbeit gehen, machen sie sich nicht nur in der Gegenwart, sondern auch in der Zukunft von einem Mann abhängig; denn sie erwerben keinen nennenswerten Rentenanspruch. Und was, wenn der Mann mit 60 auf die Idee kommt, seinen Lebensabend mit einer anderen zu verbringen?

Welche Karriere-Einteilung zwischen den Partnern empfehlen Sie?
Beide müssen zu Beginn der Karriere dieselbe Flughöhe erlangen. Die Partner sollten sich die ersten Jahre gegenseitig unterstützen und die Arbeit im Haushalt gerecht teilen. Wer erst einmal in der Karriere-Bundesliga spielt, fällt selten wieder in die Amateurliga zurück. Wer in jungen Jahren allerdings nicht nach oben kommt, schafft es in späten Jahren umso weniger.

Und wenn einer eines Tages beruflich zurücksteckt, sei es für den Haushalt oder für Kinder – wer sollte das sein, der Mann oder die Frau?
Ein Paar sollte beide Optionen durchspielen und sich für den entscheiden, der sich eine Auszeit oder gedrosseltes Tempo im Augenblick besser erlauben kann. Ein Beispiel: Die Frau hat gute Aussichten, in den kommenden zwei Jahren von der Abteilungs- zur Bereichsleiterin befördert zu werden. Der Mann dagegen hat seine Karriere-Optionen in der aktuellen Firma ausgereizt. Dann wäre es sinnvoll, dass die Frau am Drücker bleibt – während der Mann mehr Energie darauf verwendet, sie zu unterstützen.

Aber kommt es dann nicht zur selben Asymmetrie wie heute, nur zu Ungunsten der Männer?
Nein, denn wenn die Frau ihren persönlichen Erfolgsgipfel erreicht hat, kann sie wieder einen Gang zurückschalten – und dann den Mann unterstützen.

Nun klingt bei Ihnen Kritik an den Männern durch. Aber tragen Frauen nicht ihren Teil dazu bei, dass sie oft untergebuttert werden?

Alles, was Sie in einer Beziehung tun, wirkt sich auf Ihren Partner aus. Es ist wie bei einer Waage: Wenn Sie an der einen Schale etwas verändern, Gewichte wegnehmen oder hinzufügen, bewegt sich auch die andere Schale – ohne dass Sie diese berührt haben. Man spricht von systemischen Wechselwirkungen.

Können Sie ein Beispiel geben?

Eine Frau stellt zu Beginn der Beziehung fest, dass ihr Mann im Haushalt nachlässig ist. Also putzt sie ihm hinterher. Und weil der Mann sieht, dass seine Frau ohnehin ein Putzteufel ist, fährt er seine Haushaltsleistung auf null zurück.

Funktioniert das denn auch umgekehrt? Lassen sich eingefahrene Muster aufbrechen?

Natürlich! Sobald Sie auf Ihrer Seite der Waage etwas verändern, kommt auch der Partner in Bewegung. Was passiert, wenn die Frau ihren Putzlappen eine Weile nicht anfasst? Dann wird dem Mann auffallen, dass die Wohnung immer unsauberer wird – so unsauber, dass sogar er mit seinen scheinbar bescheidenen Putzfähigkeiten noch etwas retten kann.

Ist das nicht zu brutal, dass die Frau gleich in einen Streik tritt?

Ich begleite Menschen seit vielen Jahren bei Veränderungen. Und was glauben Sie, welcher Veränderungshelfer der beste von allen ist? Emotionale Erregung! Nur wenn ein Mensch in eine außergewöhnliche Situation gerät, ist er bereit, seine alten Verhaltensmuster in Frage zu stellen. Es ist wie mit dem Kind und der heißen Herdplatte: Worte nützen wenig, Erlebnisse viel.

Passiert der Kardinalfehler nicht schon bei der Partnerwahl?
Je intelligenter und gebildeter eine Frau ist, desto schwerer fällt es ihr, einen Partner auf Augenhöhe zu finden. Eine Studie von Professor Karl Grammer zum Balzverhalten von 12 000 Menschen im Münchner Raum ergab: »Die Intelligenz der Frau spielt im Beuteschema des Mannes keine Rolle.« Zwar bevorzugen die meisten Frauen einen intelligenten Partner. Aber bei den Wünschen der Männer schlagen die Kurven das Köpfchen; »Intelligenz« dümpelt nur auf Rang 10 der Wunschliste.[58]

Dann bekommen die Männer, was sie verdienen!
Wahr ist: Nur 27 Prozent der männlichen Führungskräfte sind mit einem Partner in ähnlicher Funktion zusammen – aber 70 Prozent der Managerinnen.[59]

Sind die jungen Frauen anspruchsvoller als früher?
Vor ein paar Jahrzehnten konnten Frauen nur zwischen Pest und Cholera wählen. Die einen waren verheiratet, aber deshalb vom gesellschaftlichen Leben ausgeschlossen. Die anderen nahmen am gesellschaftlichen Leben teil, aber waren deshalb nicht verheiratet – was als große Schande galt.[60]

Gut, dass Frauen heute frei wählen können!
Diese Wahlfreiheit ist Fluch und Segen zugleich, das hat die Autorin Ildikó von Kürthy wunderbar ausgedrückt: »Endlich gibt es für Frauen ein spannendes Alternativprogramm zu Kinderaufzucht und Männerbetreuung. Wir machen Karriere, gehen fremd, verlassen langweilige Typen, verzichten auf Kohlehydrate oder Unterhalt, steigen trotz Kleinkind wieder in den Beruf ein. Das ist großartig und angsteinflößend. Wer viel haben kann, muss auch auf viel verzichten.«[61]

Wie blickt die Gesellschaft auf berufstätige Paare?

Viel zu lange haben wir eine faule Rollenteilung akzeptiert: Die Frau hat das Essen gemacht, der Mann den Ölwechsel. Nur war Kochen damals wie heute täglich fällig, Ölwechsel nur alle sechs Monate.[62] Diese alten Rollenbilder sind überholt. Frauen und Männer müssten die Arbeit teilen, in der Küche genauso wie in der Vorstandsetage. 50 Prozent Abwasch den Männern, 50 Prozent Manager-Positionen den Frauen: Das wäre fair – und verdammt gut für die Wirtschaft.

Sie spielen auf den Fachkräfte-Mangel an?

Es ist doch absurd: Wir suchen überall in der Welt nach Fachkräften, sogar in Indien. Und deutsche Firmen schiffen ihre Vorstände aus Übersee ein. Wie wäre es, erst einmal die weiblichen Talente vor der eigenen Haustür zu nutzen?

Gute Idee! Und herzlichen Dank für das Interview, Herr Seidel!

Chefarzt-Gattin von Beruf

Wer *dieses* Esszimmer betrat, konnte gar nicht anders, als die Weitläufigkeit zu bestaunen. Dann fing sein Blick die schweren Mahagoni-Möbel ein, sprang von einer alten Vase zur nächsten und blieb schließlich an den Wänden hängen, wo Meister neben Meister hing. Nackte Frauen räkelten sich in uralten Strandkörben, Kanonenkugeln flogen über Schlachtfelder, und Goethe tauchte seine Feder in ein Tintenfass.

Alle Gegenstände in diesem Raum sprachen nicht nur dieselbe Sprache, sondern im Auftrag des Hausherrn sogar denselben Satz: »Vergiss nicht, Besucher: Ich bin reich!«

Herr Müller hatte sich herausgeputzt, so gut er konnte (im Kleiden und Schminken war er immer noch Anfänger/in), aber was waren seine kleinen Silber-Ohrringe aus dem Versandhandel schon gegen die goldenen Juwelier-Ohrreifen der Frau von Sternberg? Was war sein helles Sommerkleid von »Frauenmode Brückner« schon gegen die hellrote Maßanfertigung der Dame des Hauses, mit verspielten Fransen und maßgeschneidertem Dekolleté? Für ihre 59 Jahre sah die Hausherrin noch erstaunlich jung aus (Herr Müller vermutete, dass es sich bei ihrem jungen Gesicht ebenfalls um eine Maßanfertigung handelte!).

Zu viert spazierten sie durchs Esszimmer, und die Menschen auf den Gemälden schienen ihnen dabei zuzusehen.

»Frau Müller, es erfüllt mich mit Freude, dass mein Sohn Ihnen begegnet ist«, sagte Freia von Sternberg. »Seit Fridolin Sie kennt, legt er eine Zielstrebigkeit an den Tag, die wir uns immer von ihm gewünscht haben. Gerade hat er sich zu einer chirurgischen Fortbildung angemeldet.«

Herr Müller wollte sich über das Kompliment schon freuen, da ging ihm auf: Genau dasselbe hätte man auch von einem Berufsberater behaupten können.

»Der Beruf ist das eine«, sagte Herr Müller, »und das Herz ist das andere.«

»Sagen Sie, meine Liebe«, fuhr Frau von Sternberg fort, »hatten Sie denn schon die Gelegenheit, unsere Kliniken in Augenschein zu nehmen?«

Frido rollte mit den Augen. »Mutter, willst du Petra nicht erst mal kennenlernen, ehe du die Aussteuer vergibst?«

Frau von Sternberg ging nicht auf den Kommentar ein und wandte sich wieder Herrn Müller zu. »Damit riskieren Sie einen Fehler, meine Liebe. Niemand würde einen Diamant-Schmuck kaufen, ohne ihn vorher gesehen und Probe getragen zu haben.«

»Ich hatte nicht vor, einen Kaufvertrag einzugehen«, sagte Herr Müller und wunderte sich über den grotesken Diamanten-Vergleich.

»Ach, meine Liebe, merken Sie sich: Wer sich mit einem von Sternberg einlässt, lässt sich auch mit den Kliniken ein. Sie sind jetzt bereits in zweiter Generation in Familienbesitz.«

»Und in der zweiten Generation werden sie noch 30 Jahre bleiben, wenn es nach Vater geht«, ergänzte Frido.

Wilhelm von Sternberg, ein wandelnder Zweireiher mit Stechschritt und Silberlocke, sah seinen Sohn streng an. »Gut erkannt, Sohnemann: Ich gehöre noch lange nicht zum alten Eisen!«

Herr Müller versuchte, das Thema zu wechseln: »Ehrlich gesagt kenne ich mich gar nicht im Klinikgeschäft aus: Ich leite die Marketingabteilung eines Reifenherstellers.«

»Eines Reifenherstellers«, rief Frau von Sternberg entzückt, »hast du das gehört, Wilhelm?«

Der alte von Sternberg schüttelte gütig den Kopf. »Meine Liebste, du solltest dein Urteil nie nach der Branche fällen! Den Ausschlag gibt nicht, ob man mit Reifengummi oder mit Blinddärmen hantiert – den Ausschlag gibt die Professionalität, mit der man sein Geschäft betreibt.«

Mit Reifengummi hantieren? War etwa der Eindruck entstanden, Herr Müller sei Arbeiterin an einem Fließband in der Reifenproduktion?

Frido schaltete sich noch einmal ein: »Petra sorgt als Marketing-Leiterin dafür, dass die Reifen ihrer Firma am Markt die gebührende Aufmerksamkeit erlangen.«

»Und welche berufliche Zukunft schwebt Ihnen vor, Frau Müller?«, fragte Herr von Sternberg, als spräche er mit einer Schulabgängerin.

»Genau diese.«

»Oh.«

Betretenes Schweigen trat ein. Die Mahagoni-Möbel im Raum schienen zu wachsen, Herr Müller bekam immer schwerer Luft. Tausend Augen starrten aus den Gemälden. Draußen – sichtbar durch eine große Glasfront – senkte sich die Abendsonne langsam hinter den Wäldern ab.

»Darf ich Ihnen verraten, worin unser Marketing besteht, Frau Müller?«, fragte der alte Sternberg. »Aus einem Namenszug, der seit 1960 für beste medizinische Versorgung steht: von Sternberg. Wir befinden uns in der glücklichen Lage, dass wir am Markt konkurrenzfrei sind und keine Werbeprospekte in Briefkästen stecken lassen müssen.«

»Ich trage auch keine Flyer aus«, antwortete Herr Müller. Der alte von Sternberg hob die Augenbrauen, als hätte er gerade eine überraschende Mitteilung gehört.

Nach dem Abendessen in mehreren Gängen (bei dem so viel Besteck neben dem Teller lag, dass Herr Müller nur durch Studium seiner Tischgenossen von Gang zu Gang das richtige gegriffen hatte) liefen sie eine Runde durch »unseren kleinen Vorgarten«, wie Freia von Sternberg das parkähnliche Grundstück in einem Anflug von Humor nannte.

Der alte Sternberg und Frido liefen voraus, seine Frau und Herr Müller folgten in gebührendem Abstand.

Die Schatten der Birkenblätter zitterten wie kleine Tierchen auf dem gepflasterten Rundweg, der sich an einem kleinen Teich entlangschmiegte und dann auf eine kleine Anhöhe führte.

»Sie sind blond, meine Liebe«, sagte Fridos Mutter und blickte auf sein Haar, »die Wahl der von Sternbergs fällt immer auf blonde Frauen.«

»Und meine Wahl fällt immer auf adelige Männer, auch wenn ich es beim Anblick der Mütter bereue!«, wollte Herr Müller zischen, biss sich aber auf die Zunge.

»Mein Mann beschäftigt sich mit der Frage, wo Sie mit Fridolin in Zukunft residieren können.«

»Ich habe einen ungewöhnlichen Vorschlag: Wie wäre es mit meiner Wohnung?«

»In vier Zimmern!«, sagte Frau von Sternberg vorwurfsvoll. »Da fehlt es ja völlig an Rückzugsmöglichkeiten, da treten sich zwei Menschen dauernd auf die Füße.« Sie blieb stehen und sah Herrn Müller feierlich an. »Von einem Dritten ganz zu schweigen!«

»Wollen Sie bei uns einziehen?«, fragte Herr Müller.

Frau von Sternberg zeigte artig ihre gebleichten Zähne vor. »Ihr Humor ist gut ausgeprägt, meine Liebe!«

»Welchem Beruf sind eigentlich Sie nachgegangen, Frau von Sternberg?«, fragte Herr Müller.

»Ich betrieb ein Studium der Medizin. Dabei hatte ich das große Glück, meinem Wilhelm zu begegnen.«

»Und wie ging es weiter?«

»Mit Fridolin. Und mit Beatrix, seiner Schwester.«

»Ich meinte: beruflich.«

»Beruflich begann eine Erfolgsgeschichte – fast über Nacht.«

Jetzt war Herr Müller neugierig: »Erzählen Sie!«

»Mein Mann hat die Klinik bald aus der Hand seines Vaters übernommen. Damit war uns ein sorgenfreies Leben garantiert.«

Herr Müller gab es auf. Wenn Frau von Sternberg über Berufliches sprach, sprach sie über ihren Mann.

Sie liefen an einem Rosenbeet entlang. Die Blütenblätter, vom Wind gerupft, verteilten sich über den Weg.

»Im Moment belastet uns ein Sorgenkind«, sagte Frau von Sternberg. Ihr Atem klang auf einmal schwer.

»Ist Beatrix krank?«

»Nein, ich beziehe mich auf eine ländliche Suchtklinik, die wir letztes Jahr übernommen haben. Die Geschäfte laufen nur stockend.«

»Eine Drogenklinik?«, fragte Herr Müller.

»Das trifft es nicht ganz«, sagte Frau von Sternberg, »eine Klinik für Spielsüchtige.«

Herr Müller horchte auf.

Ich erzähle vom Büro – und er schläft ein!

Ein riesiger Rosenstrauß hatte an der Tür geklingelt, und jetzt begehrte er Einlass. Der Strauß, mit nahezu blickdichten Blüten, Blättern und Stielen, tanzte auf und ab. Er trug die braunen Lederschuhe, mit denen Fridolin heute Morgen zur Arbeit aufgebrochen war. Als Herr Müller lachend einen Schritt zur Seite ging, spazierte der Strauß in die Wohnung, kippte zur Seite und gab den Blick auf Fridos geschürzte Lippen frei.

Frido gab Herrn Müller einen Kuss als Vorgeschmack und legte zärtlich nach. Der Blumenstrauß fiel sanft auf den Boden des Flurs. Herr Müller ging in kleinen Schritten rückwärts, geschoben von einem Körper, der seine Nähe suchte, die absolute Nähe.

Und sie schließlich im Schlafzimmer fand.

Danach saßen Herr Müller und Frido nebeneinander, ans Kopfende des Bettes gelehnt. Herr Müller kam sich vor wie auf einem Schiff, das Bett wogte unter ihm, die Wellen der Zärtlichkeit liefen durch seinen Körper, als hätten sie nicht vor, noch in diesem Leben abzuebben.

»Heute ist mir einfach nichts geglückt«, murmelte Fridolin. Sein Blick war auf den Schlafzimmerschrank gegenüber gerichtet.

»Warum?«, fragte Herr Müller. »Es war doch wunderschön!«

»Ich habe es als eine Zumutung empfunden!«

Herr Müller musste an einen Satz denken, der ihm neulich durch den Kopf gegangen war: Was wusste der flache Stein, den man in den See warf, schon von der Tiefe des Wassers? Hatte er nicht gerade gelesen, dass die Haut einer Frau mindestens zehnmal so berührungsempfindlich wie die eines Mannes war?[63]

»Ich strebe an, die Dinge zu verändern«, fuhr Frido fort.

»Und das heißt?«, fragte Herr Müller und rechnete mit dem Schlimmsten.

»Mein Vater hat es heute gewagt, mich vor versammelter Mannschaft bloßzustellen, nur weil ich leicht verspätet zur Visite eintraf.«

Er sprach mal wieder vom Beruf! Erleichterung durchflutete Herrn Müller, der sich schon vor den Scherben der frischen Beziehung wähnte. Er schätzte es, dass Frido – der ja zur seltenen Gattung der sprechenden Männer gehörte! – seine täglichen Erlebnisse mit ihm teilte. Manchmal ging Frido dabei aber etwas zu weit. Abende konnte er damit füllen, die Akten seiner Patienten in einer Ausführlichkeit nachzuerzählen, die jedes Detail würdigte. Vorzugsweise gab er diese Erzählungen im Bett vorm Einschlafen preis, so anschaulich, dass Herr Müller bei Dunkelheit sicher war, sein Bett sei umstellt von Herzinfarkten, Hirnblutungen, Karzinomen, Blinddärmen, verstopften Venen und gebrochenen Beinen. Beim nächtlichen Gang zur Toilette fürchtete Herr Müller, er könnte auf ein paar Gallensteinen ins Stolpern geraten. Und fühlte sich die Türklinke nicht wie ein gebrochener Unterarm an?

Diese Fantasien wurden dadurch beflügelt, dass Frido die Patienten nie beim Namen nannte, sondern Sätze sagte wie: »Heute entlassen wir den Hörsturz.« Oder: »Der Herzinfarkt kommt in die Reha.«

Und wenn Frido seinen erzählerischen Rundgang durchs Krankenlager beendet hatte, wechselte er zu seinem eigentlichen Lieblingsthema: der Frage, wie er vom Sohn des Chefs zum Chef werden könnte (wie schwierig dieser Schritt war, konnte Herr Müller jeden Tag am Beispiel des Sandmanns beobachten!). Der alte Sternberg, mittlerweile 65, war offenbar wild entschlossen, seinen 105. Geburtstag noch als Klinikleiter zu feiern.

Frido, noch immer an die Bettkante gelehnt, drehte seinen Kopf zu Herrn Müller: »Petra, das berührt mich so tief.«

»Das mit uns?«, fragte Herr Müller.

»Nein, diese Verletzung! Mein Vater führt mich vor in Gegenwart von Menschen, deren Chef ich einmal sein soll. Was denkt er sich dabei?«

Herr Müller spürte, wie das Bett unter ihm schlagartig zur Ruhe kam. Die Nüchternheit seines Partners hatte ihn zurück ans Ufer gespült. »Also gut, Frido: Was kannst du tun, damit er dich nicht wie einen Lehrling behandelt, sondern wie seinen Nachfolger?«

»Ich könnte ihn einen Hypnotiseur konsultieren lassen, um die 25 Jahre als Chefarzt aus seinem Kopf zu löschen. Dieser raubeinige Ton ist für ihn so normal, dass er ihn schon gar nicht mehr bemerkt. Er wertschätzt meine Arbeit nicht.«

Herr Müller musste an Ansgar Seidels Satz denken, dass man in einer Verhandlung immer nur so stark wie seine Alternativen ist. »Und was wäre, wenn du dich bei einer anderen Klinik bewirbst? Und das Gespräch mit deinem Vater suchst, sobald du eine Zusage hast? Dann kannst du Bedingungen stellen!«

»Dein Vorschlag könnte auch unter der Rubrik laufen: Eine perfekte Anleitung, wie Sie auf der Stelle enterbt werden!« Sein Lachen klang nur mäßig amüsiert.

»Wenn er dich gehen lässt, ist er selber schuld. Dann fängst du in einer anderen Klinik an. Dort bist du dann Fridolin von Sternberg – und nicht nur der Sohn des Chefs. Wäre vielleicht gar nicht schlecht.«

Frido war mittlerweile unter die Decke gerutscht und hatte seine Hand unter das Kissen geschoben: »Wäre nicht schlecht«, murmelte er.

Herr Müller saß noch zurückgelehnt. »Heute bin ich wieder mit Axel Schmidt zusammengerasselt«, sagte er.

»Axel?«, fragte Frido.

»Schmidt! Mein Kollege, von dem ich laufend erzähle.«

»Ach so«, hauchte Frido.

»Also, Schmidt hat mir unterstellt, dass ich meinen Auftritt als Rednerin nutzen will, um …«

Da hörte Herr Müller das wohlbekannte Geräusch, als ließe man aus einer halbleeren Luftmatratze die Luft in kleinen Schüben entweichen. Frido war eingeschlafen.

Wie so oft, wenn Herr Müller vom Büro erzählte.

Geht's ein paar Nummern kleiner?

»Das sieht nicht nach einer Gefängnisküche aus«, lachte Ansgar Seidel, »eher nach einem Fünf-Sterne-Restaurant.«

»Warten Sie ab, bis Sie in der Küche sind; das hier ist nur der Speisesaal«, antwortete Herr Müller. Er stand vom Tisch auf, ein wenig zögernd (musste man als Frau überhaupt aufstehen, um jemanden zu begrüßen?), und schüttelte Ansgar Seidel die Hand. Der Karriereberater hatte geschäftlich in der Stadt zu tun und war gekleidet wie damals beim Seminar: oben ein feines Jackett und Hemd mit Manschetten-Knöpfen, unten eine enge Jeans, die auch ein 16-Jähriger hätte tragen können. Wie alt mochte Seidel eigentlich sein? Mitte 50? Oder schon älter?

Der Karriereberater zwinkerte Herrn Müller zu. »Na, wie steht es mit Ihrer Rede? Haben Sie Ihrem Chef schon die Leviten gelesen?«

»Katja hat Ihnen davon erzählt?«

Seidel hielt sich den Zeigefinger vor den Mund: »Sie wissen doch: Die informellen Quellen sind die besten.«

»Was halten Sie von meiner Idee, den Ideen-Diebstahl öffentlich zu machen?«

»Kommt drauf an, welche Taktik Sie verfolgen. Wollen Sie die Rede tatsächlich halten? Dann hinterlassen Sie verbrannte Erde in Ihrer Firma, erzielen jedoch eine hohe Aufmerksamkeit am Markt. Nur ist es höchst gefährlich, in dem Ruf zu stehen, illoyal gegenüber einem Chef gewesen zu sein.«

»Moment!«, rief Herr Müller. »Schämen muss sich doch der

Dieb – und nicht die Bestohlene, die den Vorgang öffentlich macht!«

»Moralisch haben Sie recht. Aber Firmen sehen sich wie Familien: Was in den eigenen vier Wänden geschieht, soll auch in den eigenen vier Wänden bleiben. Wenn Sie damit an die Öffentlichkeit gehen, werden sich potenzielle neue Arbeitgeber fragen: Wird Frau Müller auch uns in die Pfanne hauen?«

Die Serviererin stellte eine Wasserkaraffe und zwei gefüllte Weingläser vorsichtig auf dem Tisch ab. Herr Müller erhob sein Weinglas und nahm einen großen Schluck.

»Soll ich vielleicht behaupten, dass der Sandmann der kreativste und intelligenteste Chef des Sonnensystems ist?«

»Zumindest nicht das Gegenteil. Wenn Sie in einem Vorstellungsgespräch schlecht über Ihren letzten Chef sprechen, fürchtet der neue: ›Genauso wird es mir gehen!‹ Er kann das leicht verhindern – indem er Sie nicht einstellt.«

Lautlos schwebte das Essen ein. Herr Müller hatte sich für einen Zander entschieden, Seidel für ein Kalbsfilet mit Spargel. Schweigend begannen sie zu essen.

»Und wenn ich die Rede nicht halte?«, fragte Herr Müller.

»Genau das ist Ihre Verhandlungsmasse! Spielen Sie mit Ihrem Chef doch beide Möglichkeiten durch. Und dann überlassen Sie ihm die Entscheidung, welche sich besser anfühlt.«

»Das wäre Erpressung!«

»Nein, Verhandlung! Jedenfalls besser als diese Rede.«

Herr Müller spürte, wie seine Stimmung umschlug. Alles wusste er besser, dieser Seidel! Er hatte ihn viel zu unkritisch gesehen. Aber seit dem letzten Interview blickte er durch. Und das durfte der Herr Star-Berater ruhig wissen.

»Ich finde, Sie sind in der BAZ weit übers Ziel hinausgeschossen.«

Seidel schmunzelte. »Hat Frau Hansen Ärger mit ihrem Freund bekommen?«

»Wenn Sie's genau wissen wollen: *Ich* habe mich geärgert.«

»Sie?« Seidel sah ihn prüfend an, wohl um herauszufinden, ob er scherzte.

»Ich finde Ihre Aussagen grundsätzlich richtig. Natürlich müssen Paare sich auf Augenhöhe begegnen. Aber ist es nicht fürchterlich unromantisch, eine Liebesbeziehung nur als Seilschaft auf dem Weg zum Karrieregipfel zu sehen? Kommt es denn wirklich darauf an, dass beide im Beruf durchstarten? Ist es nicht viel wichtiger, dass sie sich aufrichtig lieben?«

Seidel legte sein Besteck auf den Tellerrand. »Aber das eine schließt das andere doch nicht aus, Frau Müller! Wenn beide Partner im Beruf erfolgreich sind, tut das der Beziehung gut. Aber wenn einer zum Diener des anderen wird, schießt er nicht nur seine beruflichen Chancen in den Wind – er verliert auch als Partner an Reiz.«

Herr Müller ließ sein Besteck nun ebenfalls fallen, etwas lauter als beabsichtigt. »Genau das stört mich an Ihrem Interview. Sie reden immer nur von den Extremen: Küche oder Karriere. Gleichberechtigung oder Ausbeutung. Selbstaufgabe oder Selbstverwirklichung. Geht's nicht ein paar Nummern kleiner?«

»Ich rede von Extremen, weil die Situation extrem ist«, sagte Seidel jetzt lauter als vorher. »Frauen machen öfter Abitur als Männer, studieren schneller und haben bessere Noten. Aber dann ist Schluss mit lustig, wie eine Studie des Berliner Wissenschaftszentrums für Sozialforschung nachweist: Zwischen dem 30. und 49. Lebensjahr sind Männer viermal so oft erwerbstätig wie hochqualifizierte Frauen. Da lodern weibliche Berufsträume auf einem Scheiterhaufen, angeheizt durch Vorurteile der Firmen; sie fürchten eine Schwangerschaft mehr als den Teufel, halten Frauen für weniger produktiv und weniger belastbar.[64] Und angeheizt durch steinzeitliche Rollenteilungen unter Paaren: Die Frauen dienen der Karriere des Mannes, und ihre eigene geht dabei in Rauch auf.«

Ansgar Seidel nahm einen großen Schluck Wasser, als wollte er seine Rage abkühlen. Herr Müller hielt dagegen: »Aber wenn ich einen Mann wirklich liebe, dann breche ich mir doch keinen Zacken aus der Krone, wenn ich ihn nach Kräften unterstütze. Damit begrabe ich doch nicht meine eigene Karriere!«

»Und wenn er Sie wirklich liebt – tut er dann für Sie nicht genau dasselbe?«

Die Kellnerin trat an den Tisch und fragte, ob alles in Ordnung sei. »Nichts ist in Ordnung«, hätte Herr Müller am liebsten gebrüllt. Denn er fühlte sich zerrissen zwischen der Logik, die ihm Seidel vor Augen hielt, und seinen Gefühlen für Frido, auf die sein Herz mit wilden Schlägen pochte.

Eine Weile stocherte er lustlos in dem Zanderfilet und nippte an seinem Wein. Seidel schien in Ruhe und mit Genuss zu essen. Dann blickte der Karriereberater auf. »Sie sind also verliebt, Frau Müller. Und Sie machen gerade die Erfahrung, dass sich für Gleichberechtigung viel leichter im Büro kämpfen lässt als in den eigenen vier Wänden. Stimmt's?«

»Kämpfen? Fällt Ihnen denn gar nicht auf, welche kriegerischen Wörter Sie da verwenden? Eine Beziehung ist keine Schlacht!«

Ansgar Seidel betrachtete Herrn Müller mit einem nachsichtigen Blick. »Sie klingen anders als im Chat. Das ist für mich in Ordnung, denn ich halte es mit Galileo Galilei: Man kann einen Menschen nichts lehren – man kann ihm nur helfen, es in sich selbst zu entdecken. Und ich bin sicher, Sie werden auf Ihrer Erfahrungsreise noch ein paar spannende Erkenntnisse einsammeln. Vielleicht kommen wir dann wieder ins Gespräch. Ich würde mich freuen.«

Sie wandten sich ihren Tellern zu. Das Klappern des Geschirrs bestritt das restliche Gespräch. Jeder zahlte für sich. Der Abschied fiel flüchtig aus. Von einer Revolution war nicht mehr die Rede.

7. Der Baby-Crash:

*»Sie wollten doch das Kind,
nicht die Karriere!«*

In diesem Kapitel lesen Sie unter anderem …

- warum Herr Müller, seit er schwanger ist, von den Kollegen als Atommeiler mit Restlaufzeit gesehen wird,
- warum Firmen so dumm sind, die Entscheidung für ein Kind als Entscheidung gegen eine Karriere zu verstehen,
- ob es klüger ist, ein Kind früh oder spät zu bekommen
- und wie Ihnen als Mutter das Kunststück gelingt, bei der Arbeit *nicht* als Mutter wahrgenommen zu werden.

In geheimer Mission

Zwei Tage, ehe Herr Müller erfuhr, dass er schwanger war, hatte er Frido das erste Mal zur Arbeit begleitet. Sie waren in geheimer Mission unterwegs, niemand durfte von ihrem Vorhaben wissen.

Der Verkehr, ein riesiger Blechwurm, kroch lärmend in die Stadt hinein. Sie fuhren in die andere Richtung, zur Stadt hinaus. Die letzten Lärmschutzwände verschwanden im Rückspiegel, die Hochhäuser duckten sich weg.

Schließlich holperte der Wagen über Straßen, die so eng waren, dass die Autos am äußersten Rand fahren mussten, damit die Außenspiegel nicht auf Brüderschaft anstießen. Felder verloren sich im Nichts, Höfe zogen vorbei, Hühner flatterten auf. Und in den verwitterten Bus-Wartehäuschen gammelten Schüler, bei denen unklar war, ob das Leben noch vor ihnen oder schon hinter ihnen lag.

Frido pfiff ein Lied, ein Wegweiser kündigte die Klinik an, und ein paar Minuten später zog er sein Auto nach rechts auf den Parkplatz. Herr Müller war froh, dass sein Freund mitmachte. »Den Gefallen erweise ich dir gern«, hatte er gesagt. »Schließlich ist der Mann wirklich krank!« Nach dem Besuch bei Fridos Eltern war Herrn Müller eine Idee gekommen, wie er Klaus Eiger einen großen Gefallen tun konnte. Und dafür würde eine kleine Gegenleistung fällig. Dieser Ansatz gefiel ihm deutlich besser als die skrupellose Erpressung im Stil von Peter Müller.

Die Klinik sah aus wie ein grauer Klotz, den jemand aus dem All abgeworfen hatte, um die Erde hässlicher zu machen. Leider hatte er damit keine ohnehin verhunzte Vorstadt getroffen, sondern eine idyllische Wiese zwischen reetgedeckten Bauernhöfen.

Das Gebäude war uralt. Der Putz schälte sich von den Wänden, die regenbepissten Balkone hielten sich mit letzter Kraft an der Fassade fest.

Herr Müller hatte damit gerechnet, dass Frido beim Betreten der Klinik sofort als Sohn des Chefs erkannt und mit Knicks begrüßt würde. Umso verblüffter war er, als eine Krankenschwester – sie rollte gerade einen Wagen über den Flur – *ihn* ansprach: »Da sind Sie ja wieder. Wie war noch gleich Ihr Name?«

»Darf ich vorstellen: Frau Müller«, schaltete Frido sich ein.

»Oh, Herr von Sternberg – ich hatte Sie gar nicht erkannt. Guten Morgen!«

Der Blick der Schwester wanderte wieder zu Herrn Müller. »Wir kennen uns doch! Sind Sie nicht ...«

»Ich werde oft verwechselt«, log Herr Müller.

Das Gesicht der Schwester hellte sich auf. »Jetzt weiß ich es wieder: Sie sind die Tochter von Klaus Eiger!«

»Es handelt sich um Frau Müller«, sagte Frido und zupfte nervös an seinem Ohr.

»Aber ich bin mir sicher ...«, setzte die Schwester an.

»Begleiten Sie uns bitte zu Herrn Eiger. Mein Vater hat eine ärztliche Maßnahme angeordnet.«

Die Krankenschwester führte die beiden zu Zimmer 147. »Ich fürchte, Ihr Vater wird sich über den Besuch nicht freuen können. Er hat in den letzten Tagen kaum noch geredet.«

»Schon gut«, beschwichtigte Frido. »Gewährleisten Sie bitte, dass wir in den nächsten beiden Stunden ungestört sind. Kein Frühstück, kein Bettmachen, keine Visite. Haben Sie das verstanden?«

Die Schwester nickte, warf noch einen fragenden Blick auf Herrn Müller und zog die Tür zu.

Das Experiment konnte beginnen.

Das Kind in dir

Sah man schon etwas? Herr Müller ging einen Schritt auf den Spiegel seines Badezimmers zu. Sein nackter Bauch sah aus wie ein nackter Bauch. Keine Rundung, keine Wölbung, kein Zucken. Ein Bauch, der sich geschickt als Bauch tarnte, obwohl er ein Mutterbauch war. »Das ist das Kind in dir«, hatte Katja immer gesagt, wenn Peter mal wieder mit einem Grinsen die Strafzettel von falsch geparkten Autos eingesammelt und sie auf richtig parkende verteilt hatte (der Lieblingssport von ihm und Jan!).

»Das Kind in dir«: Wenn Katja gewusst hätte! Wenn er selbst gewusst hätte!

Herr Müller drehte sich vorm Spiegel im Kreis wie eine Ballerina. Als er seitlich stand, den Kopf zum Spiegel gedreht, fiel es ihm auf: Doch, da war eine Veränderung! Ein Hauch von einer Schwellung, je länger er schaute, desto größer schien er. War das möglich, schon jetzt in der sechsten Woche?

Wo lag eigentlich der Kopf des Babys? Wo lagen die Füße? Und – ihm stockte fast der Atem! – spürte er es nicht gerade strampeln? Oder war das, was sich dort in seinem Bauch bewegte, nur das Abendessen von gerade eben?

Zugegeben, er war ein Amateur im Kinderkriegen, ein ahnungsfreier Laie, der bis dato als Mann nur gewusst hatte, was nach neun Monaten aus einer Frau herauskam (und wie es hineinkam, vor allem das!) – aber nicht, was in der Zwischenzeit geschah.

Er sah wieder in den Spiegel, und sein Gesicht schien von innen zu lächeln. Da passierte es: Das Baby begann zu schreien! Kein Irrtum, es schrie aus vollem Halse, Herr Müller spürte seinen Körper wie eine Stimmgabel vibrieren. Drehte er jetzt durch?

Ein Singsang riss ihn aus seiner Erstarrung: »Lisa, kleine Lisa, schlaf ein! Lisa, kleine Lisa, bist in Pisa, schlaf ein!« Die Stimme kam vom Hinterhof. Mutter und Kind. Er klappte das Fenster seines Badezimmers zu. Alles war wieder still.

Herr Müller fühlte sich, als würde er auf dem Badezimmer-Vorleger schweben; er war kein einfacher Mensch mehr, sondern ein zweifacher. Nur Frido und sein Arzt wussten das. Ein Teststreifen, eine Untersuchung, ein Befund: Mehr brauchte es nicht, um ein Leben auf den Kopf zu stellen.

»Darf ich dich jetzt Muttertier nennen?«, fragte eine vertraute Stimme von hinten. Peter Müller hatte seinen Kopf betreten.

»Neidisch?«

»Darauf, dass du bald keine Frau mehr bist, nur noch Mutter? Dass die einzige Abteilung, die du dann leitest, die Spielzeug-Abteilung eines Kinderzimmers ist? Dass du deine Nabelschnur zu einer Kette machst, an der dein Leben die nächsten 18 Jahre hängen wird?«

Petra sah im Spiegel, wie sie eine Grimasse zog. »Du klingst, als wäre die Geburt eines Kindes die Beerdigung einer Karriere. Aber ich traue mir durchaus zu, Mutter und Managerin zu sein. Der Mensch hat zwei Arme, nicht nur einen.«

»Und ich traue mir zu, auf einem Roller den Regenbogen hinaufzufahren, das Blöde ist nur: Der Rest der Welt sieht das anders! Was glaubst du, wie dein Chef und die Kollegen deine Schwangerschaft deuten?«

»Das ist mir egal!«, sagte Petra. »Darf ich denn nur Geschäftsergebnisse gebären? Nur Kundenbedürfnisse stillen? Nur Kampagnen zur Welt bringen, die morgen schon wieder von gestern sind? Mein Leben muss mir gefallen, nicht den anderen!«

»Firmen erwarten doch, dass Mitarbeiter alles andere stehen und liegen lassen, wenn die Karriere ruft. Aber Mütter lassen ihre Kinder weder stehen noch liegen. Jeder weiß: Um ihren Job kümmern sie sich nur noch nebenberuflich, sogar wenn sie Vollzeit arbeiten.«

»So denkt ein Macho wie du«, konterte Petra. »Menschen mit Gehirn denken anders.«

»Meinst du damit etwa den Sandmann? Wie wird es ihm schmecken, dass du dich bald zum Kinderkriegen verdrückst? Was werden deine Kollegen sagen, wenn dein Stuhl beim Meeting leer bleibt? Und wie wird erst Axel Schmidt jubilieren, wenn er merkt, dass er seine größte Konkurrentin losgeworden ist!«

»Dann freut er sich zu früh. Ich habe nicht vor, meinen Beruf aufzugeben. Ich werde wieder einsteigen, und zwar so früh wie möglich.«

»Aber als wer steigst du wieder ein?«, fragte Peter und ließ eine genüssliche Pause. »Als Mutter, die todmüde zur Arbeit kommt, weil ihr Kind die ganze Nacht geschrien hat. Als Mutter, die früh gehen muss, weil die Tagesmutter nur bis 17 Uhr arbeitet. Als Mutter, die …«

»Sei still!«, zischte Petra. »Ich werde meine Arbeit so gut machen, dass kein Raum für Zweifel bleibt. Und außerdem: Hattest du denn einen freien Kopf für die Arbeit? Oder nur Frauen im Sinn? Hast du die Nächte durchgeschlafen? Oder hast du sie mit deinen ›Mäuschen‹ auf andere Weise verbracht? Von dir muss ich mir nicht sagen lassen, wie konzentriertes Arbeiten aussieht!«

Herr Müller wandte sich vom Spiegel ab, eilte ins Wohnzimmer und drehte das Radio auf. Aus dem Lautsprecher dröhnte ein altes Stück der Neuen Deutschen Welle, »Sternenhimmel« von Hubert Kah.

Sternenhimmel! Wie lange hatte er schon gegrübelt, um eine Antwort auf die zweite Frage aus der Mail von Jan zu finden, die Frage nach dem herbeigesehnten Stern. In diesem Augenblick schoss sie ihm in den Kopf: Jan hatte, als in Dakar ein Sandsturm aufkam, gesagt: »Wenn wir jetzt bloß nicht den ganzen Dreck in unser Zelt bekämen, sondern bequem in einem Mercedes-Kombi schlafen könnten.« Diesen Stern, den Mercedes-Stern, hatte er gemeint!

Endlich würde er Jan beruhigen und von Dummheiten abhalten können (in den letzten Wochen hatte er immer das ungute Gefühl gehabt, es könnte etwas Schlimmes passieren!). Herr Müller fuhr den Computer hoch und tippte:

Hey Jan,

es gibt mich tatsächlich noch! Und damit du nicht länger zweifelst, kommen hier die Antworten auf deine Fragen:

1.) Das erste Poster, das du abgehängt hast, war das von »Spice Girl« Victoria – weil sie nicht dich zu ihrem Lover gemacht hat, sondern einen Balltreter, der das namentliche Gegenteil eines Goliaths ist.
2.) In der Wüste von Dakar hast du dir einen Kombi mit Mercedesstern gewünscht, weil der Sand sich so gnadenlos in unser Zelt gefressen hat.
3.) Ein Zitronenfalter aus Mexiko ist für uns ein Tequila mit Salz und Zitrone.

Danke für alles! Vergiss Ja-Pe nicht, hege keinen Groll gegen Petra (sie kann nichts dafür). Und genieß dein Leben!

Peter

Ein Parkplatz für Schwangere

Schleimer Weimer strahlte über das ganze Gesicht. »Wie wird *er* denn heißen, werte Frau Müller?« Der Personalchef drehte sein Ohr zu ihr. Keine Antwort, er schien irritiert. »Oh, ich verstehe, meine Frage ging in eine falsche Richtung.«

»Allerdings«, sagte Herr Müller.

»Dann korrigiere ich mich: Wie wird *sie* heißen? Es ist ein Mädchen, nicht wahr?«

»Ich wollte Ihnen nur melden, dass ich schwanger bin. Den Namen des Kindes bespreche ich mit seinem Vater. Oder wollen Sie sich um die Vaterschaft bewerben?«

Weimer fummelte an seiner Fliege. »Die Sander GmbH kann Personalnachwuchs immer gut gebrauchen.«

Herr Müller schickte ein Stoßgebet zum Himmel, es möge rasch ein fähigerer Personalchef darunter sein.

Weimer grinste gönnerhaft wie ein Onkel, der hinter seinem Rücken noch ein Geschenk versteckt. »Die Sander GmbH wird alles tun, um Sie in dieser schwierigen Zeit zu unterstützen!«

»Ich dachte, *ich* werde dafür bezahlt, die Sander GmbH zu unterstützen. Und dazu bin ich in der Lage. Eine Schwangerschaft ist keine Hirn-Amputation.«

»Kein falsches Heldentum, werte Frau Müller! Ich werde sofort veranlassen, dass Sie einen Parkplatz direkt am Haus bekommen. Als Schwangeren-Stellfläche, damit Sie sich nicht so weit schleppen müssen.«

Herr Müller stieß einen Pfiff aus. »Wenn ich gewusst hätte, dass ich so einen Chefparkplatz bekomme, wäre ich viel früher schwanger geworden.«

Weimer strich seine Fliege zwischen Daumen und Zeigefinger glatt. »Es wird mir eine Freude sein, Ihnen einen würdigen Abschied zu bereiten.«

»Sie wollen mich loswerden?«

»Ich habe großen Respekt davor, dass Sie sich bei der Abwägung zwischen Beruf und Nachwuchs für ein Kind entschieden haben.«

Das klang, als gäbe Herr Müller noch eine Abschiedstournee in der Firma, um sich für immer von der Führungsbühne zu verabschieden. Was sich als Fürsorge tarnte, war eine subtile Form der

Diskriminierung. Herr Müller stellte sich schon das Grinsen der Alpha-Männer vor, wenn sich ein kleiner roter Wagen zwischen ihre Limousinen quetschte, in ein Park-Asyl, das erstens die Bedürftigkeit Frau Müllers dokumentierte (offenbar war sie nicht einmal mehr in der Lage, die Strecke vom Parkplatz zum Gebäude zu bewältigen). Und zweitens stand ja schon fest, wann die Asylantin aus dem Park-Asyl abgeschoben würde: an jenem Tag, an dem sie die Firma für die Geburt verließ.

»Herr Weimer, ich nehme diesen Parkplatz gerne an.«

»Das freut mich«, sagte er.

»Und zwar für die nächsten Jahre.«

Er stutzte. »Planen Sie denn weitere Kinder?«

»Nein, ich plane eine Fortsetzung meiner Führungskarriere hier im Haus.«

»Aber das Kind! Ich fürchte, Sie stellen sich das zu einfach vor.«

Herr Müller schaute den Personalchef durchdringend an. »Wie viele Kinder haben Sie?«

Weimer nestelte an seiner Fliege. »Zwei.«

»Hindert Sie das an Ihrer Karriere?«

Er quetschte seine Fliege zusammen. »Nein, das nicht.«

»Dann folge ich mal wieder Ihrem Vorbild«, sagte Herr Müller. »Ich hoffe, es taugt was.«

Mit diesen Worten ließ er den Personalchef stehen.

Der Baby-Flurfunk

Der Umzug sollte frühmorgens über die Bühne gehen, damit Axel Schmidt nicht dazwischenfunken konnte. Um 6.30 Uhr traf sich Herr Müller mit Frau Neuner. Die Firma war noch menschenleer. Sie schoben einen Rollcontainer vor Frau Neuners Schreibtisch, und schnell wie Einbrecher bei frischer Tat beluden sie ihn: ihren Bildschirm, ihren PC, ihre Tastatur, ihre Lieblingslampe, ihre Kaffeetassen, ihren Schreibblock, ihre Stiftmappe, das Keilkissen, ihr Familienbild im silbernen Rahmen (darauf ihr Mann und ihre erwachsene Tochter), das kleine Glücksschweinchen und viel Kleinkram.

Eine Ladung nach der anderen fuhren sie mit dem rumpelnden Container aus Schmidts Vorzimmer zurück in Frau Neuners altes Büro. Die Gegenstände stanken nach Zigarettenrauch, das war der stets halboffenen Tür zum Chefbüro zu verdanken.

Am Ende rollten Herr Müller und seine neue alte Sekretärin noch den Schreibtischstuhl rüber, angelten das kleine Diktiergerät von Schmidts Schreibtisch und griffen sich die Topfpflanzen vom Fensterbrett. Es war kurz vor 8 Uhr, als sie das Vorzimmer ausgeräumt hatten. Jetzt lag es so leer da wie zu jener Zeit, als Peter Müller noch eine Sekretärin hatte und Axel Schmidt keine.

Als Herr Müller das letzte Mal über den Flur lief, kam er sich vor wie eine Floristin auf dem Weg zur Auslage: In der einen Hand trug er eine Zimmerzypresse, in der anderen eine Hyazinthe. Das hohe »Pling« des Fahrstuhls klang über den Flur. Axel Schmidt, offensichtlich gut gelaunt, flog leichtfüßig den Gang hinab.

Er deutete eine Verbeugung an. »Guten Morgen, Frau Müller! Warten Sie, ich helfe Ihnen!«

»Nicht nötig.«

»Aber Sie wollen sich in Ihrem Zustand doch nicht überfordern!«

Herrn Müllers Schwangerschaft hatte sich in einem Tempo herumgesprochen, als hätte man sie in der Kantine mit einem Megaphon ausgerufen. Seit diesem Tag hatte Herr Müller das Gefühl, dass die Augen, in die seine Gesprächspartner schauten, auf Höhe des Bauchnabels lagen.

»Ich bin durchaus in der Lage, zwei Blumentöpfe zu tragen«, sagte Herr Müller und ließ seinen Blick von der Hyazinthe zur zartgrünen Zimmerzypresse wandern, deren Form ihn an einen Tannenbaum erinnerte.

»Wie lang sind Sie eigentlich noch hier?«, fragte Schmidt.

»Bis zur Rente, hoffe ich.«

Schmidt stieß einen tiefen Seufzer aus. »Frau Müller, lassen Sie uns das Kriegsbeil doch begraben. Für mich hat sich das, ehrlich gesagt, *jetzt* erledigt.«

Auf Deutsch hieß das wohl: »Ich habe Sie abgeschrieben, Sie sind nur noch die Schwangere, keine Konkurrentin mehr. Und natürlich steht es mir als Stärkerem zu, dass ich Ihnen, der Schwächeren, ein Friedensangebot unterbreite.«

Herr Müller wollte schon weitergehen, als Schmidts Blick an den Topfpflanzen hängen blieb. »Sind das nicht die Pflanzen von Frau Neuner?«

»Ein Botaniker ist nichts gegen Sie!«

»Warum nehmen Sie meiner Sekretärin die Pflanzen weg?«

Herr Müller sah ihn durchdringend an, wartete einen Moment und sagte: »Weil Frau Neuner nicht mehr Ihre Sekretärin ist. Sondern meine.«

»Wer sagt das?«, zischte Schmidt.

»Sven.«

Herr Müller grinste und lief weiter, nicht ohne zu übersehen, dass Schmidt sich gerade um den Siegerpokal beim Wettbewerb »dümmstes Gesicht des Jahrhunderts« bewarb. Er hörte hinter sich schnelle Schritte, mit denen Schmidt den Flur hinabeilte. Dann drang ein Schrei aus Schmidts Vorzimmer, als wäre dieser über eine zerhackte Leiche gestolpert. Dabei war es nur ein leeres Vorzimmer. Und gestorben war sein Traum von der eigenen Sekretärin.

Frau Neuner saß auf ihrem alten Platz und goss sich einen Kaffee ein, den Herr Müller für sie gekocht hatte. Die Morgensonne lachte durchs Fenster und ließ den silbernen Bilderrahmen neben Frau Neuners Bildschirm blitzen. Sie schüttelte den Kopf und sagte: »Wie hast du das bloß geschafft, Petra – dass Herr Sander meiner Rückkehr zugestimmt hat?«

»Vitamin B«, sagte Herr Müller und schmunzelte. Beide mussten laut lachen.

Herr Müller dachte noch einmal an den Morgen in der Klinik. An seinen peinlichen Tochter-Auftritt schien Eiger sich zum Glück nicht mehr zu erinnern – jedenfalls hatte er ihn nicht erwähnt. Frido hatte dem Spielsüchtigen zugesagt, ihm ein günstiges Attest zu schreiben, als Ticket für eine Erwerbsunfähigkeit bei voller Rente. Eiger murmelte: »Wenigstens wollen Sie mich nicht erpressen! Das hat gerade ein Kollege aus der Firma versucht. Den habe ich abblitzen lassen, der hat selber Dreck am Stecken.« Pech gehabt, Axel Schmidt, dachte Herr Müller. Was das Mäuschen aus der Buchhaltung ihm geflüstert hatte, war offenbar nutzlos geblieben.

Am Ende des Gespräches stimmte Klaus Eiger einer Win-win-Lösung zu: Attest gegen Sekretärin. Er rief den Sandmann an und gab die Weisung, Frau Neuner müsse ab sofort Petra Müller zugeordnet werden. Der Sandmann, ein dummer, aber stets folgsamer Schüler, nahm den Befehl seines vom Vater bestellten Aufpassers mit verblüffender Selbstverständlichkeit hin. Ebenso eine zweite Anweisung, an der Herr Müller noch Freude haben würde.

Und so war Herr Müller, nach kurzer Absprache mit dem Sandmann, zur Tat geschritten. Statt lange mit Schmidt zu debattieren, hatte er Fakten geschaffen, ganz nach Ansgar Seidels Leitspruch: Antworte immer mit den gleichen Waffen, mit denen dich einer angreift (er wusste, dass er Seidel Unrecht getan hatte; seit dem letzten Gespräch plagte ihn ein schlechtes Gewissen – er würde ihn bald wieder im Chat besuchen). Frau Neuner war ihm entrissen worden, also riss er sie sich zurück.

Ein krachendes Geräusch warf ihn aus seinen Gedanken. Die Bürotür flog auf wie bei einer Sturmflut, und Axel Schmidt preschte in den Raum. Er schäumte. »Damit kommen Sie nicht durch, Müller! Jetzt nehme ich keine Rücksicht mehr. Nicht darauf, dass Sie Frau sind. Und nicht darauf, dass Sie schwanger sind.«

»Schade«, sagte Herr Müller und zuckte mit den Schultern. »Ich hatte mich an Ihre Rücksichtnahme schon so gewöhnt.«

»Ich werde es Ihnen zeigen! Zwischen uns werden die Fetzen fliegen.«

»Wollen Sie mich zu einer Schlägerei einladen?«

»Ich werde Sie …« Er hob seine Faust und schnappte nach Luft. »Ich werde Sie vernichten!«, zischte er. Und seine Stimme klang kühl wie das Klirren von Eiswürfeln im Whiskeyglas.

Weiblicher Atommeiler mit Restlaufzeit

Das Erste, was sich bei einer Schwangerschaft verändert, ist der Blick. Herr Müller konnte nicht mehr durch die Fußgängerzone laufen, ohne dass er Gefahr lief, von Kinderwagen überrollt zu werden. Es musste mehr Kinderwagen als Autos geben, sie rollten durch jedes Geschäft, sausten über jeden Zebrastreifen, durchkreuzten jeden Park, blockierten jede Rolltreppe und schossen aus Hauseingängen hervor. Die Welt war der Planet der Kinderwagen, wie hatte er das nur jahrelang übersehen können?

Nur eines sah er noch häufiger als Kinderwagen: Schwangere. Herr Müller blickte auf eine Stadt, die zu 90 Prozent aus Babybäuchen bestand und zu 10 Prozent aus Frauen, die hinter diesen Bäuchen verschwanden. Diese Bäuche eroberten jedes Kaufhaus, machten sich im Kino breit, füllten ganze Restaurants (die Tische wurden fast überflüssig!), marschierten vor dem Hauptbahnhof auf und neigten sich an der Haltestelle dem Bus entgegen. Diese Bäuche trugen Umstandskleider, was nur ein anderes Wort für freundlich gefärbte Kartoffelsäcke war, meterweite T-Shirts, übergroße Blusen und alle möglichen Kleidungsstücke, deren Nähte rissfest und deren Knöpfe sprengsicher waren.

Zugleich offenbarte der veränderte Blick Herrn Müller das sinnlose Elend: die Hungersnöte, die Kriege, die Erdbeben, die Flut-katastrophen und die Meetings der Sander GmbH. Aufgeblasene Männer saßen um einen Tisch und pumpten sich im Laufe einer Sitzung noch mehr auf, um die heiße Luft, die ihren Mündern dann entwich, als kluge Gedanken zu verkaufen.

Vielleicht war das der Grund, warum Herr Müller seinem Stuhl am Meeting-Tisch immer öfter entsprang wie eine 100-Meter-Läu-ferin dem Startblock: Er schnellte hoch und flog in einem Tempo davon, dass die Bilder an den Wänden wackelten. Seinen Kom-mentar zum Meeting vertraute er einer Kloschüssel an.

Warum hatte ihm niemand erzählt, dass eine Schwangerschaft mit dem dringenden Bedürfnis einherging, sich die eigene Seele aus dem Leib zu spucken? Am liebsten hätte er das Essen einge-stellt, um seine Gespräche mit der Kloschüssel zu reduzieren.

Aber das Zweite, was sich bei einer Schwangerschaft verändert, ist der Hunger. Er verschwindet vollkommen. An seine Stelle tritt die Gier. Herr Müller schlich sich um Mitternacht an den Kühl-schrank, um sorgsam komponierte Gerichte zu verschlingen, zum Beispiel in Nutella getunkte Spreewaldgurken (viel Nutella, wenig Gurke!). Oder einen mit Majonäse bestrichenen, noch schnell in Zitronenjoghurt getunkten und dann mit einem Tupfer Ketchup versehenen Schokoladenkeks.

Das Dritte, was sich bei einer Schwangerschaft verändert, ist die Restlaufzeit, die einem von den Kollegen und Chefs zugebilligt wird. Herr Müller kam sich vor wie ein alter Atommeiler, der dem-nächst vom Netz gehen sollte und schon im Vorfeld gewissenhaft runtergefahren wurde.

Alles, was sich auf die Zukunft bezog, hielt man von ihm fern (die Zukunft gehörte ja der alternativen Energie, sprich den Män-nern!). Und Fragen zur Gegenwart verfolgten immer dasselbe Ziel.

»Wie läuft's bei Ihnen, Frau Müller?«, hatte Wolf Behr bei einer

Strategiesitzung gefragt, während er seinen typischen Pfefferminz-Geruch verbreitete.

»Sehr gut. Wir haben den Bekanntheitsgrad des neuen Reifens um vier Prozent gesteigert. Und zwar …«

»Sie verstehen mich falsch«, unterbrach ihn Behr. »Ich meine Ihr Kerngeschäft.« Er zwinkerte mit den Augen.

»Sie meinen die etablierten Marken? Hier verzeichnen wir ebenfalls einen Aufwind …«

»Ihr Kerngeschäft als Frau«, fügte Behr ungeduldig hinzu, neigte seinen Kopf und suchte den Blickkontakt mit den Augen des Bauchnabels, woran ihn die Tischplatte nur unzulänglich hinderte.

»Ich bin keine Berufsschwangere«, sagte Herr Müller. »Ich sitze hier als Abteilungsleiterin.«

»Großartig«, rief Behr und malmte mitten im Satz auf seinem Kaugummi, »so sind die Schwangeren. Immer launisch, weil der Hormonhaushalt verrücktspielt. Das war bei meiner Frau auch so.«

Und nun berichtete er im Detail, wie sich seine Frau bei jeder ihrer drei Schwangerschaften von einem Engelchen in ein Teufelchen verwandelt hatte, so lange bissig, gefräßig, launisch, bis das »Kerngeschäft« erledigt und das Kind auf der Welt war. Dann schrumpften ihre Teufelshörner weg, und die Engelsflügel wuchsen wieder. Die Kollegen begleiteten die Erzählung mit Lachsalven.

So, so, Behr sah Herrn Müller also als Teufelchen, das nicht von seinem Verstand, sondern von seiner Natur gesteuert wurde – und Heilung war nicht mehr in diesem Berufsleben zu erwarten, sondern erst danach: durch die Geburt.

»Solche Launen Ihrer Frau können auch andere Gründe haben!«, sagte Herr Müller. »Zum Beispiel den Ehemann.«

Wolf Behr strahlte kauend in die Runde. »Seht ihr: Genau das meine ich!«

Wenn Herr Müller bester Laune war, hieß es: »Die Schwangerschaft tut Ihnen richtig gut!« Und wenn er schlechter Laune war: »Kein Wunder, in Ihrem Zustand!« Herr Müller kam sich vor, als wäre er nicht mehr Herr Müller, sondern nur noch schwanger.

Seine Expertise war vor allem gefragt für aus dem Bauch geschossene Fruchtwasserstands-Meldungen. Scheinbare Fürsorge, wenn er wieder einmal zur Toilette sprang, verband sich mit offensichtlicher Ausgrenzung, denn zu einer Sitzung über die künftigen Werbemaßnahmen hatte Herr Müller als einzige Führungskraft keine Einladung mehr erhalten. Ebenso war ihm Schmidt über den Mund gefahren, als er sich zu einer langfristigen Kampagne geäußert hatte: »Das betrifft Sie nicht mehr!« Man ging davon aus, der alte Meiler sei zu diesem Zeitpunkt längst stillgelegt.

Und je länger seine Schwangerschaft dauerte, je mehr sein Bauch wuchs (leider nicht allein, denn seine Brüste hätten als »Wachstumsstory« an den Börsen für wahre Kursfeuerwerke gesorgt!), desto mehr nahm er sich selbst als Schwangere wahr (und musste an Peter Müllers hämische Prognosen denken).

Ach ja, Peter! Damals, als er noch Führungsmann unter Führungsmännern war, galt das Kinderkriegen als federleichtes Thema. Wenn mal wieder einer Papi wurde – und das wurden Führungsmänner oft! –, kündigte er das mit einem coolen Spruch an, um ja keine Gefühle zu zeigen; Weimer hatte gesagt: »Wir gehen jetzt in die Serienproduktion – mein Sohn soll kein Einzelstück bleiben.« Und Behr hatte verkündet: »Meine Frau liebt Kindsköpfe wie mich so sehr, dass sie noch einen von der Sorte will. Und damit es kein Liebhaber wird, haben wir uns entschlossen ...«

Damit war die Sache erledigt. Niemand sah einen angehenden Vater als Atommeiler mit kurzer Restlaufzeit, niemand verlangte von ihm tägliche Schwangerschaft-Bulletins, niemand führte seine Launen oder seine Flüchtigkeitsfehler auf eine bevorstehende Geburt zurück.

Manchmal wurde der kommende Kindersegen so lange vergessen, bis der angehende Vater eines Nachmittags um 16.30 Uhr wie ein Feuerwehrmann aus dem Büro sprang, der Geburt um 17.30 Uhr pflichtschuldigst beiwohnte und seinen Bericht am nächsten Tag den Kollegen mit einem Sektumtrunk servierte (natürlich wurde eine Runde fällig, deshalb waren Geburten unter den Kollegen so beliebt!).

Das war's. Der Manager wurde wieder als Manager, der Mitarbeiter wieder als Mitarbeiter wahrgenommen. Niemand wäre auf die Idee gekommen, ihm ein Schild mit dem Wort »Papi« umzuhängen und seinen Anblick für die nächsten Jahre mit Schnullern, Windeln und Babybrei zu verbinden.

Bei Mamis, das spürte Herr Müller, lag die Sache völlig anders; es würde eine schwere Geburt werden.

Warum Mütter nicht perfekt sein sollten

»Wenn du Mutter wirst, verändert sich alles«, erklärte Johanna Neuner und prostete Herrn Müller mit einem Weinglas zu. Herr Müller prostete zurück, mit Mineralwasser, leicht sprudelnd. Die Schwangerschaft wirkte sich, mit Gruß vom Arzt, auch auf seine Trinkgewohnheiten aus.

Fröhliche Stimmen mischten sich mit klimperndem Besteck, Kinder sprangen im Lokal umher. Sie hatten sich beim Italiener getroffen und unterhielten sich nach dem Essen angeregt.

Herr Müller saß neben Frido, der ihm beschützend die Hand auf den Oberschenkel legte (wie überhaupt alle Welt eine Schwangere als schutzbedürftiges Wesen wahrnahm!). Katja und ihr Freund Christian, die Peter-Kopie mit den Geheimrats-Ecken, saßen ihnen gegenüber (Herr Müller war noch immer irritiert über die Ähnlichkeit seines Nachfolgers!). Frau Neuner hatte ihren Platz am Kopfende des Tisches.

»Wie war das denn damals, als du deine Tochter bekommen hast, Johanna?«, fragte Herr Müller. »Wie hat sich das mit der Arbeit vertragen?«

»Zuerst gar nicht«, sagte Johanna Neuner. »Wenn ich früh von der Arbeit nach Hause bin, für die Tochter, dann hat mir der Gedanke an die Arbeit ein schlechtes Gewissen gemacht. Und wenn ich lang geblieben bin, für die Arbeit, dann hat mir der Gedanke an die Tochter ein schlechtes Gewissen gemacht.«

»Ich glaube, so geht es den meisten Frauen«, schaltete sich Katja ein. »Und wie bist du aus dieser Zwickmühle gekommen?«

Johanna dämpfte ihre Stimme zu einem Flüstern: »Durch einen Gnadenerlass.«

»Einen Gnadenerlass?«, fragte Katja.

»Ich habe zu mir selbst gesagt: Du musst keine perfekte Mutter sein. Und du musst keine perfekte Mitarbeiterin sein.«

»Du hast auf beiden Feldern kapituliert?«, wollte Herr Müller wissen.

Johanna legte ihr Kinn zwischen Daumen und Zeigefinger. »Es war einfach zu viel. Ich war kurz vor dem Zusammenbruch. Da habe ich mich gefragt: Wer verlangt eigentlich von mir, dass ich Übermenschliches leiste? Das war nicht mein Mann; das war nicht die Gesellschaft; das war vor allem ich selbst. Ich wollte eine vorbildliche Mutter sein, mindestens so gut wie die anderen, die oft keine Vollzeit-Arbeit hatten; und ich wollte eine vorbildliche Mitarbeiterin sein, mindestens so gut wie die anderen, von denen die meisten keine Kinder hatten.«

»Die Quadratur des Kreises«, sagte Katja.

»Allerdings! Ich dachte, ich muss mir die Liebe meines Kindes verdienen, und der Preis wird in der Arbeit fällig. Aber dann kam ich an einem Freitag sehr spät nach Hause, mit einem ganz schlechten Gewissen. Und was tut mein Kind? Es lächelt mich an. Da ging mir auf: Es liebt mich *nicht*, weil ich perfekt bin – es liebt mich, weil ich seine Mutter bin. Ich hatte *meinen* Selbstanspruch auf das Kind übertragen.«

Herr Müller legte seine Stirn in Falten. »Aber dein Chef hat dich sicher nicht von allein geliebt!«

»Anfangs habe ich mich tausendfach entschuldigt, wenn ich mal wieder früher gehen musste oder Maria mich angesteckt hatte. Doch je mehr ich um Verständnis bat, desto mehr Verständnislosigkeit schlug mir entgegen. So wie du jemandem, der dauernd über seinen Klumpfuß spricht, irgendwann nur noch auf den Klumpfuß schaust – obwohl du ihn sonst kaum bemerkt hättest. Mein Klumpfuß war die Mutterrolle.«

»Und wie bist du den Fuß losgeworden?«, schaltete sich Katja ein.

Frau Neuner lächelte wie jemand, der Wege sieht, wo andere noch in der Sackgasse stehen. »Ich bin am Arbeitsplatz nicht mehr als Mutter aufgetreten. Wenn ich gehen musste um 16.00 Uhr, habe ich gesagt: ›Ich muss jetzt gehen, ich habe einen Termin.‹ Und nicht mehr: ›Ich muss Maria heute aus der Krippe holen, mein Mann ist heute beruflich unterwegs.‹ Wenn ich krank war, war ich krank und habe nicht mehr erzählt, wie ich mir welche Kinderkrankheit eingefangen hatte. Und statt mich mit meiner Belastung als Mutter für alles zu entschuldigen, was bei der Arbeit nicht so gut lief, habe ich meinen Chef immer wieder auf Erfolge hingewiesen – und Fehler auf meine Kappe genommen.«

»Klingt gut«, sagte Herr Müller, »aber hattest du nicht das Gefühl, deine Tochter zu verleugnen?«

»Ich habe meine Welt in zwei Spielfelder eingeteilt. In der einen Hälfte war ich als Mutter unterwegs, in der anderen als Mitarbeiterin. Je weniger ich das verwechselt habe, desto mehr bin ich den beiden Rollen gerecht geworden. Vor allem kam ich innerlich ins Lot. Ich nahm mich selber an, deshalb haben mich die anderen angenommen. Meine Tochter genauso wie mein Chef.«

»Und welche Rolle hat dein Mann gespielt?«, wollte Christian wissen. (Herr Müller hatte das Gefühl, sogar seine Stimme klang ähnlich wie die von Peter!).

»Eine große! Er ist freiberuflicher Architekt und hat die Kinder jeden Nachmittag aus der Krippe abgeholt und sich um sie gekümmert. Ich habe sie morgens auf dem Weg zur Arbeit hingebracht. Wir waren ein gutes Team.«

»Und welchen Verlauf hätten die Dinge ohne diesen Mann genommen«, fragte Frido, der die ganze Zeit in ein leises Gespräch mit Christian vertieft gewesen war.

»Ich hätte ein langes Gesicht gemacht«, sagte Johanna.

Die Runde lachte. »Da bin ich ja hocherfreut, dass wir Männer auch mal eine positive Rolle spielen«, sagte Frido.

»Jetzt weißt du, was ich von dir erwarte«, entgegnete Herr Müller. Frido lachte, offenbar hielt er das für einen Scherz.

Herr Müller wandte sich Katja zu: »Hast du eigentlich mal wieder mit Ansgar Seidel gesprochen?«

»Ja, erst gestern. Demnächst erscheint das neue Interview. Über unser heutiges Thema!«

»Willst du mir einen Gefallen tun?«

»Der wäre?«

»Grüß ihn von mir. Und sag ihm, ich bin wieder an Bord. Er weiß, was ich meine.«

Erziehung ist Management-Training

Es war schon ein Ritual, dass Herr Müller die BAZ vom Beistelltisch im Foyer stibitzte, Sandra Klose den mahnenden Zeigefinger schwang und er den Tag mit der Lektüre begann. Das Interview mit Ansgar Seidel wurde schon auf der Titelseite angekündigt. Herr Müller blätterte es auf.

Zwischen Kind und Karriere

»Mütter können Management!«
von Katja Hansen

Mütter haben es schwer. Nicht zuletzt im Beruf. Aber ist es wahr, dass sich Frauen noch immer zwischen Kind und Karriere entscheiden müssen? Welche besonderen Chancen bieten sich Müttern? Wir haben mit Ansgar Seidel gesprochen, Berater und Karriereprofi.

BAZ: Herr Seidel, Sie schauen hinter die Kulissen der Firmen, mal ehrlich: Welchen Ruf genießen berufstätige Mütter?
A. Seidel: Das kommt drauf an, wo Sie nachfragen. Moderne Firmen haben erkannt: Mutter-Sein ist die beste Management-Schulung. Mütter trainieren in ihrem Alltag, Menschen zu führen, denn Erziehen heißt leiten. Mütter trainieren, ein Budget zu verantworten, denn jeder Haushalt verlangt Wirtschaften. Und Mütter trainieren, Prioritäten zu setzen und zu organisieren, denn nur so lässt sich der kleine Betrieb namens »Familie« leiten.

Sind sich die Mütter denn bewusst, dass sie mit diesem Pfund wuchern können?
Im Gegenteil! Nur eine von 25 Müttern kommt beim Bewerben auf die Idee, in ihren Unterlagen hervorzuheben, dass ihre Familienrolle sie fürs Management prädestiniert. Die anderen 24 entschuldigen sich nahezu dafür, dass sie ihr Arbeitsleben unterbrochen und ein Kind zur Welt gebracht haben. Damit gießen sie Wasser auf die Mühle der Vorurteile.

Mit welchen Vorurteilen haben Mütter denn in den weniger modernen Firmen zu kämpfen?
Ihre Entscheidung für ein Kind wird als Entscheidung gegen eine

Karriere gewertet. Deshalb passiert es oft, dass Frauen nach der Geburt eines Kindes in der Hierarchie eine Rutschfahrt nach unten erleben: Vorher hatten sie noch eine verantwortliche Position, danach werden sie als Zuarbeiterinnen eingespannt, oft in Teilzeit.[65] Jede zweite berufstätige Frau arbeitet unter 32 Stunden pro Woche, aber nur jeder zehnte Mann.[66]

Sie empfehlen Müttern, gleich wieder Vollzeit einzusteigen?
Ich will nur vor zwei Fallen warnen. Erstens: Viele Mütter steigen mit 50 Prozent des alten Gehaltes wieder ein, bekommen aber 100 Prozent der alten Arbeit auf den Tisch gepackt. Was hilft eine Teilzeit-Stelle, wenn nur die Arbeitszeit, nicht aber die Arbeitsmenge schrumpft? Solche Frauen nehmen oft Arbeit mit nach Hause oder fahren außerhalb ihrer Arbeitszeiten zu Meetings, weil sie gewissenhaft sind und alles schaffen wollen. Die Firmen nutzen das knallhart aus. Hier muss man Grenzen ziehen, um nicht auszulaugen.

Und die zweite Falle?
Viele Unternehmen pflegen noch immer eine Sitzfleisch-Kultur: Je mehr Zeit einer in der Firma verbringt, desto höher sein Ansehen. Das ist der Grund, warum viele Top-Manager ihre Arbeitszeiten wie Heldenorden vor sich hertragen und sich dafür rühmen, dass sie pro Nacht mit vier Stunden Schlaf auskommen.

Sie wollen sagen: Reduzierte Arbeitszeiten führen zu reduziertem Ansehen?
Perfekt ausgedrückt! Viele Firmen behaupten: »Eine Führungsfunktion beißt sich mit Teilzeit-Arbeit!« Diese Ansicht wird geteilt von 77 Prozent der männlichen Führungskräfte, aber nur etwa der Hälfte der weiblichen.[67] Wer nicht mehr Vollzeit arbeitet, wie viele Mütter, gilt schnell als Arbeitnehmer zweiter Klasse. Das liegt auch an der geringen Arbeitszeit: Teilzeit-Mitarbeiterinnen kommen bei uns im

Schnitt auf nur 18,6 Stunden pro Woche, weniger als überall sonst in Europa, bis auf Portugal.[68]

Kommt es denn nur auf die Arbeitszeit an?
Gewiss nicht! Wer in drei, sechs oder neun Stunden seine Projekte voranbringt, wie es Frauen und gerade Müttern oft gelingt, ist der mit Abstand bessere Manager als einer, der am Ende eines 14-Stunden-Tages nur einen breiten Hintern-Abdruck in seinem Chefsessel hinterlässt.

Doch der Manager, der sich für geringe Arbeitszeiten lobt, muss erst noch geboren werden!
Er lebt schon! Sein Name ist Detlef Lohmann, er leitet »allsafe Jungfalk«, einen Hersteller für Sicherungssysteme. Lohmann bekennt offen: »... und mittags geh ich heim«.[69] Seine Aufgabe sieht er darin, sich im Alltag überflüssig zu machen und seine Mitarbeiter zu allen Entscheidungen zu befähigen. Weil ihnen kein Chef im Nacken sitzt, handeln die Angestellten selbst wie Unternehmer: vermindern Ausschuss, verkürzen Lieferzeiten, senken Kosten. Das ist modernes Management – zum Nachmachen für Mütter.

Als oberster Chef kann Herr Lohmann sich das erlauben! Aber für eine Frau, die weiter unten in der Hierarchie steht, gelten sicher auch in seiner Firma andere Gesetze.
Ich glaube, da täuschen Sie sich! Wenn es einen Indikator dafür gibt, wie ein Unternehmen tickt, dann sind es die obersten Bosse. Ihr Vorbild pflanzt sich nach unten fort. Idealerweise sollten Mütter in Unternehmen mit zwei Voraussetzungen anheuern: Der Fokus sollte auf die Ergebnisse gerichtet sein – und nicht auf die Anwesenheitszeit. Und es ist ein gutes Zeichen, wenn in der Vorstandsetage nicht nur Männer sitzen, sondern auch einige Frauen, idealerweise Mütter. Solche Vorreiterinnen bilden einen Windschatten, in dem andere Frauen

laufen können. Zumal oft nach dem Ähnlichkeitsprinzip befördert wird: Männer ziehen Kronprinzen nach, Frauen Kronprinzessinnen.

Aber behaupten nicht alle Unternehmen von sich, dass sie frauenfreundlich sind und Mütter fördern?
Der Unterschied liegt zwischen Wort und Tat. Neulich wollte mich ein größeres Unternehmen als Berater dafür gewinnen, mehr Frauen im mittleren Management zu installieren. Die oberste Management-Runde, mit der ich sprach, bestand aus sechs Männern. Da habe ich gesagt: »Wenn Sie es ernst meinen, meine Herren, räumen Sie bitte zwei oder drei Ihrer Sessel – dann können Frauen nachrücken.« Nach diesem Vorschlag kam der Auftrag nicht zustande.

Ist es eigentlich ein internationales Problem, dass Karriere und Kind als Gegensätze verstanden werden?
Die deutsche Gesellschaft hat die Nase vorn in Rückschrittlichkeit. Versuchen Sie mal, das Wort »Rabenmutter« ins Englische oder Französische zu übersetzen – unmöglich, weil man dort den Gedanken dahinter nicht versteht. In England lassen sich Mütter schon immer von Nannys unterstützen, in Frankreich haben Ganztagsschulen Tradition.[70] Das schlägt sich in den Zahlen nieder, etwa bei Müttern zwischen 25 und 54 Jahren mit Kindern in Schule oder Ausbildung: In Deutschland arbeiten 62 Prozent in Teilzeit, in Frankreich nur 26 Prozent.[71]

Und wie stehen die USA zu Müttern, die Vollzeit arbeiten?
In den USA gibt es deutlich mehr weibliche Managerinnen als in Europa, darunter auch viele Mütter.[72] Die Amerikaner gehen selbstverständlich davon aus, dass Erfolg im Beruf für Erfüllung sorgt – und dass gerade erfüllte Frauen gute Mütter sind.

Tut eine Vollzeit-Arbeit Müttern wirklich gut? Oder ist sie nur zusätzlicher Stress?

Wer zur Arbeit geht, ist besser vor einer Depression geschützt, das gilt für Frauen wie für Männer.[73] Menschen streben nach geistigem Wachstum, der US-Psychologe A. H. Maslow erkannte: »Fähigkeiten schreien geradezu danach, eingesetzt zu werden, und sie hören mit ihrem Geschrei erst auf, wenn sie gut eingesetzt sind. Das heißt, Fähigkeiten sind auch Bedürfnisse.«[74] Viele Fähigkeiten einer Mutter, die sich nur noch um ihr Kind kümmert, bleiben ungenutzt. Das schürt Unzufriedenheit.

Arbeit als Medizin? Man liest doch überall vom Burnout!

Wir brauchen Firmen, die es Müttern ermöglichen, ihre Arbeit mehr als Lust denn als Last zu erleben. Das setzt flexible Arbeitszeiten voraus, faire Arbeitsmengen und eine Moral, die über Aktienkurse hinausreicht. Der beste Unternehmensberater in dieser Hinsicht war Papst Johannes Paul II.: Er wies darauf hin, die Arbeit sei »für den Menschen da und nicht der Mensch für die Arbeit«.[75]

Was kann die Politik für Mütter im Beruf tun?

Wir brauchen mehr bezahlbare Kita-Plätze, mehr Ganztagsschulen, mehr flexible Arbeitsstellen. Dagegen gehören Betreuungsgeld und Ehegatten-Splitting abgeschafft. Wir sollten Frauen nicht ermuntern, zu Hause zu bleiben – sondern Voraussetzungen schaffen, unter denen sie Mutterschaft und Arbeit verbinden können. 74 Prozent der Managerinnen sehen Kindertagesstätten als Königsweg, um mehr Frauen in Führung zu bringen.[76] Der Staat muss die Kinderbetreuung nach skandinavischem Vorbild fördern. In Schweden werden 90 Prozent der Kinder unter zwei in kostengünstigen Kitas oder von Tagesmüttern versorgt.[77] In Deutschland aber sind Betreuungsplätze teuer und rar; von 100 Kindern unter zwei werden in den alten Bundesländern nur 23 ganztags betreut.[78]

Erst der Papst, jetzt Sie: Was wünschen Sie sich von den Arbeitgebern für Mütter?

Arbeitszeiten, die nicht starr wie Ritterrüstungen sind – und mehr Fantasie bei den Arbeitsmodellen, auch im Management. Was spricht eigentlich dagegen, dass sich zwei Mütter in den ersten Erziehungsjahren einen Führungsjob teilen? Zwei halbe Tag ergeben einen ganzen! Davon profitieren beide Seiten: Die Frauen können Erziehung und Führung verbinden. Und die Firmen bekommen für *ein* (geteiltes) Gehalt zweifache Erfahrung, zweifache Kompetenz, zweifaches Können – und die Frauen lassen sich zu einem späteren Zeitpunkt wieder als Vollzeit-Führungskräfte einbinden, statt dass die Firmen sich wundern müssen, dass keine Managerinnen mehr da sind.

Sicher ein kühner Gedanke für viele Unternehmen!

Es geht noch kühner: Warum sollte die Mutter eigentlich nicht in Vollzeit weiterarbeiten? Der halbe Führungs- oder Arbeitstag bietet sich auch für erziehende Väter an! Forscher sagen schon eine frauendominierte Wirtschaft voraus, in den USA ist von »womenomics« die Rede.[79]

Am Ende noch kurz zur persönlichen Karriereplanung: Wer hat es nach Ihrer Erfahrung leichter – die frühen oder die späten Mütter?

Eindeutig die späten Mütter. Zum einen können sie sich zwischen dem 20. und 30. Lebensjahr komplett auf ihre Ausbildung und ihre Karriere konzentrieren, wie die Männer auch. Und in dieser Zeit werden die Weichen für eine Laufbahn gestellt. Zum anderen verdienen sie zum Zeitpunkt der Geburt oft schon genug Geld, um sich Hilfe für die Kinderbetreuung oder den Haushalt leisten zu können. Das erleichtert die weitere Karriere.

Und was raten Sie Frauen, die schon mit Anfang 20 ein Kind bekommen haben?
Dass sie sich um eine erstklassige Qualifikation kümmern. Zum Beispiel kenne ich junge Mütter, die mit Rückendeckung des Partners exzellente Studienleistungen erzielt und promoviert haben. Wer dann mit Anfang oder Mitte 30 in den Beruf strebt, hat gute Chancen; Bildung ist die beste Rampe für einen Spätstart. Am Ende fügen sich die Dinge wieder: Je weiter die Mutter im Beruf kommt, desto selbstständiger sind die Kinder schon.

Herr Seidel, herzlichen Dank für dieses Interview!

Der Einbruch

Als Herr Müller von der Arbeit nach Hause kam, sah seine Wohnung aus, als hätte ein Tsunami Klassentreffen gefeiert. Die Haustür hatte er aufgebrochen, den Flachbild-Fernseher umgerissen und auf dem Parkett zerschellen lassen, die Glaswand der Vitrine gesprengt, die Funkuhr von der Wand geschleudert und sämtliche Inhalte der Schubladen und Schränke durch die Wohnung gespült.

Der Boden war übersät mit Strandgut, mit Papieren (Herr Müller erkannte ein altes Arbeitszeugnis), mit vergilbten Fotos (er sah sich bei der Einschulung, an der Seite seiner Pflegeeltern), mit Büchern, mit gesprungenen CD-Hüllen. Das Telefon hatte seinen Akku erbrochen und lag direkt vor der Wand, unter der gesplitterten Scheibe eines Bilderrahmens. Die Scherben verteilten sich wie schmelzende Schneekristalle über den Boden.

Herr Müller ging davon aus, dass dieser Anblick kein rezeptpflichtiges Beruhigungsmittel für Schwangere war. Er sank auf das Sofa, um seinen wackligen Beinen zuvorzukommen.

Wer hatte seine Wohnung so zugerichtet? Wer wollte sein Nervenkostüm in Stücke zerreißen? Die Spurenlage sah nicht nach einem Einbruch, sondern nach Vandalismus aus.

Nur ein Name fiel ihm ein: Jan! Offenbar waren seinem Freund – dem Ja, der seinen Pe vermisste – alle Sicherungen durchgebrannt.

Herr Müller kramte sein Handy aus der Handtasche, um die Polizei zu rufen. Er begann zu tippen, zweimal die eins, dann hielt er inne. Die Polizei? Wie sollte er als Petra Müller, die nicht mal einen Personalausweis besaß, einen Einbruch in einer Wohnung melden, die auf einen Mann namens Peter Müller lief, der seit vielen Monaten verschwunden war?

Dann hätte er auch gleich ein Zimmer im Knast für sich reservieren können. Herr Müller kickte mit seinem Fuß ein Buch zur Seite (»Perfekte Cocktails mixen«), es schlitterte wie ein Puck übers Parkett und blieb in den Scherben des zersplitterten Bildschirms hängen.

Das Problem war also nicht nur der Einbruch, das Problem war auch, dass er ihn nicht melden konnte. Wie sollte er Frido klarmachen, dass er die Polizei nicht rufen wollte, ohne von seinem Freund für verrückt gehalten zu werden?

Vor allem fragte er sich: Was zum Teufel hatte Jan in der Wohnung gewollt? War es möglich, dass der Freund die Antwort auf seine Mail völlig falsch gedeutet hatte: als Indiz dafür, dass Peter noch lebte, womöglich von Petra Müller entführt und gefangen gehalten? War das der Grund, warum er jeden Quadrat-Zentimeter, auch die Speisekammer, durchwühlt und auf den Kopf gestellt hatte?

Und angenommen, Jan ging tatsächlich davon aus, er habe es bei Petra Müller mit einer Entführerin zu tun: Wozu wäre er noch fähig? Würde er zuschlagen, womöglich morden können? Und welche Mittel standen zur Verfügung, Jan von einem Amoklauf abzuhalten? Herr Müller war ja nicht mal in der Lage, die Polizei einzuschalten!

Am nächsten Morgen, um 6.30 Uhr, kam Frido von der Nachtschicht. Die Bücher standen wieder im Regal, die Scherben waren entsorgt, die Briefe und Bilder zurück in die Schubladen gestopft. Herr Müller hatte die ganze Nacht den Putzteufel gespielt und sich mehrfach übergeben (es lag also doch nicht nur an den Meetings!). Aber die aufgehebelte Tür, der fehlende Fernseher, die verschwundenen Bilderrahmen und die zerstörten CD-Hüllen ließen sich nicht leugnen. Außerdem war der Parkettboden beschädigt, und Peter Müllers alte Gitarre wies, offenbar durch einen Fußtritt, ein Loch mehr als nötig auf.

Als Frido von dem Einbruch hörte, wich das Blut aus seinem Gesicht, als hätte jemand einen Stöpsel gezogen. Er schlug sich die Hand vor den Mund, und seine Augen wuchsen aus ihren Höhlen heraus. »Ein Einbruch mit roher Gewalt! Bei uns! Und das jetzt, wo du schwanger bist!«

»Ich glaube nicht, dass jemand unser Baby rauben wollte.«

»Die medizinische Expertise solltest du mir überlassen«, sagte Frido und knetete seine Hände. »Solche Aufregung kann durchaus Fehlgeburten verursachen.«

»Bei mir nicht. Ich bin da cool.«

»Was vermissen wir eigentlich in der Wohnung?«

»150 Euro Bargeld«, log Herr Müller. »Und noch zwei Schmuckstücke, allerdings nichts Wertvolles.«

Frido verschränkte die Hände hinter dem Rücken. »Wie ordnet die Polizei das Geschehen ein?«

»Die haben Spuren gesichert und Fingerabdrücke genommen. Die finden den Kerl sicher bald.«

»Hoffentlich«, sagte Frido. Sein Gesicht war immer noch gespenstisch weiß.

Chat mit Coach:
»Sie haben den Preis wirklich verdient!«

Sein Gewissen war so schlecht, dass ihm vielleicht der Mut gefehlt hätte, sich wieder bei Ansgar Seidel zu melden. Doch Katja hatte ihm versichert: »Er freut sich schon, von dir zu hören. Melde dich unbedingt!« Also war Herr Müller guter Dinge, als er sich mit seinem Laptop aufs Ledersofa setzte und den Chatroom betrat.

PM: Kennen Sie mich noch? Oder habe ich mich bei unserem letzten Gespräch zu unmöglich verhalten?
AS: Jeder im Land kennt Sie jetzt! Die Artikel sind doch durch alle Zeitungen gegangen. Das war bestimmt ein großer Triumph für Sie.

PM: Sie hätten die Gesichter unserer Alpha-Männer sehen müssen!
AS: Wie haben Sie das bloß hingekriegt – dass der Preis an Sie gegangen ist und nicht an Ihren Geschäftsführer?

PM: Durch eine Stimme aus dem Off.
AS: Geht's etwas präziser?

PM: Mein Netzwerk hat doch noch funktioniert. Klaus Eiger, der Prokurist, hat den Sandmann aus der Klinik zur Ordnung gerufen.
AS: Wie das?

PM: Er hat den Teufel an die Wand gemalt, ich stand bei dem Telefonat neben ihm: »Herr Sander, Sie wissen doch sicher, dass Frau Müller auf der Rednerliste steht. Und jetzt malen Sie sich einmal aus, wie es sich auf den Ruf unserer Firma auswirkt, wenn Sie vor den Augen des ganzen Landes als Dieb überführt werden.« Eiger machte ihm klar, der alte Sander würde vor Scham im Grab wie ein Grillhähnchen rotieren!

AS: Eine starke Drohung. Aber hatte Herr Eiger auch einen Anreiz im Angebot?

PM: Natürlich! Er hat dem Sandmann einen Platz in der Reihe der Gerechten unter den Arbeitsvölkern prophezeit, wenn er bei der Preisverleihung offen bekennt: »Sie sind gerade dabei, den Preis dem Falschen in die Hand zu drücken. Diese Auszeichnung gebührt meiner Mitarbeiterin Petra Müller. Die Idee stammt allein von ihr, ich habe nur den Feinschliff geliefert!«

AS: Ist ja aufgegangen, diese Strategie. Sander wurde in den Medien als Muster an Ehrlichkeit gefeiert, als großer Frauenförderer und vorbildlicher Chef. Mit diesen Vorschusslorbeeren kann er es zum Manager des Jahres bringen.

PM: Solche Kollateralschäden muss ich leider in Kauf nehmen!

AS: Und erst das Foto: wie er sich vor Ihnen, der Schwangeren, beim Weiterreichen des Preises verneigt. Das sah fast aus wie eine Hollywood-Inszenierung.

PM: In dieser Sekunde hat es im Saal gekracht: Axel Schmidt warf beim Aufspringen seinen Stuhl um und rannte vor die Tür. Es war einfach zu viel für ihn, dass ich ihm erst die Sekretärin wegschnappe – und dann auch noch den Preis kassiere.

AS: Und wie haben die anderen Führungskräfte reagiert?

PM: Die ziehen seither vor mir den Hut, denn alle fragen sich: »Wie hat die Müller *das* bloß hingekriegt? Sie muss gerissen sein und einen exzellenten Kontakt zum Chef haben!« Vorher hatten sie mich als Schwangere abgeschrieben wie einen alten Atommeiler mit Restlaufzeit. Doch jetzt hänge ich wieder am Karrierenetz!

AS: Warum reagiert gerade Axel Schmidt so empfindlich?

PM: Weil er mich hasst. Und weil er weiß, dass demnächst in unserer Firma eine wichtige Funktion zu vergeben ist.
AS: Und zwar?

PM: Der Prokurist Klaus Eiger geht in Rente. Und ich bin wild entschlossen, seine Nachfolgerin zu werden. Schmidt ist hinter demselben Posten her.
AS: Darf ich fragen, warum Sie auf einmal so karrierelustig sind? Bei unserem letzten Gespräch hatte ich das Gefühl, Sie wollten sich eher der Laufbahn Ihres Freundes widmen.

PM: Ich habe lange gegrübelt, über zwei Ihrer Gedanken. Der erste: Muss ein Mann, wenn er eine Frau wirklich liebt, für sie nicht dasselbe tun wie sie für ihn, also sie auch im Beruf unterstützen? Ich glaube, er muss!
AS: Und der zweite Gedanke?

PM: Ob es nicht sinnvoll ist, sich im Karriererennen abzuwechseln – dass also immer der Vorfahrt hat, dem sich gerade die besseren Chancen bieten.
AS: Wie sind die aktuellen Aussichten für Ihren Freund?

PM: Frido ist der Sohn eines Chefarztes mit eigenen Kliniken. Aber sein Vater will dieses Königreich die nächsten Jahre noch regieren. Die Thronfolge wird frühestens in fünf Jahren geregelt, wahrscheinlich später.
AS: Und bei Ihnen ist Eile geboten.

PM: Ja, Klaus Eiger geht demnächst in Rente. Dieses Zeitfenster ist nur kurz offen. Ich muss nach der Geburt meines Kindes rasch wieder einsteigen, um mein ganzes Können in die Waagschale zu werfen.

AS: Dann ist Ihr Freund aufgeschlossen dafür, sich die ersten Jahre um das Kind zu kümmern und Ihnen den Rücken freizuhalten?

PM: So aufgeschlossen wie eine zugeschnappte Auster! Aber ich bin gerade dabei, ihn zu knacken.

AS: Ich drücke Ihnen die Daumen – solange Sie ihm keinen Gefängniskoch vorbeischicken …

PM: Jetzt noch was anderes: Sie hatten mich doch gebeten, dass ich mir eine Aktion ausdenke – wie wir die Männer dazu bringen, sich im wahrsten Sinne besser in Frauen zu versetzen. Als Marketing-Expertin habe ich eine Idee entwickelt.

AS: Ich bin ganz Ohr.

PM: Also, ich schlage einen »Tag des Perspektivenwechsels« vor. Im ganzen deutschsprachigen Raum sollen Frauen und Männer für einen Tag die Aufgaben tauschen. Stellen Sie sich das vor: Die Sekretärinnen erobern die Chefsessel und diktieren ihren Chefs die Briefe. Die Arzthelferinnen lassen sich von den Ärzten Patientenakten raussuchen und Rezepte ausdrucken. Die Reinigungsfrauen schicken die Hoteldirektoren zum Kloputzen. Und – so viel Gerechtigkeit muss sein! – für einen Tag wird Deutschland nicht von »Mutti«, sondern von »Papi« regiert – also einem Mann, zum Beispiel Merkels Chauffeur. Ein Riesenspektakel, auf das die Medien abfahren werden. Und viel Stoff für eine ernste Diskussion.

AS: Das ist genial, Frau Müller! Sie haben den Deutschen Werbepreis wirklich verdient. Lassen Sie uns starten, sobald Sie nach der Geburt Ihres Kindes wieder loslegen wollen. Wann soll es eigentlich kommen?

PM: In zwei Monaten. Und ja, bitte erst danach – sonst bekomme ich noch eine männliche Hebamme ab ...

8. Das Führungs-Fanal:

»Für diesen Knochenjob
fehlt Ihnen die Härte!«

In diesem Kapitel lesen Sie unter anderem ...

- wie Herr Müller, nach der Geburt zurück im Job, ein vergiftetes Geschenk erhält,
- warum der weibliche Führungsstil dem männlichen überlegen ist,
- warum nicht nur Sie von Ihrem Mentor profitieren sollten, sondern auch er von Ihnen
- und wie Sie Ihren persönlichen Karrieregipfel erklimmen.

Wenn Stillen nicht still macht

Wer ein Kind zur Welt bringt, vergisst dieses Erlebnis nie mehr. Dafür sorgt das nächtliche Geschrei, das fortan den Schlaf begleitet. Schlaf ist das falsche Wort, »Rufbereitschaft« trifft es eher. 30 Mal pro Nacht, so kam es Herrn Müller vor, schlug die Hungersirene an. Babys schreien, weil sie Bedürfnisse haben; Eltern laufen, weil sie keine haben.

Dass »Eltern« liefen, war um 50 Prozent übertrieben, denn der galante Chefarzt-Sohn Frido überließ Herrn Müller den Vortritt. Er war Essen auf Beinen. Apropos: Welcher Knallkopf hatte eigentlich das Wort »stillen« erfunden? Meike – so hatten sie ihre Tochter genannt – wurde durchs Stillen nicht stiller. Wenigstens nicht auf lange Sicht.

Eine Geburt hinterließ tiefe Spuren, das war nicht zu leugnen. Herr Müller kam sich wie ein Streifenhörnchen vor, gezeichnet von der Schwangerschaft. Seine Waage hatte sich angewöhnt, ihn morgens mit einer schweren Beleidigung zu begrüßen. Und Spuren hinterließ eine Schwangerschaft nachträglich auch in Windeln, deren Geruch seine Nase schon mehrfach veranlasst hatte, Asyl in einer Douglas-Filiale zu beantragen.

Alle Babys, die Peter Müller als Mann und Nicht-Vater gekannt hatte, lagen sonnenbeschienen in ihrer Krippe auf einer Terrasse, still, lächelnd und stubenrein. Derweil ließen sich die Eltern für die Wahl ihrer Windeln feiern oder kleisterten Frühstücksmargarine auf ihre frischen Brötchen. Die Terrasse grenzte an ein Herrenhaus. Und auf dem Frühstückstisch leuchtete ein Schnittblumenstrauß von der Breite eines Hula-Hoop-Reifens.

Wie kam es eigentlich, dass diese Eltern einfach weiteraßen, wenn ihr Kind keinen Mucks mehr machte? Herr Müller wäre spätestens nach 45 Sekunden aufgesprungen, um den plötzlichen Kindstod per Atem-Test auszuschließen.

Eigentlich hätte er als Fachfrau wissen müssen, dass man Werbespots kein Wort glauben durfte, nicht mal in dieser Hinsicht. Vielleicht wurden sie von der Bundesregierung gesponsert, um mit falschen Versprechungen die Fortpflanzungslust des aussterbenden Volkes anzuheizen.

Klang das, als wäre das Baby eine Belastung gewesen? Dann klang es richtig! Klang das, als wäre das Baby *nur* eine Belastung gewesen? Dann klang es falsch. Denn Meike war eine große Beglückung. Herrn Müller krabbelten Tränen in die Augenwinkel, wenn er daran dachte, dass dieselben Beinchen, die jetzt im Kinderwagen strampelten, schon in seinem Bauch gestrampelt hatten. Und wie sie gestrampelt hatten! In den letzten Wochen der Schwangerschaft signalisierte Meike einen spürbaren Berufswunsch: Fußballprofi.

Und dieser kleine Mund, der im Moment nur Schreie und Sabber produzierte, würde eines Tages »Mami« zu ihr sagen (auch wenn er immer noch fürchtete, sich als »Papi« ebenfalls angesprochen zu fühlen). Kurz: Ein Kind war der Himmel, wenn es nicht gerade die Hölle war.

Lange hatte Herr Müller Frido, die verschlossene Auster, mit allen möglichen Werkzeugen bearbeitet: mit Argumenten, mit Küssen, mit Liebesentzug. Am Ende erklärte sich sein Freund bereit, den Staffelstab der Erziehung für die ersten Jahre zu übernehmen. Dass er beruflich frustriert war, als künftiger Chef ohne Chefsessel, machte ihm die Entscheidung leichter.

Um das Gespräch mit seinem Vater hatte er sich gedrückt, bis Herr Müller den Termin für ihn vereinbarte. Frido rechnete mit einer Kreuzigung. Doch sein Vater saß ihm als blasses Gespenst gegenüber, zittrig und alt. Leben floss in Wilhelm von Sternberg erst zurück, als er freudestrahlend vernahm, dass der Sohn doch nicht auf eine baldige Übergabe der Kliniken pochte, sondern um eine Auszeit von zwei Jahren bat.

Der alte von Sternberg war so erleichtert, dass er seinen Sohn auch ein Krokodil oder eine Weinbergschnecke hätte aufziehen lassen. Frau von Sternberg war weniger begeistert, doch die Aussicht, gelegentlich als Ersatzmutter einfliegen zu dürfen, war die beste Medizin gegen fortgeschrittene Kummerfalten (und damit gegen weitere Gesichts-Chirurgie).

Frido war nicht gerade das, was man einen geschickten Hausmann nannte. Aber Herr Müller, selbst noch frisch im Fach, wies ihn geduldig in den Haushalt und die Erziehung ein; auch wie man einen nächtlichen Schreihals mit vorgepumpter Muttermilch versorgte oder Mahlzeiten jenseits der Fertigpizza einem Backofen entlockte, zeigte er ihm. Am Ende war Frido zumindest in der Lage, den Herd einzuschalten, ohne gleich Besuch von der Feuerwehr zu bekommen.

Schon drei Monate nach der Geburt war der große Tag gekommen: Herr Müller griff noch den Obstsalat, den Frido ihm bereitet hatte (mit viel Orange und Kiwi, wenn auch etwas grob geschnitten), drückte ihm ein Küsschen auf und fuhr zur Arbeit.

Wie ihn die Kollegen wohl empfangen würden?

Die geschenkten Schnuller

Das Paket war so fest verschnürt, dass Herr Müller alle Kraft brauchte, um die Bänder und Klebestreifen aufzureißen. Die Kollegen der Führungsrunde sahen ihm dabei auf die Finger, als entschärfte er gerade eine Bombe.

Das Erste, was Herr Müller unter lautem Gejohle ans Licht beförderte, war eine Strampelhose in Pink (klar, Meike war ja Mädchen!). Dann ertasteten seine Finger ein Schnuller-Sortiment. Und schließlich zog er noch einen Gutschein für zwei Stunden Baby-sitting hervor. Sicher hielten die Männer das für einen geschenkten Tag, weil sie die tägliche Schlafzeit eines Babys mit 22 Stunden veranschlagten (was zeigte, wie gut die Väter unter ihnen ihre Fähigkeiten im Weghören entwickelt hatten!).

Während Herr Müller am Auspacken war, spielte Axel Schmidt mit seinem Handy und schickte mehrfach Blicke über den Tisch, die den Tatbestand des versuchten Totschlags erfüllten.

»Ich danke Ihnen für diese Geschenke«, sagte Herr Müller. »Sicher wird mein Freund, Dr. von Sternberg, begeistert sein. Er kümmert sich nämlich um die Erziehung.«

»Hoffentlich nicht er allein!«, entfuhr es Wolf Behr.

»Keine Sorge. Ich werde ihn mindestens so gut unterstützen wie Sie Ihre Frau.«

»Dann doch allein!«, murmelte Behr ohne den Hauch eines schlechten Gewissens, malmte auf seinem Kaugummi, und die Runde kicherte.

Udo Weimer gab mal wieder den Pastor: »Aber denken Sie daran, werte Frau Müller: Es ist jederzeit in Ordnung, wenn Sie später kommen oder früher gehen müssen. Vielleicht sollten wir unser Abendmeeting ein Stück nach vorne ziehen?«

Herrn Müller war klar, welche Folgen es gehabt hätte, sich auf diese Meeting-Zeiten einzulassen: Jede Sitzung hätte an seine vermeintliche Behinderung, die Mutterrolle, erinnert. Aber er wollte nicht als sprungbereite Mutter am Tisch sitzen, sondern als Führungskraft unter Führungskräften. Und hatte Johanna Neuner ihm nicht den Tipp gegeben, das Kind nie als Entschuldigungs-Schutzschild zu verwenden, sondern sich Freiheiten ohne detaillierte Begründung zu nehmen?

»Danke für Ihr Angebot, Herr Weimer«, sagte er. »Ich vermute mal, die Offerte gilt auch für alle frischen Väter – oder?«

»Im Grunde schon«, druckste Weimer.

»Sofern die Väter wünschen, dass wir früher tagen, werde ich mich diesem Anliegen nicht verschließen«, sagte Herr Müller.

Das Paket mit dem Kinderkram hatte er unauffällig vom Tisch geräumt. Nun kramte er einen Schriftsatz aus seiner Ledermappe: »Die letzten Wochen habe ich viele Stunden in meinem Homeoffice verbracht und über die Zukunft der Sander GmbH nachgedacht. Dabei kam ein Konzept heraus, wie wir unseren Marktanteil weiter ausbauen können, auch in den aufstrebenden Schwellenländern.«

Er stand auf, ging langsam um den Tisch und ließ an jedem Platz einen kleinen Stapel Papier fallen. Er kam sich vor wie ein Lehrer, der eine Klassenarbeit austeilte. Und die Männer saßen wie Schüler da – Spicken verboten! – und nahmen ihre Aufgaben entgegen. Der Effekt war um ein Vielfaches größer, als wenn er die Blätter einfach nur hätte durchreichen lassen. Der Tipp, auf eine solche Symbolik zu achten und sitzenden Männern möglichst oft im Stehen zu begegnen, stammte von Ansgar Seidel.

Der Karriereberater war es auch, der Herrn Müller geraten hatte, aus der Schwangerschaft keine Babyfotos mitzubringen, keine Berichte über nächtliche Schreialarme oder gar einen händchenhaltenden Vater bei der Geburt. Vielmehr hatte er vorgeschlagen: »Setzen Sie möglichst rasch ein geschäftliches Ausrufungszeichen! Auf diese Weise sorgen Sie für Diskussionsstoff, der sich um Ihre Gedanken dreht, nicht um Ihr Gebären!«

Herr Müller ließ seinen Blick von Gesicht zu Gesicht wandern. Schließlich ruhten seine Augen auf dem Sandmann. »Herr Sander ist natürlich in dieses Konzept eingeweiht und unterstützt es.« Der Sandmann nickte; seit er Manager des Jahres war – das hatte nicht mal sein Vater geschafft! –, fraß er Herrn Müller aus der Hand. Und Herr Müller war nach früheren Bruchlandungen klug genug gewesen, seine Idee durch ein Telefonat mit dem Häuptling abzusichern.

»Meine Herren«, fuhr Herr Müller fort, »bitte lesen Sie das Papier unter zwei Gesichtspunkten: Welcher der Ansätze scheint Ihnen der vielversprechendste? Und was kann Ihre Abteilung dazu beitragen?«

Herr Müller war verblüfft, dass niemand seiner Anweisung widersprach. Die Männer vertieften sich in die Stillarbeit. Weil er, ohne zu zögern, angewiesen hatte, wurde die Anweisung ohne Zögern umgesetzt. War es das, was man »natürliche Autorität« nannte? Musste man als Frau nur den Mut haben, nach der Macht zu greifen, um sie auch zu bekommen?

Er nahm sich vor, diese Frage in Kürze zu klären. Der Termin mit dem Sandmann war schon vereinbart. Es sollte um die Nachfolge Klaus Eigers gehen.

Intrige aus dem Bilderbuch

Sein zweiter Arbeitstag begann mit einer Hiobsbotschaft. Johanna Neuner stürmte in sein Büro, und ihr Gesicht sah aus, als hätte ihr gerade der Satan die Hand geschüttelt.

»Petra, da will dich jemand abschießen!«

»Ich schieße zurück!«, erwiderte Herr Müller und zauberte eine Dose Pfefferspray aus der Tasche.

»Ich fürchte, das hilft dir nicht. Der Angreifer sitzt hinter einer Hecke. Komm schnell!«

Herr Müller folgte Frau Neuner an ihren PC. Sie zeigte auf den Bildschirm: »Diese Mail hat mir gerade die Sekretärin von Herrn Sander weitergeleitet.« Die Betreff-Zeile lautete: »Frau Müller stellt auf Teilzeit um.« Als Absender war news@sander.de angegeben.

»Ich fass es nicht!«, murmelte Herr Müller.

»Wart ab«, sagte Frau Neuner und öffnete die Mail:

Liebe Kolleginnen und Kollegen,

Frau Müller aus der Marketing-Abteilung, die kürzlich ihre Tochter bekam, wird ab sofort nur noch zwei Tage pro Woche arbeiten. Den Rest der Zeit widmet sie sich ihren Mutterpflichten.

In wichtigen Fragen stehen Ihnen die anderen Kollegen der Führungsrunde rund um die Uhr zur Verfügung. Zögern Sie nicht, uns zu kontaktieren.

Herr Müller spürte, wie sein Herz Vollgas gab. Schweiß benetzte seine Stirn, und der Boden unter seinen Füßen neigte sich langsam zur Seite.

»Setz dich hin, Petra«, bat Frau Neuner und schob einen Stuhl hinter ihn.

Die Mail war noch nicht zu Ende, der letzte Satz lautete:

Wir wünschen Frau Müller, dass sie in den entscheidenden Fragen ihres Tagesgeschäfts immer ein so gutes Händchen hat wie hier:

www.mueller-im-meeting-image.de

Mit freundlichen Grüßen

Sander GmbH

»Klick den Link an, Johanna!«, forderte Herr Müller.

»Jetzt besser nicht. Ich seh doch, dass es dir schlecht geht.«

»Ich will wissen, was hinter diesem Link ist.«

»Später.«

»So schlimm?«

»Schlimmer!«

Herr Müller griff selbst nach der Maus. Auf dem Bildschirm baute sich als Hintergrund die Wand des Meeting-Raums auf, mit einem gerahmten Foto des alten Sander. Und dann, in der Bildmitte, wurde Herr Müller sichtbar. Er hielt ein pinkes Strampelhöschen in die Höhe und lächelte es von der Seite an. Dieses Motiv hätte ideal zu einer Werbekampagne für Babykleidung gepasst. Oder zu einer Aktion der Reichsfrauen-Kammer: »Mütter, bleibt zu Hause!«

»Ich werde ihn in Stücke reißen«, fauchte Herr Müller.

»Wen denn?«, fragte Johanna.

»Axel Schmidt. Er saß mir beim Meeting gegenüber und hat die ganze Zeit mit seinem Handy gespielt.«

»Er hat heimlich dieses Foto gemacht? Und verschickt es jetzt durch die ganze Firma?«

»Das wird er bereuen«, sagte Herr Müller und knirschte vor Wut mit den Zähnen.

»Und was willst du gegen ihn unternehmen?«

»Ich schlage mit der gleichen Waffe zurück! Ich hab da schon eine Idee.«

Führen geht über Probieren

Ansgar Seidel nahm einen Schluck Cappuccino, ohne Herrn Müller dabei aus den Augen zu lassen. Über dem Tisch in dem kleinen Café hing noch seine Frage, welches Medium den Startschuss für den Tag des Perspektivenwechsels geben sollte.

»Lassen Sie uns mit einer Talkshow beginnen«, schlug Herr Müller vor. »Dort kommen wir selbst zu Wort und können die Frauen anstacheln: Schnappt euch den Chefsessel für einen Tag! Nehmt die Jobs der Männer ein! Schaut über den Tellerrand der Geschlechter!«

Ansgar Seidel schob seine Tasse ein Stück zur Seite. »Das wird *Ihr* Part in der Talkshow sein! Ich werde die Männer ansprechen: Nutzt die Chance, die Arbeitswelt einen Tag lang mit der Brille der Frauen zu sehen! Dann werdet ihr zum ersten Mal verstehen, was eure Töchter, eure Frauen und eure Kolleginnen jeden Tag erleben.«

Herr Müller nickte. »Ja, beide Geschlechter müssen mitspielen. Es soll nicht nach einem Handstreich der Frauen aussehen.«

»Apropos Handstreich: Wie bekommen wir eigentlich eine Einladung in eine Talkshow?«

»Über Sie!«

»Mich?«, fragte Seidel und zog die Augenbrauen nach oben.

»Immerhin sind Sie Deutschlands bekanntester Karrierecoach. Und außerdem haben Sie mir beigebracht, dass ich meine informellen Netzwerke nutzen muss. Eine alte Journalisten-Freundin von Katja ist seit Jahren Einladungsredakteurin bei ›Starkes am Abend‹.«

»Dem Polittalk mit Tom Starkes?«

»Genau. Diese Sendung hechelt nicht nur den aktuellen Nachrichten hinterher, sondern ist mutig genug, eigene Themen zu setzen.«

Seidel nahm noch einen Schluck Cappuccino und sah aus, als würde ihm der Plan schmecken.

Herr Müller fuhr fort: »Katja empfiehlt uns, das Thema zugleich über die großen Nachrichtenagenturen zu lancieren. Dann können wir alle Zeitungen des Landes in einem Rutsch erreichen. Abends der große Knall bei Tom Starkes, am nächsten Tag der Nachhall in den Zeitungen und im Internet. Danach wird niemand mehr an dem Thema vorbeikommen, kein Politiker und kein Firmenchef.«

»Wie gut, dass ich mit einer Fachfrau für Kampagnen zusammenarbeiten darf!«, bemerkte Seidel anerkennend und deutete eine Verbeugung an. »Und wie ich Sie kenne, haben Sie auch schon einen Termin für unseren Tag im Kopf?«

»Richtig: den 6.9.!«

»Warum gerade dann?«

»Schreiben Sie die beiden Zahlen mal auf einen Zettel.« Seidel tat, wie ihm geheißen. Seine Schrift war groß und schwungvoll, aus seinem Füller floss grüne Tinte (die Cheffarbe, wie er bei einer früheren Gelegenheit mal bemerkt hatte).

Als die beiden Zahlen auf dem Papier standen, wies Herr Müller sein Gegenüber an: »Und jetzt drehen Sie den Zettel um.«

Seidel lachte. »Tolle Idee. Die 6 wird zur 9 und umgekehrt, wenn man die Sache von der anderen Seite sieht. Ein Symbol für den Perspektivenwechsel!«

»Richtig«, sagte Herr Müller, »der Mann, der den Job einer Frau ausübt, sieht nicht mehr die alte 6, wie aus seiner Perspektive als Mann – sondern eine völlig neue 9. Und umgekehrt die Frau.«

Herr Müller und Ansgar Seidel schwiegen einen Moment. Eine Espresso-Maschine fauchte hinter der Theke des kleinen Cafés.

Herr Müller zwirbelte eine Haarsträhne und sah Ansgar Seidel ernst an: »Eine Frage treibt mich um: Ist es nicht nur ein Strohfeuerchen, das wir da entzünden? Für acht Stunden stellen wir die Arbeitswelt auf den Kopf. Aber am nächsten Tag ist das Spiel beendet, und alles geht weiter wie bisher.«

»Jede große Reise beginnt mit dem ersten Schritt. Und ich bin mir sicher: Wir rütteln die Gesellschaft wach.«

»Warum sind Sie da so sicher?«

»Was glauben Sie, wie viele Flugzeuge in Frankfurt nicht abheben können, wenn Frauen ans Steuer sollen?«, fragte Seidel und zwinkerte ihm zu. »Und auch die Maschinenbauer müssen ihre Bänder anhalten, weil sie zu wenige Ingenieurinnen haben, zumal in Führung. Und erst die Vorstandssitzungen! Dort ist bei vielen Firmen kein einziger Mann mehr am Tisch – es sei denn, er kommt gerade rein, um den Damen eine Kopie oder einen Kaffee zu reichen. Dieser Tag wird einen Denkprozess anstoßen.«

»Nur in der Politik?«, fragte Herr Müller. »Oder auch bei den Frauen?«

»Viele Frauen werden merken: Die Männer um sie herum, vor allem Chefs, kochen auch nur mit Wasser. Frauen sind in Karrieredingen selbstkritischer als Männer. Bei mir in der Beratung legen sie oft eine Stellenausschreibung auf den Tisch, etwa für eine Position im Management. Und dann zählen sie alle Anforderungen auf, die sie nicht erfüllen. Und wollen auf eine Bewerbung verzichten.«

»Und ein Mann?«

»Ein Mann klopft mit dem Zeigefinger fröhlich auf jene zwei Anforderungen, die er gerade so erfüllt – und verliert kein Wort über die fünf, an die er nicht heranreicht. Diese Tendenz bestätigt ein interner Bericht von Hewlett-Packard: Eine Frau bewirbt sich nur, wenn sie meint, 100 Prozent der Kriterien zu erfüllen; ein Mann schickt seine Mappe schon bei gefühlten 60 Prozent los.«[80]

»Vielleicht machen die Frauen das im Vorstellungsgespräch wieder wett!«

Seidel warf einen verzweifelten Blick zur Decke. »Wer sich nicht bewirbt, kommt dort doch gar nicht erst an! Und selbst wenn: Auch beim Vorstellen agieren Männer beherzter. Die FU Berlin fand heraus: Wenn Bewerber fünf Minuten für ihre Selbstpräsentation bekommen, sprechen Männer im Schnitt eine Minute länger als Frauen.«[81]

»Wahrscheinlich kommen Frauen schneller auf den Punkt!«, wandte Herr Müller ein.

»Da muss ich Sie enttäuschen: Wer länger sprach, hatte als Bewerber mehr Erfolg. Das dürfte erst recht für Führungspositionen gelten.«

»Aber ist es nicht fatal, wenn nur der Maulheld Karriere macht?«

»Vielleicht haben Sie vom Peter-Prinzip gehört: Jeder steigt so lange auf, bis er die Stufe seiner Inkompetenz erreicht hat. Der vorzügliche Außendienstler kann ein miserabler Vertriebsdirektor werden.[82] Aber das Peter-Prinzip trifft vor allem auf Männer zu.«

»Und was gilt für Frauen?«, fragte Herr Müller und kniff die Augen zusammen.

»Das umgekehrte Peter-Prinzip: Frauen bleiben oft hängen, ehe sie eine Hierarchie-Stufe erreicht haben, auf der sie ihre Talente und Fähigkeiten voll entfalten können. Und mit Führung verhält es sich wie mit einer Fremdsprache: Wer sie selbst nicht spricht, dem erscheint sie kompliziert. Und jeden, der ein paar Brocken beherrscht, kann man mit einem Sprachgenie verwechseln.«

»Das ließe sich ändern, indem man Sprachunterricht nähme«, sagte Herr Müller.

Seidel nickte. »Und bei der Führung ändert es sich, wenn man tatsächlich führt! Ich rate Frauen immer: Urteilen Sie über Ihre Führungsqualitäten erst, nachdem Sie das Führen probiert haben. Eine gute Gelegenheit bieten Projekte. Wer es schafft, ohne formale Macht zu führen, schafft es mit einer entsprechenden Position erst recht.«

»Und unser Tag, meinen Sie, gibt Frauen die Chance, einmal die Sprache der Führung zu sprechen.«

»Das hoffe ich sehr!«, entgegnete Seidel. »Ich bin schon neugierig, wie die Führungsrunde in Ihrer Firma am Tag des Perspektivenwechsels aussehen wird.«

Herr Müller setzte ein Schmunzeln auf. »Zumindest so viel weiß ich: Ein verlorener Mann wird unter lauter Frauen am Tisch sitzen. Und diesen Mann kann ich mir aussuchen, als Ersatz für mich.«

»Meinen Sie denn, Herr Sander wird beim Perspektivenwechsel mitspielen?«

»Ganz bestimmt«, sagte Herr Müller und rieb seine Hände. »Er will doch seinen Titel als Manager des Jahres verteidigen!«

Beide lachten.

Villa Kuntergrau

Herr Müller spürte, wie sich die Härchen in seinem Nacken aufrichteten. Er saß vor dem Laptop und las noch einmal die letzten drei Mails von Jan. Sie kamen ihm vor wie Peitschenhiebe, immer kürzer und bedrohlicher.

Die erste Mail, noch vor dem Einbruch, klang nach Radau:

Petra,

du rückst meinen Freund raus – oder ich mache dir einen Ärger, der sich gewaschen hat!

Jan

Die zweite Mail, nach Meikes Geburt, klang nach Körperverletzung:

Petra,

du bringst dich in Teufels Küche – und ich stehe am Herd, verlass dich drauf!

Jan

Und die dritte Mail, frisch eingegangen, klang nach Mord und Totschlag:

Petra,

du riskierst alles, was du hast. Letzte Chance!

Jan

Jan hatte keine Skrupel gehabt, als Einbrecher seine Wohnung zu verwüsten, was würde als Nächstes passieren? Herr Müller verließ das Haus nur noch mit einer kleinen Dose Pfefferspray, die er griffbereit in der Hosentasche trug. Beim Autofahren schaute er mehr in den Rückspiegel als auf die Straße vor ihm (einmal wäre er fast aus einer Kurve geflogen). Und wenn er mit Katja joggte, trabte Christian, der Peter-Verschnitt, als Leibwächter neben ihnen her (während Frido auf Meike aufpasste).

Katja hatte sich als Diplomatin versucht und Jan angerufen, um ihn zu besänftigen. Doch er beschimpfte sie als »dreckige Komplizin«: »Sei vorsichtig, dass du nicht in die Druckerpresse deiner eigenen Zeitung gerätst!« Dabei torkelte seine Aussprache so sehr, dass Katja den Alkohol förmlich durchs Telefon roch. Vormittags! Offenbar hatte ihn der Verlust seines Freundes Peter auch noch in ein Alkoholproblem gestürzt. Und das führte wohl dazu, dass er, der sich lange zurückgehalten hatte, nun zum radikalen Angriff überging – woran ihn zuletzt nur ein längerer Auslands-Aufenthalt für seine Firma gehindert hatte.

Schon tausend Mal hatte Herr Müller überlegt, wie er seinen alten Freund, der doch so loyal war, diesem Unglück entreißen konnte. Und immer wieder sah er nur einen Weg: Er musste zu Jan fahren und ihm die ganze Wahrheit sagen. Und er musste Jan einladen, diese Wahrheit zu prüfen: »Stell mir alle möglichen Fragen, die nur Peter beantworten kann. Du wirst sehen, dass ich auf jede eine Antwort weiß.« Nur durch eine solche Vorführung ließe Jan sich überzeugen, dass sein Freund Peter zu Petra geworden war, ganz ohne Kapitalverbrechen.

Aber wäre es klug, als körperlich unterlegene Frau und Hassobjekt auf die Türschwelle eines Mannes zu treten, der in Tequila gebadet hatte und dessen Kettensäge sich womöglich schon warmlief? Woher wusste Herr Müller, dass er nicht einen Knebel in den Mund geschoben bekam, ehe er alls erklären konnte?

Piepegal! Er war Pe, die verlorene Hälfte, und er würde Ja, seinen Freund aus Kindertagen, nicht hängen lassen. Er steckte das Pfefferspray ein, schrieb eine SMS an Katja (damit jemand wusste, wo er war), schaltete sein Handy aus und machte sich auf den Weg.

Die Angst bei ihm und die Wut bei Jan, dieser Spuk musste ein Ende haben.

Jan wohnte in einer Doppelhaus-Hälfte, die möglicherweise so hieß, weil das alte Haus in der Mitte auseinanderzubrechen drohte. Mehrere Risse liefen durch die Fassade, sie sah aus wie ein faltiges Gesicht, aschgrau und eingefallen. Die Erschütterungen der nahen Kreuzung, über die der gesamte Lkw-Verkehr der Autobahn donnerte, hatten dem Haus zugesetzt. Jan sprach gern von der »Villa Kuntergrau«.

Herr Müller trat auf die Schwelle und fixierte das Klingelschild. Seine rechte Hand tastete die Jackentasche ab. Das Pfefferspray war griffbereit. Er klingelte.

Sind die Stuten bissig?

Schleimer Weimer saß an seinem Schreibtisch und hatte sein Kinn in die Handfläche abgelegt. »Das finde ich ungewöhnlich, werte Frau Müller!«

»Was genau?«

»Dass eine Frau die andere fördern will.«

»Ungewöhnlich?«

»Haben Sie noch nie von Stutenbissigkeit gehört? Je mehr Erfolg eine Frau hat, desto weniger gönnt sie ihn anderen. Schließlich will sie sich keine Konkurrenz heranzüchten.«

»Dann nennen Sie doch mal Beispiele«, sagte Herr Müller. »Welche Frau in unserer Firma hat darauf verzichtet, eine andere Frau zu befördern?«

Weimer knetete seine rote Fliege und schwieg.

»Keine«, antwortete Herr Müller selbst. »Und warum nicht? Weil es vor mir keine Frauen in Führung gab, die andere hätten befördern können.«

»Aber die Stutenbissigkeit ist doch keine Erfindung von mir!«

»Erst halten die schlauen Hengste die Stuten von der Führungsweide fern – und dann wiehern sie das Märchen von der Stutenbissigkeit in die Welt, um von ihren eigenen Interessen abzulenken.«

Herr Müller sagte diese Sätze im Ton der Überzeugung, aber innerlich zweifelte er: Stimmte es nicht doch, dass Frauen oft übereinander lästerten, sich ins Wort fielen und einander ausbremsten? Dass sie nicht an einem Strang zogen wie die Männer, sondern sich belauerten und gegeneinander arbeiteten? Er würde Katja anregen, Ansgar Seidel im nächsten Interview zu fragen, was es mit der Stutenbissigkeit auf sich hatte.

Schleimer Weimer antwortete: »Und was, bitteschön, haben Männer davon, wenn kaum Frauen in Führungspositionen kommen?«

»Weniger Konkurrenz! Vor ein paar Tagen hat mir ein befreundeter Karriereberater eine Studie geschickt, nach der 71 Prozent der Männer im mittleren Management Frauen als Konkurrentinnen fürchten.«[83]

»Dieses Problem ist mir aus unserem Haus nicht bekannt.«

»Und warum gab es dann vor mir noch keine weibliche Führungskraft?«

Weimer quetschte seine Fliege noch fester.

»Ich bleibe dabei«, sagte Herr Müller. »Frau Neuner muss meine Stellvertreterin werden.«

»Aber wie soll ich denn rechtfertigen, dass eine Sekretärin zur stellvertretenden Abteilungsleiterin aufsteigt?«

»Zum Beispiel damit, dass Frau Neuner seit sieben Jahren herausragende Organisationsarbeit leistet und die Abteilung mit ihrem Marketing-Fachwissen immer wieder voranbringt.«

»Na, na, werte Frau Müller«, sagte Weimer und faltete seine Hände. »Wie wollen Sie über sieben Jahre urteilen, obwohl Sie nur einen Bruchteil dieser Zeit in unserem Hause sind!«

»Ich habe mit Peter Müller gesprochen. Unter anderem weiß ich, dass Frau Neuner vor vier Jahren durch ihr waches Auge einen schweren Fehler in der ›Wir-drehen-nicht-durch‹-Kampagne vereitelt hat. Und als Herr Müller gegangen ist, hat sie den gesamten Laden alleine geschmissen, bis ein Nachfolger gefunden war.«

»Das mag ja alles sein«, räumte Weimer ein. »Aber haben Sie mal überlegt, welches Signal bei den männlichen Mitarbeitern Ihrer Abteilung ankommt, wenn gleich zwei Frauen an der Spitze stehen? Das hat ein Geschmäckle!«

»Und haben Sie mal überlegt, welches Signal bei den Mitarbeiterinnen ankommt, wenn in allen anderen Abteilungen ausschließlich Männer an der Spitze stehen? Hat das etwa kein Geschmäckle?«

Weimers Finger waren vom Drücken so weiß, dass sich seine Fliege dazwischen blutrot abhob. »Aber das können Sie doch nicht vergleichen!«

»Warum nicht?«

»Weil die Abteilungen traditionell in Männerhand sind.«

»Es war auch einmal Tradition, mit der Kutsche nach Italien zu reisen. Heute nimmt man das Flugzeug.«

»Was sind denn das für Vergleiche!«, empörte sich Weimer und rollte mit den Augen.

»Treffende! Und ich bleibe dabei: Frau Neuner ist ab sofort meine Stellvertreterin.«

»Das können Sie doch nicht allein entscheiden. Herr Sander hat das letzte Wort.«

»Gute Idee«, sagte Herr Müller. »Er wurde doch in allen Medien als Frauenförderer gefeiert. Sicher ist es eine Herzenssache für ihn, die einzige Führungsfrau seiner Firma dabei zu unterstützen, eine Stellvertreterin zu ernennen.« Herr Müller hielt einen Moment inne und fügte leise hinzu: »Alles andere gäbe hässliche Schlagzeilen. Und das wollen Sie sicher so wenig wie ich …«

Schleimer Weimer ließ seinen Kopf sinken. Mit viel gutem Willen ließ sich das als Nicken deuten.

Herr Müller war voll guten Willens.

Führen ist weiblich

Wieder einmal hatte sich Herr Müller die BAZ vom Besuchertisch stibitzt und blätterte sich zum Interview mit Ansgar Seidel vor. Diesmal sollte es um Frauen in Führungspositionen gehen. Neugierig begann er zu lesen:

Aufstieg als Frauensache

»Wir brauchen mehr Managerinnen!«
von Katja Hansen

Noch immer sind Frauen in der Führungsetage dünn gesät. Welche Gründe hat das? Brauchen wir tatsächlich eine Frauenquote? Und wer führt eigentlich besser, Männer oder Frauen? Diese Fragen haben wir mit Ansgar Seidel besprochen, der als Karrierecoach jeden Tag mit Führungsfrauen und -männern spricht.

BAZ: Angenommen, Sie besäßen ein großes Unternehmen und würden einen neuen Geschäftsführer suchen – wäre Ihnen eine Frau oder ein Mann lieber?

A. Seidel: Bei gleicher Qualifikation würde ich die Frau vorziehen. Weil der weibliche Führungsstil besser in die moderne Arbeitswelt passt. Männer haben das Führen über Jahrtausende bei der Kirche und beim Militär gelernt. Es gilt das Prinzip von Befehl und Gehorsam. Die Mitarbeiter müssen kommandiert, nicht überzeugt werden.

Und wenn die Männer jetzt rufen: »Man kann uns doch nicht alle über einen Kamm scheren!«?

Was rufen dann erst die Frauen? In fast allen Unternehmen läuft es doch umgekehrt: Gehobene Führungspositionen gehen automatisch an Männer – weil man(n) die Frauen offenbar über einen Kamm schert und ihnen Top-Management nicht zutraut. Völlig zu Unrecht!

Was machen Frauen beim Führen anders als Männer?

Der klassische Alpha-Mann ist ein einsamer Wolf. Seinen Job sieht er darin, mehr als seine Mitarbeiter zu wissen, weiter als sie zu denken und aus eigener Kraft das Richtige zu tun. Neulich hat mir ein Geschäftsführer stolz erzählt: »Dieses Jahr musste ich meinen Urlaub abbrechen, um mal wieder die Kastanien aus dem Feuer zu holen.« Die Botschaft: Ich hab's drauf, meine Mitarbeiter nicht! Eigentlich müsste die Dienstkleidung eines solchen Chefs das Superman-Kostüm sein.

Und bei Frauen ist das anders?

Die meisten Chefinnen wären entsetzt, wenn die Geschäfte in ihrem Urlaub nicht liefen. Sie würden sich fragen: Was kann ich tun, um meine Mitarbeiter besser zu befähigen? Ihre Überlegungen gehen in eine sachlich-konstruktive Richtung. Dagegen denken viele Männer in Machtkategorien und horten Wissen.

Männer entscheiden einsam, sagen Sie. Müssen Frauen an der Spitze das nicht auch?

Die letzte Entscheidung nimmt einer Managerin niemand ab. Die Frage ist nur, auf welcher Grundlage sie gefällt wird. Ich beobachte, dass Chefinnen deutlich mehr als Männer kommunizieren: Sie beziehen Experten ein, hören der Basis zu und wägen Chancen und Risiken ab.

Sind das nur subjektive Eindrücke von Ihnen?

Nein, es ist wissenschaftlich nachgewiesen, dass Frauen ihre Mitarbeiter besser als Männer inspirieren, als Rollenvorbilder mehr taugen und den Führungsnachwuchs professioneller entwickeln.[84] Außerdem zeigen viele Beispiele aus den USA: Managerinnen haben einen fantastischen Instinkt für die Bedürfnisse der Kunden.[85]

Das heißt: Wir brauchen gar keine männlichen Manager mehr?

Und ob wir sie brauchen! Genauso dringend wie Frauen. Gemischte Teams arbeiten am effektivsten und erzielen über 50 Prozent mehr Gewinn.[86] Kombinieren Sie die Risikofreude der Männer mit der Besonnenheit der Frauen – und Sie bekommen exzellente Entscheidungen. Ergänzen Sie den Zahlenblick der Männer um den Beziehungsblick der Frauen – dann läuft es geschäftlich und menschlich gut. Dagegen können alle Stärken der Geschlechter, ohne ein passendes Gegengewicht, in eine »entwertende Übertreibung« abgleiten.[87] Zu viel Risikofreude mündet in Waghalsigkeit; zu viel Besonnenheit beschwört Verharren herauf. Deshalb bin ich für Diversity – und gegen Führungsteams, die nur aus Männern oder nur aus Frauen bestehen.

Stichwort »nur aus Frauen«: Ist die viel beschworene »Stutenbissigkeit« eigentlich ein Mythos?

Leider nein. Zum Beispiel haben Frauen mit ihren Chefinnen ein größeres Problem als Männer. Aus Sonja Bischoffs Studie »Wer führt in (die) Zukunft« geht hervor: Nur 13 Prozent der befragten Männer bewerten die Zusammenarbeit mit einer Chefin schlechter als mit einem Chef – aber 23 Prozent der befragten Frauen. Als Hauptgründe werden genannt: Konkurrenzdenken, Rivalität und Wettbewerbsorientierung.[88] Nicht nur Männer bremsen die Karriere von Frauen aus, sondern auch Frauen untereinander. Sie müssen lernen, sich gegenseitig zu unterstützen, wie es Männer auch tun. Es braucht Zusammenhalt statt Konkurrenz.

Zurück zum Führungsstil: Frauen gehen demokratischer als Männer vor. Wird ihnen das nicht als Entscheidungsschwäche ausgelegt?
Im Gegenteil! Versetzen Sie sich in die Mitarbeiter: Wenn sie die Chance haben, bei einer Entscheidung mitzureden, tragen sie diese viel eher mit, als wenn über ihren Kopf hinweg entschieden würde. Gerade neulich habe ich erlebt, dass die Geschäftsführerin eines Logistikunternehmens einen neuen Fuhrpark angeschafft und dabei ihre LKW-Fahrer einbezogen hat.

Ist das denn so ungewöhnlich?
In diesem Unternehmen mit 50-jähriger Tradition war das bis dahin noch nie vorgekommen – unter männlichen Chefs. Die Geschäftsführerin hat zwei Fliegen mit einer Klappe geschlagen: Erstens hat sie wirklich die zuverlässigsten LKW-Modelle gekauft – denn ihre Fahrer, die oft mit Kollegen sprechen, kannten sich perfekt aus. Und zweitens sind diese Mitarbeiter motivierter als je zuvor – sie durften selbst über ihr Fahrzeug mitentscheiden!

Und wie steht es mit Kritik: Sollte eine Chefin ihre Mitarbeiter dazu einladen? Oder untergräbt das die eigene Autorität?
Da findet sich die treffendste Antwort beim Macht-Spezialisten Machiavelli: »Es gibt gar kein anderes Mittel, um sich gegen die Schmeichelei zu sichern, als wenn man zeigt, dass man die Wahrheit hören kann, ohne dadurch beleidigt zu werden.«[89] Wer keine Speichellecker

um sich scharen will, wie viele autoritäre Manager, muss die Mitarbeiter zu kritischen Rückmeldungen einladen. Dabei fließen wertvolle Informationen, die sonst nie oben ankämen.

Nun haben wir über den Umgang mit der Belegschaft gesprochen. Aber letztlich werden Chefinnen doch an guten Zahlen gemessen!
Der einzige Weg, um gute Zahlen zu bekommen, sind heute zufriedene Mitarbeiter. Die eigentliche Arbeit findet in einem Raum statt, zu dem eine Führungskraft keinen Zutritt hat: dem Kopf des Mitarbeiters. Seine Gedanken und Ideen wird er nur dann einbringen, wenn er sich wohl- und wertgeschätzt fühlt. Frauen gelingt es oft, ein solches Klima zu erzeugen.

Warum bekommen Frauen das eher hin als Männer?
Frauen definieren ihr Selbstbewusstsein nicht durch Unterwerfung anderer, sondern durch intakte Beziehungen.[90] Sie sind einfühlsamer und finden die richtigen Worte. Nicht umsonst hat schon ein dreijähriges Mädchen einen doppelt so großen Wortschatz wie ein gleichaltriger Junge. Die weiblichen Gehirnhälften sind besser verknüpft, das fördert die Sprachfähigkeit. Die Gründe liegen in der Evolution: Der Mann ist ein gelernter Schweiger; bei der Jagd musste eine Gruppe stundenlang ohne Mucks verharren. Derweil haben die Frauen sich beim Sammeln und Haushalten unterhalten und Beziehungen pflegen können.[91]

Was halten Sie von der Frauenquote?
Ich sehe das wie den Gurt beim Autofahren: Wer vernünftig ist, schnallt sich an, ohne dass ihn ein Gesetz zwingt. Aber wenn Firmen unvernünftig und immer noch auf Männer fixiert sind, kann eine Frauenquote die Vernunft beschleunigen. Aber bitte nicht nur eine Quote für Aufsichtsräte und Vorstände – sondern für alle Management-Ebenen, auch die unteren!

Warum ist Ihnen das so wichtig?

Weil der Aufstieg von Frauen organisch verlaufen muss, ebenso wie bei Männern. Wer bislang nur Tempo 60 kennt, kann in der Formel 1 nicht mithalten. Dagegen lassen sich Frauen, die alle Führungsebenen durchlaufen haben, von Top-Managern nicht vorführen. Außerdem sind die größten Bremser der Frauenkarrieren nicht starke Männer im Top-Management, sondern schwache Männer im mittleren Management, die den Vergleich mit fähigen Frauen fürchten und um ihre eigenen Sessel zittern.[92]

Viele Frauen lehnen die Quote ab. Warum?

Weil sie eine Befürchtung der französischen Philosophin Elisabeth Badinter teilen: Wer als Frau Hilfe beansprucht, gilt schnell als hilfsbedürftig, als kleine Bittstellerin.[93] Niemand will auf dem Ticket der Quotenfrau nach oben reisen. Darum ist es so wichtig, dass Frauen *nicht* wegen der Quote aufsteigen – sondern wegen ihres Könnens!

Sehen männliche Chefs dieses Können denn?

Leider selten! Nach einer Studie der German Consulting Group sagen 94 Prozent der männlichen Führungskräfte: »Weibliche Talente« stellen im Topmanagement keinerlei Mehrwert dar.[94] Dabei weisen Studien aus den USA und Europa nach, dass weibliche Top-Manager die Unternehmensrendite erheblich steigern.[95]

Was können Frauen tun, um auch ohne Quote aufzusteigen?

Vergleichen Sie es mit dem Bergsteigen: Man kommt nicht zufällig auf dem Gipfel an, sondern muss sich für einen Aufstieg entscheiden. Dazu müssen Frauen ihre Karriere ähnlich beherzt wie die männlichen Kollegen planen: Jeder vierte Mann gibt in einer internationalen Studie an, dass ihn ein Vorstandsposten reizt – aber lediglich jede 14. Frau![96] Nur wer weiß, wo er hinwill, kann dort ohne Zufälle ankommen.

Nun sind die Führungsgipfel ja ziemlich hoch und die Wände womöglich glatt ...

Umso mehr kommt es darauf an, das eigene Rüstzeug zu sichten: Welche Voraussetzungen bringe ich mit, um eine Führungsaufgabe auszufüllen? Um Stärken einzusetzen, muss man sie kennen. Oft finden sich spannende Spuren in der Biographie: War die Mitarbeiterin als Tutorin tätig? Engagiert sie sich in einem Verein oder ehrenamtlich? Gilt sie in ihrem Freundeskreis als Organisationstalent und treibende Kraft? Viele Ressourcen finden sich im Privaten.[97]

Übersieht man sie dort nicht leicht?

Deshalb empfehle ich: Lassen Sie sich von Ihren Freundinnen und Freunden schriftliche Rückmeldungen geben. Stellen Sie zum Beispiel die Frage: »Welche Kompetenzen und Fähigkeiten siehst du in mir, die mich für eine Führungsposition befähigen?« Viele Frauen sind verblüfft, als wie souverän andere sie erleben. Die eigene Wahrnehmung neigt dazu, vermeintliche Schwächen zu übertreiben; Forscher sprechen vom »Spotlight-Effekt«.[98]

Nun steht man vor dem Gipfel und hat das Rüstzeug gesammelt – aber oben ist man deshalb noch lange nicht!

Jetzt braucht es noch zweierlei: einen einheimischen Bergführer und eine Route. Der Führer zum Gipfel kann ein Mentor oder eine Mentorin sein. Das ist jemand, der in der Hierarchie des Unternehmens deutlich höher steht als die Mitarbeiterin selbst. Solche Routiniers wissen genau, welche Wege nach oben führen und welche heimlichen Spielregeln gelten.

Und wie findet man einen solchen Mentor?

Indem man sich *nicht* nur fragt: Was kann der Mentor für mich tun? Sondern vor allem: Was kann ich für den Mentor tun? Vorzügliche Leistungen sind das beste Argument. Viele Manager erfüllt es mit

Stolz, wenn ihr (weiblicher) Schützling im Unternehmen eine große Karriere hinlegt. Das ist gut für den eigenen Ruf und stärkt die
Machtbasis.

**Ich fürchte, auf der Route zum Gipfel lauern in einer männerdominier-
ten Arbeitswelt viele Hindernisse.**
Das beste Mittel, um eine Führungsposition zu bekommen: Handeln
Sie schon vorher wie eine Führungskraft! Also auf Statussymbole
achten, Machtspielchen durchschauen und klare Ansagen machen.
Viele Frauen beachten den Unterschied zwischen männlicher und
weiblicher Kommunikation zu wenig. Zum Beispiel will eine Projekt-
leiterin ihre Kritik an einem jungen Kollegen dämpfen, indem sie ein
Lob voranstellt – und wundert sich dann, dass der Mann nur das
Lob hört. Oder sie delegiert eine Arbeit und entschuldigt sich gleich
dafür. All das nehmen die selbstbewussten Jungs von einst als Zeichen der Schwäche wahr.[99] Hier sind klare Botschaften und mehr
Hierarchie-Denken gefragt.

Gehört Trommeln zum Handwerk?
Unbedingt! Vor ein paar Monaten habe ich eine Ingenieurin beraten,
die immer wieder Projekte anschob und mit Erfolg beendete. Sie
schrieb Strategiepapiere, die auf höherer Ebene diskutiert wurden.
Und sie hat ihren Chef vertreten, wenn der im Urlaub war.

**Ist das nicht jenes Verhalten, vor dem Sie eigentlich warnen: Die
Frau erledigt eine Führungsaufgabe, aber bekommt nur ein Mitarbei-
ter-Gehalt?**
Es darf kein Dauerzustand werden. Aber Vorleistungen sind für eine
Beförderung nötig. Diese Ingenieurin hat Fachartikel publiziert, ist
bei Kongressen aufgetreten und bekam nach kurzer Zeit die ersten
Headhunter-Angebote. Ein kurzer Wink an ihren Chef, schon wurde
eine attraktive Position für sie geschaffen. Alternativen am Markt be-

schleunigen eine Beförderung enorm. Eine Umfrage des Deutschen Führungskräfteverbandes ergab: Nur vier Prozent der Befragten sehen die fachliche Qualifikation als Karrieretreiber Nummer 1. Aber jeder Dritte nennt die Selbst-PR![100]

Und welche Rolle spielt das Networking?
Eine große! Zum Beispiel schrieb der österreichische Unternehmer und Politikberater Karl Jurka eine verantwortliche Position aus. Männliche und weibliche Bewerber hielten sich die Waage. Dann stand sein Telefon nicht mehr still: Ein Fürsprecher nach dem anderen meldete sich. Die Männer wurden über den grünen Klee gelobt. Niemand hat eine der Frauen empfohlen![101]

Frauen ist es unangenehm, viel Lärm um ihre eigene Leistung zu machen!
Was den Männern wiederum angenehm ist – dann kommt ihr Trommeln umso lauter durch. Hier müssen Frauen über ihren Schatten springen. Mein Leitspruch ist: Wer untertreibt, hat auch gelogen!

Und wenn eine Frau ganz oben ankommt – womit hat sie dann zu kämpfen?
Kürzt ein Manager, feiert man sein »Spartalent«; kürzt eine Frau, beklagt man ihr kaltes Herz. Und warum hieß Maggie Thatcher eigentlich »eiserne« Lady«? Sie war nicht eiserner als andere Regierungschefs – aber sie war eine Frau.

Apropos: Wie bewerten Sie es, dass Angela Merkel »Mutti« genannt wird?
Als Giftpfeil, mit dem Männer auf ihre Autorität zielen. Schon Mitte der 1990er-Jahre hat die amerikanische Linguistik-Professorin Deborah Tannen geschrieben: »Warum empfinden es so viele berufstätige Frauen als erniedrigend, wenn man sie als ›mütterlich‹ kenn-

zeichnet? Ein Grund dafür mag sein, dass Mütter mit einem Leben im Hause assoziiert werden, denn die berufstätigen Frauen versuchen ja gerade, der Erwartungshaltung zu entkommen, wonach die Frau ›ins Haus gehört‹.«[102]

Wie gehen Managerinnen am besten mit solchen Angriffen um?
Mit Gelassenheit. Wer in der Hierarchie ganz oben steht, kann es sich leisten, solche Giftpfeile an sich abprallen zu lassen. Mit dieser Strategie fährt auch die Kanzlerin gut.

Herr Seidel, herzlichen Dank für dieses Gespräch!

Spurlos verschwunden

Als Freia von Sternberg um kurz nach 17 Uhr bei ihm im Büro anrief und sagte, Fridolin habe Meike vor zwei Stunden abholen wollen, sei aber ohne Entschuldigung ferngeblieben, da ahnte Herr Müller: Etwas Schlimmes musste passiert sein.

Frido hatte um 13 Uhr einen Termin beim Zahnarzt gehabt, einen »Routineeingriff«, wie es hieß. War dabei etwas schiefgegangen? Oder war Frido, von der Betäubung benebelt, auf dem Heimweg von der Straße abgekommen? Oder war er zu Hause schwer gestürzt und lag jetzt wie ein hilfloser Käfer auf dem Rücken?

Herr Müller sprang auf, ohne seinen Computer runterzufahren, und rauschte nach Hause. »Frido«, rief er schon im Flur. Die Wohnung schwieg zurück. Vielleicht lag ein Zettel auf dem Küchentisch, eine Erklärung? Leerer Tisch! Oder hatte sich Frido kurz hingelegt und war dabei in den Tiefschlaf geglitten? Leeres Bett!

Herr Müller sprang von Raum zu Raum. Niemand in der Küche. Niemand im Wohnzimmer. Niemand im Bad. Niemand in der

Speisekammer. Niemand unterm Tisch, niemand hinterm Sofa, niemand unter der Decke des gemachten Betts.

Ein Anruf beim Zahnarzt ergab, dass Frido die Praxis »in gutem Zustand« verlassen hatte, was immer das heißen mochte. Aber warum ging Frido nicht ans Handy? Warum meldete sich nur seine Mailbox? Herr Müller hinterließ eine Nachricht: »Ruf mich bitte zurück, Frido! So schnell es geht. Ich mach mir große Sorgen.«

Er durchsuchte das Internet nach Meldungen über schwere Verkehrsunfälle in der Stadt. Fehlanzeige. Er rief sämtliche Krankenhäuser an (bis auf die Kliniken der von Sternbergs, von dort hätte er Nachricht bekommen). Fehlanzeige. Er fragte Katja am Telefon, ob sie etwas wisse. Fehlanzeige. Und nur sein Verstand hielt ihn davon ab, auch noch bei der Friedhofsverwaltung nach den Beerdigungen des heutigen Tages zu fragen.

Er saß am Küchentisch, sein Kopf sank auf die Platte. Der Kühlschrank brummte so laut, als beschleunigte ein LKW im ersten Gang. Die Uhr tickte wie eine Zeitbombe, jeder Schlag des Zeigers traf seinen Kopf. Es war kurz nach 21 Uhr.

Mit jeder Minute, die verging, schwand seine Hoffnung, dass Frido doch noch auftauchte und sich alles als großes Missverständnis erwies. Ein Mann war abhandengekommen, mitten in einer Stadt, so wie ein Cent unbemerkt in einen Gullyschacht rollt. Und niemand, außer Herrn Müller und den Eltern, vermisste den Verschwundenen.

Er dachte an Jan: War es ihm mit Peter nicht genauso ergangen? War sein bester Freund nicht auch über Nacht verschwunden, ohne jede Spur? Wie groß musste seine Ohnmacht sein! Seitdem Herr Müller bei Jan geklingelt hatte und unverrichteter Dinge nach Hause zurückgekehrt war – denn sein Freund war nicht zu Hause gewesen –, hatte er nichts mehr von ihm gehört.

Seine Gedanken wanderten zu Meike. Würde sie jetzt ohne Vater aufwachsen, mit einer Mutter, deren typische Handbewegung ein Tränen-Wegwischen mit dem Taschentuch war? Der Schleusen-wärter seines Tränenkanals war kurz davor, alle Schieber zu öffnen.

Da klingelte das Telefon. Auf dem Display: Fridos vertraute Nummer! Er hätte das Telefon küssen, die Welt umarmen und auf der Stelle eine Party schmeißen können!

»Frido! Endlich! Ich habe mir schon solche Sorgen gemacht.«

»Zu Recht«, sagte eine kühle Stimme.

»Jan?«

»Du rückst Peter raus – dann bekommst du Frido wieder.«

»Jan, verdammt! Jetzt reicht es! Das ist eine Entführung!«

»Allerdings. Damit kennst du dich ja aus.«

»Ich habe Peter nicht entführt!«, rief Herr Müller verzweifelt.

»Himmel Donnerwetter, dann hält er sich jetzt freiwillig seit einer Ewigkeit versteckt und schreibt merkwürdige Mails!«

»Jan, glaub mir doch: Ich *bin* Peter! Was in meiner Mail stand, das stimmt.«

»Petra«, äffte er sie mit hoher Stimme nach, »glaub mir doch: Ich bin Frido, dein kleines Schätzchen!«

»Das ist doch absurd!«, sagte Herr Müller.

»Deine Behauptung etwa weniger?«

»Jan, ich werde die Polizei rufen!«

»Wenn du willst, dass Frido im Wald verhungert – nur zu!«

»Ich rufe trotzdem die Polizei«, sagte Herr Müller.

»Die ist schon auf dem Weg zu dir!«, entgegnete Jan.

Es knackte in der Leitung; Jan hatte aufgelegt.

Ich bin Peter, nicht Dschingis Kahn!

»Du musst die Polizei einschalten!«, flehte Katja. Mitsamt Jacke hatte sie sich an den Küchentisch gesetzt, auf die Kante des Stuhls, neben ihr Christian. Herr Müller sah, wie sich ihre Lippen bewegten, doch seine Ohren hörten die Worte nur wie ein Flüstern aus der Ferne. Sein Kopf bestand aus einem brummenden Kühlschrank und einer tickenden Zeitbombe.

»Petra!«, setzte Katja noch einmal an, »du musst die Polizei alarmieren. Hörst du, Petra?«

Herr Müller blies seine Wangen auf, ließ Luft entweichen, füllte sie wieder, ließ Luft entweichen. Mit Mühe hatte er die von Sternbergs davon abgehalten, die Polizei einzuschalten. Meike war nach wie vor bei ihnen.

Ganz langsam kam der Verstand in seinen Kopf zurück.

»Katja, ich kann Jans Forderung nicht erfüllen. Er will Peter zurück.«

»Aber was hat das mit dir zu tun?«

»Er denkt, ich hätte Peter entführt«, sagte Herr Müller und starrte auf die Tischplatte.

»Aber das ist nicht so!«, sagte Katja und wirbelte ihren Pferdeschwanz durch die Luft. »Peter hat eine andere Frau!«

»Diese andere bin gewissermaßen ich!«, seufzte Herr Müller. »Das ist kompliziert.«

Christian schüttelte den Kopf. »Muss ich das jetzt verstehen?«

»Ich versteh's ja selber nicht«, sagte Herr Müller.

In diesem Moment klingelte es an der Haustür. Atemlos schlug die Glocke an, jemand musste seinen Finger auf den Knopf pressen. Hatte Jan nicht angekündigt, die Polizei zu schicken?

Herr Müller spürte, wie sein Hals enger wurde. Gleich würde man ihn fragen, mit welchem Recht er von Peters Konto Geld abhob, ob er mal eben die Heiratsurkunde vorzeigen konnte und am Ende des Verhörs, in welcher Ecke des Gemüsegartens, wahrscheinlich direkt neben dem Komposthaufen, er Peter bei Nacht und Nebel verbuddelt hatte.

Das Klingeln schwoll zum Sturm an, Herr Müller musste öffnen. Er zog die Tür einen winzigen Spalt auf, genau wie er damals, frisch im neuen Körper, seine Bettdecke nur einen winzigen Spalt gehoben hatte. Eine Gestalt mit zerkratztem Gesicht, blauem Auge und zerrissener Kleidung unternahm den vergeblichen Versuch, ein Lächeln aufzusetzen.

»Er hat mich mit roher Gewalt an einen Baum gefesselt«, sagte Frido. »Skalpell in der Tasche – das hilft dir aufs Rasche!« Sie fielen sich in die Arme.

Frido wusch sich und erzählte, wie Jan ihn mit einem Anruf an den Waldrand gelockt hatte (angeblich ging es um eine für die von Sternbergs höchst brisante Patienten-Akte), wie er dann überwältigt und in den Wald verschleppt wurde. Wie Jan ihm das Handy und seinen Schlüsselbund aus der vorderen und das Portemonnaie aus der hinteren Hosentasche abgenommen, dabei aber das schmale Skalpell übersehen hatte. Und wie Frido es nach etlichen verzweifelten Versuchen schaffte, das rettende Werkzeug aus der Tasche zu friemeln. Dank seines chirurgischen Geschicks gelang es ihm dann, mit Skalpell zwischen Daumen und Zeigefinger, seine Hände vom Hanfseil zu befreien. Den Weg zurück nach Hause hatte der Verschleppte zu Fuß antreten müssen, da er ja weder Geld noch Telefon besaß.

Herr Müller spürte, dass der Moment der Beichte gekommen war. Jetzt musste er die ganze Wahrheit auf den Tisch legen. Und so erzählte er seine Geschichte: wie er als Peter ins Bett gegangen, aber als Petra erwacht war. Wie er seinen alten Job zurückeroberte und mit den männlichen Kollegen schwer zu kämpfen hatte. Und wie er sein neues Leben, das ihm erst wie ein Fluch vorgekommen war, immer mehr für sich erschlossen und genossen hatte, bis hin zu seiner Beziehung und der Geburt Meikes.

Frido sah ihn an, als hätte Herr Müller sich gerade als Dschingis Kahn vorgestellt, der auf einem Küchenstuhl durch die Steppe reitet. »Schatz, diese Aufregung hat dich ja völlig aus dem Lot gebracht. Darf ich dir ein leichtes Beruhigungsmittel spritzen?«

»Halt!«, ging Katja dazwischen. »Bei meinem ersten Besuch war mir doch aufgefallen, dass du dich genau wie Peter hinterm Ohr kratzt, von oben nach unten mit dem gekrümmten Mittelfinger. Und der große Bogen, mit dem du deine Teetasse zum Mund führst. Und deine Augen, die eine Millisekunde früher lachen als dein Mund.«

»Ja, es ist so«, sagte Herr Müller und deutete mit dem Zeigefinger auf sich selbst. »Ich bin Peter.«

Als er sah, dass Frido sein Gesicht verzerrte, fügte er hinzu: »Besser gesagt: Mittlerweile bin ich Petra. Eine lupenreine Frau.«

Nun legte Katja mit einem Kreuzverhör los, und man merkte ihr die Journalistin an: Sie stellte knifflige Fragen, die nur ein Mensch der Welt beantworten konnte: Peter Müller. Sie wollte wissen, welches ihr erster gemeinsamer Kinofilm war, in welcher Reihe sie dabei gesessen und wie sie es kommentiert hatten (»Titanic«, ganz hinten, unter dem Vorführgerät, »ein Platz im Maschinenraum«); bei welcher Gelegenheit sie einmal angetrunken von der Arbeit nach Hause gekommen war (eine blöde Weinprobe, zu der sie Chefredakteur Lehmann kommandiert hatte); welchen scherzhaften Satz Peter Müller, wenn er morgens neben ihr aufwachte, immer als Erstes gesagt hatte (»Wie kommst du eigentlich in mein Bett?«); und wo er seine unentbehrliche Motorrad-Schraube wiedergefunden hatte (im Sack des Staubsauger-Beutels, was er – ein alter Haushalts-Muffel – eindeutig Katja anlastete).

Das Kreuzverhör dauerte eine halbe Stunde. Danach sagte Katja zu den anderen: »Er ist es! Kein Zweifel.«

»Aber er sieht eindeutig nicht wie ein Mann aus!«, wandte Christian kleinlaut ein.

Frido sagte gar nichts, aber Herr Müller hatte den Verdacht, dass die Entführung mit roher Gewalt gerade auf den zweiten Platz der Schock-Hitliste des Tages abgestürzt war.

Die Türglocke ging erneut.

»Jan!«, rief Herr Müller und sprang auf. »Er muss deine Flucht bemerkt haben. Was jetzt?«

Frido zog sein Skalpell aus der Tasche. »Diesmal werde ich mich wehren.« Christan ging an die Küchenschublade und griff ein Brotmesser.

Die Türglocke ging wieder, Schlag auf Schlag. Dann rief eine energische Stimme: »Polizei! Öffnen Sie die Tür! Oder wir brechen sie auf.«

Herr Müller ließ zwei Polizisten ein. Der eine war hager, klein und jung, der andere überragte ihn um einen Kopf und um zwei Bäuche. Eben ein echter »Bulle«. Vor der Tür kreiste ein Blaulicht.

Der Bulle von einem Bullen ergriff das Wort: »Sind Sie Frau Müller?«

»Ja.«

»Wir haben Hinweise darauf, dass Sie Ihren Mann entführt haben und gefangen halten.« Er kramte ein Foto aus einer Klarsichthülle. Es war ein leicht unscharfer Computerausdruck, der Peter auf seinem Motorrad in der Wüste von Dakar zeigte.

»Ist das Ihr Mann?«

»Ja, das ist Peter Müller.«

Der Bulle von einem Bullen sah ihn streng an. »Wo ist Peter Müller geblieben? Er soll seit langer Zeit verschwunden sein.«

»Das stimmt. Aber ich weiß nicht, wo er steckt.«

»Ich bitte Sie!«, sagte der Polizist. »Ihr Mann verschwindet und Sie melden ihn nicht einmal als vermisst? Da ist doch etwas oberfaul!«

»Ich habe nichts damit zu tun.«

»Das werden wir auf dem Revier klären. Bitte kommen Sie mit.« Der Bulle von einem Bullen wandte sich zum Gehen.

Katja, Frido und Christian traten beklommen in den Flur. »Was wollen Sie mit dem Küchenmesser?«, fuhr der Jung-Bulle Christian an.

»Wir sind gerade am Abendessen«, sagte er und legte das Messer auf die Garderobe.

Frido ließ sein Skalpell unauffällig in die Hosentasche gleiten.

Der Bulle von einem Bullen hatte sich blitzschnell umgedreht und seine Hand an die Pistole im Halfter gelegt. Nun traf er Christian mit einem entsicherten Blick. Seine Mundwinkel weiteten sich, als wollte er schreien, aber dann wurde auf halbem Weg ein Lächeln daraus: »Da sind Sie ja, Herr Müller!« Er ging auf Christian zu und schüttelte ihm die Hand. Der ließ es ohne Reaktion geschehen.

»Oder sind Sie etwa nicht Herr Müller?« Er schaute auf seinen Ausdruck von Peter Müller, die beiden Polizisten verglichen das Foto mit dem Gesicht.

»Wir werden alle älter«, murmelte der Polizist, offenbar mit Blick auf die Geheimratsecken. »Sicher können Sie sich ausweisen.«

»Ich weiß nicht, wo ich meine Papiere habe.«

»Dann muss ich Sie und Ihre Frau wohl doch mit aufs Revier nehmen.«

»Aber ich weiß, wo deine Papiere sind, Schatz.« Herr Müller lief zur Garderobe und zog die Brieftasche Peter Müllers aus einer Jacke. Als Christian den Personalausweis vorzeigte, nickten die Polizisten zufrieden.

»Bitte entschuldigen Sie den Fehlalarm«, sagte der Jung-Bulle. »Da hat sich unser Tippgeber ganz offensichtlich getäuscht.«

»Wollen Sie mir einen Gefallen tun?«, fragte Herr Müller.

»Gerne!«

»Sagen Sie Ihrem Tippgeber bitte, dass Peter Müller lebt und dass es ihm gutgeht. Das wird ihn beruhigen.«

»Abgemacht, wir fahren sofort vorbei.«

Der Polizeiwagen verschwand in der Nacht. Sein Blaulicht erlosch.

Die große Stunde der Frauen

Herr Müller drückte den roten Knopf seiner Freisprechanlage im Büro: »Herr Scheibner, holen Sie mir bitte mal die BAZ.«

»Gerne doch, Frau Müller«, sagte der junge, höchst attraktive Chefsekretär (24), den er vor ein paar Monaten eingestellt hatte. Und schon kam der blonde Wuschelkopf mit dem Blatt gesprungen.

Es war die Zeitung vom 7. September. Die obere Hälfte der Titelseite war aufgemacht mit einem Mann in Putzkleidung und Wischmopp und widmete sich dem »Tag des Perspektivenwechsels«. Katjas Bericht nahm die komplette Seite 3 ein:

Voller Erfolg: Tag des Perspektivenwechsels

»Herr Kindergärtner, bitte aufwischen!«
von Katja Hansen

Manager stellen Telefonate an ihre Sekretärinnen durch, Flugzeug-Piloten gießen Orangensaft in Pappbecher, Friseursalon-Besitzer fegen Haare auf: Der gestrige Tag des Perspektivenwechsels stellte das Land auf den Kopf und wies auf ein massives Problem unserer Gesellschaft hin: die Benachteiligung von Frauen im Beruf. Geboren wurde die Idee in unserer Stadt: von Petra Müller, Führungskraft der Sander GmbH, und Ansgar Seidel, dem bekannten Karrierecoach.

Szene eins: An Bord der Lufthansa-Maschine riecht es nach Meuterei: »Wann heben wir endlich ab?«, drängelt ein junger Mann mit Laptop-Tasche. »Das will ich auch wissen!«, keift eine Frau von hinten. Der Steward Andreas Kleinert, graues Haar, Anfang 50, zuckt hilflos die Achseln: »Hoffentlich bald. Wir suchen noch nach einer Pilotin. Darf ich Ihnen bis dahin noch ein Getränk anbieten?«

Was die Fluggäste nicht wissen: Eigentlich ist Andreas Kleinert Pilot. Doch heute, am Tag des Perspektivenwechsels, hat er seine Rolle mit den Stewardessen getauscht. Nur verfügen diese Frauen über keine Flugerlaubnis. Und weibliche Pilotinnen sind nicht aufzutreiben. Warum eigentlich nicht?

»Es ist ein Märchen, dass Frauen keine technischen Berufe wählen«, sagt der Karrierecoach Ansgar Seidel, Mit-Initiator des Perspektivenwechsels. Er weist darauf hin, dass Frauen massenhaft technische Assistenzberufe ausüben, zum Beispiel den der MTA (Medizinisch-technischen Assistentin). »Nur trauen sich Frauen die gehobenen Berufe nicht zu, solange ihnen von Schule und Gesellschaft eingeredet wird, sie hätten kein Talent für Mathematik und Technik«, sagt Seidel. Er verweist auf eine Sonderauswertung der PISA-Studie, nach der 15-jährige Mädchen ebenso gut wie Jungen in Mathe wären, würde man ihnen nicht das Gegenteil einreden.[103] »Wen wundert es da, dass in Deutschland die Zahl der fehlenden Ingenieure auf bis zu 100 000 geschätzt wird?«[104], fragt Seidel und fügt hinzu: »Eigentlich müssten wir sagen: *Ingenieurinnen!*«

Szene zwei: Vor dem Hauptsitz des großen Pharmakonzerns rollen schwarze Limousinen vor. Eine Vorstandssitzung ist für 10 Uhr angesetzt. Die Türen werden aufgehalten, junge Frauen in bunten Kleidern federn aus den Fahrzeugen und stöckeln in Richtung Sitzungssaal.

»Die Unterlagen sind kopiert und liegen schon auf den Plätzen«, versichert Josef Reiger, ein vornehmer Herr im Zweireiher. Eigentlich ist er Vorstandsvorsitzender des Konzerns, doch heute agiert er als Sekretär. »Die Plätzchen habe ich schon reingebracht, der Kaffee wird gleich folgen.«

Eine der jungen Frauen sagt: »Herr Reiger, darf ich Ihnen noch schnell ein Memo diktieren.« Die Frau beginnt zu sprechen, Reiger kritzelt auf

einen Block. Doch er kommt nicht mit. »Wie war das noch gleich?«
Nach mehreren Aussetzern kassiert er einen Rüffel: »Steno sollten
Sie als Sekretär schon können.« Dasselbe gilt auch fürs Durchstellen von Telefonaten: Mehrfach wirft der Neu-Sekretär Anrufer versehentlich aus der Leitung. Dass von allen Seiten nach ihm gerufen
wird, scheint ihn zu überfordern. Rote Flecken haben sich an seinem Hals gebildet.

»Ich wusste zwar, dass meine Sekretärin einen guten Job macht«,
sagt er am Abend. »Aber dass sie so großem Stress ausgesetzt ist,
hätte ich nicht für möglich gehalten. Wir werden die Gehälter der
Sekretärinnen überdenken.«

Sein eigenes Jahresgehalt liegt bei 12 Millionen Euro, eine Sekretärin verdient in seiner Firma etwa 25.000 Euro. Allein von seinem
Gehalt ließen sich 480 Sekretärinnen bezahlen.

Eine der Sekretärinnen, Karin Jäger (26), kommentiert ihren Tag im
Vorstand so: »Ich habe gemerkt, worauf es beim Managen ankommt:
Man muss das Wesentliche vom Unwesentlichen unterscheiden.
Man muss viele Themen überblicken und braucht einen Plan. Ge-
nau das muss ich auch als Chefsekretärin.« Allerdings hat sie auch
zwei Mankos ausgemacht: »Die Arbeitszeiten sind natürlich brutal.
Und mit Zahlen hab ich es nicht so, da fehlt mir BWL-Wissen. Mal
schauen, vielleicht starte ich noch ein Abendstudium. Der heutige
Tag hat mich ermutigt.«

Petra Müller, Initiatorin der bundesweiten Aktion, lächelt, als sie diese Geschichten hört: »Genau das wollten wir mit dem Perspektivenwechsel erreichen: dass Männer realisieren, wie ungleich die Privi-
legien verteilt sind, die Führungsfunktionen und die Gehälter. Und
dass Frauen realisieren, was für sie alles möglich ist, wenn sie es
sich zutrauen und es offensiv fordern. Wir müssen die Zwei-Klassen-
Gesellschaft in der Arbeitswelt abschaffen.«

Szene drei: »Mein Schuh ist schon wieder offen!«, ruft der kleine Alexander. Der Kindergärtner Pascal Leiber, eigentlich Verwaltungsleiter

der Kindertagesstätte, kann aber nicht zu Hilfe eilen: Er ist damit beschäftigt, einem anderen Kind den Brei vom Mund zu wischen. Gerade wurde das Mittagessen serviert. Eine andere Stimme ruft: »Herr Leiber, ich hab was umgeschüttet!« Es schreit, es weint, es zankt an allen Ecken. Leiber springt von Kind zu Kind. Doch kaum ist ein Malheur beseitigt, sind zwei oder drei neue entstanden. Sein Gesicht gleicht dem der weinenden Kinder: Er wirkt verzweifelt.

Eigentlich sind hier Frauen als Erzieherinnen tätig. Doch heute haben sie sich in das Büro zurückgezogen, um die Organisations- und Leitungsaufgaben zu übernehmen.

Auf die Frage, wie ihm die Arbeit der Erzieherinnen gefällt, antwortet Leiber: »Sie gefiele mir besser, wenn ich mindestens sechs Arme hätte!«

Der Besitzer einer Friseursalon-Kette, der beim Schneiden ein Ohr erwischt; der Supermarkt-Bereichsleiter, der als Kassierer einen verkehrsfunkreifen Stau vor seiner Kasse verursacht; der Pflegeheim-Direktor, der seine alten Patienten aufs Klo begleitet und danach stöhnt, dass die Betreuungszeiten pro Patient ja viel zu knapp bemessen seien: Solche Bilder aus der ganzen Republik flimmerten gestern auf allen Fernsehkanälen und stießen eine große Debatte über die Rollenteilung in der Berufswelt an.

»Wir brauchen mehr Frauen in Führungspositionen und technischen Berufen«, sagt der Karriereberater Ansgar Seidel. »Jeder fand es merkwürdig, dass der Perspektivenwechsel die Vorstände zu reinen Frauenrunden gemacht hat. Warum finden wir es dann nicht genauso merkwürdig, dass dort eigentlich fast nur Männer sitzen?«

Und Petra Müller fügt hinzu: »Es geht auch um Anerkennung, zum Beispiel für Frauen in Pflegeberufen. Jeder Ingenieur, der sich um eine Maschine kümmert, verdient das Dreifache von einer Altenpflegerin, die sich um Menschen kümmert. Das ist ungerecht, nicht nur gegenüber den Frauen; das wirft ein schlechtes Licht auf unsere Gesellschaft.«

Am Abend des gestrigen Tages kündigten mehrere politische Parteien an, Gesetzesinitiativen zur Gleichstellung von Mann und Frau zu starten. Zum Beispiel sollen Firmen künftig veröffentlichen müssen, wie sich die Gehälter und die Führungsfunktionen prozentual zwischen Frauen und Männern verteilen.

Die Sprecherin einer Verbraucher-Initiative sagte: »Transparenz ist der Schlüssel! Dann haben es die Kunden in der Hand, Firmen für die Diskriminierung von Frauen abzustrafen: durch Boykott.« Damit dürften den Firmen schwere Zeiten bevorstehen: 80 Prozent aller Kaufentscheidungen werden in den Industrieländern von Frauen gefällt, wie die Marktforschungsgruppe Nielsen herausfand.[105] Ohne diese Einnahmen können die meisten Firmen dichtmachen.

Der Tag des Perspektivenwechsels geht zurück auf einen fulminanten Talkshow-Auftritt, mit dem Petra Müller und Ansgar Seidel bei Tom Starkes geglänzt hatten. Die beiden appellierten an Frauen und Männer im ganzen Land, sich für einen Tag die Brille des anderen Geschlechts aufzusetzen. Die Idee hatte im Studio für großen Applaus gesorgt und war sofort von den Leitmedien aufgegriffen und von der Politik unterstützt worden.

»Auch in meinem Unternehmen wurde die Idee umgesetzt«, erzählt Petra Müller. »Der Firmenchef Sven Sander wurde für einen Tag durch unsere Empfangsdame Sandra Klose ersetzt.« Womit Sandra Klose vorübergehend auf einem ehrenvollen Stuhl saß: Ihr Chef war kurz zuvor als »Manager des Jahres« ausgezeichnet worden.

Das Schicksal als Freund

Der Gedanke hatte Herrn Müller gepackt, als Christian Sprenger von seiner Jugend erzählte – bei Pflegeeltern. Er war ein Jahr älter als Peter, aufgewachsen in derselben Stadt und von seinen Eltern etwa zur selben Zeit getrennt worden – Mutter alkoholkrank, Vater davongelaufen, beide nie kennengelernt. Eine Geschichte, die Herrn Müller allzu bekannt vorkam! War es möglich, dass die verblüffende Ähnlichkeit zwischen Peter und Christian mehr als ein Zufall war? Je länger Herr Müller Christian Sprenger beobachtete – sogar manche Bewegungen glichen denen Peters! –, desto mehr wuchs seine Überzeugung: Christian war sein leiblicher Bruder! Den letzten Beweis wollte und konnte er als Petra Müller nicht führen, aber die Überzeugung, ein Stück Familie gefunden zu haben, wärmte sein Herz. Zumal er sich mit Christian blendend verstand. Herr Müller schüttelte den Kopf: Erst hatte ihn sein Schicksal über Nacht in diesen Frauenkörper gesteckt und jede Reklamation ignoriert. Und dann, wie von einem schlechten Gewissen gepackt, spann dieses Schicksal die Fäden doch in seinem Sinne. Am Ende fügte sich alles glücklich zusammen.

Die beiden Pärchen – Frido und er, Katja und Christian – waren nach der Entführung zu einer großen Familie verschmolzen, trafen sich zweimal pro Woche zum Essen und joggten jedes Wochenende zusammen im Stadtpark.

Herrn Müllers Karriere hatte in den Turbo geschaltet: Mittlerweile führte er das Geschäft der Sander GmbH als Prokuristin (und verdiente endlich mehr als Peter Müller früher!). Sein Konkurrent Axel Schmidt war über ein Imageproblem gestolpert. In der BAZ und im Internet war folgende Anzeige erschienen:

Baby-Schmidt – der Foto-Hit!

Wollen Sie Ihr Baby von der schönsten Seite zeigen? Sein Lächeln im Portrait festhalten? Es beim Spielen ablichten? Den ersten Zahn verewigen? Ich rücke die schönsten Augenblicke für Sie ins Bild – Ihr Spezialist für Babyfotos: Axel Schmidt! Auch Fotos von Babykleidung, etwa für E-Bay, sind eine Spezialität von mir. Sprechen Sie mich jederzeit an, Telefon …

Nach dieser Aktion hieß Axel Schmidt in der ganzen Firma nur noch »Baby-Schmidt«. Und der Sandmann war wenig begeistert, dass ausgerechnet seine Durchwahl unter der Anzeige angegeben war. Aber Schmidt hielt still, denn ihm war klar, dass es sich um eine Retourkutsche für sein Strampelhosen-Foto handelte – mittlerweile hatte ihn ein IT-Mitarbeiter als Urheber identifiziert. Herr Müller hatte die Rund-Mail, er arbeite fortan nur noch von zu Hause, umgehend dementiert – und den großen Verteiler genutzt, um sein Papier zur Markt-Eroberung weiter zu verbreiten.

Katja war zur stellvertretenden Chefredakteurin aufgestiegen. Am Tag des Perspektivenwechsels hatte sie die Chefredaktion übernommen und das Blatt so gut gemacht, dass ihr Verleger sie wenig später zur Blattmacherin erklärte. Seither fuhr sie zu keinen Tupper-Abenden mehr, schickte aber mit großer Freude junge Redakteure dorthin, während die Kolleginnen den Ministerpräsidenten in der Landeshauptstadt interviewten. Natürlich wechselweise, damit es nicht zu einer umgekehrten Diskriminierung kam.

Frau Neuner gab eine vorzügliche Figur ab als Marketing-Leiterin. Statt alle Aufgaben an sich zu reißen, bezog sie ihre Mitarbeiter in wichtige Entscheidungen ein. Vor jeder Kampagne durfte die Abteilung abstimmen. Nie zuvor hatten sich die Mitarbeiter so sehr mit ihrer Arbeit identifiziert. Das galt auch für eine Betriebswirtin mit zwei Kindern, die Frau Neuner gerade eingestellt hatte und der es freigestellt war, ihre Arbeitszeit zwischen Firmengebäude und Wohnung aufzuteilen. Das hohe Vertrauen, das Frau Neuner ihren Mitarbeitern entgegenbrachte, bekam sie durch vorzügliche Leistungen zurück.

Ansgar Seidel hatte sich ein neues Tätigkeitsfeld aufgebaut: Jetzt arbeitete er als Headhunter und vermittelte ausschließlich Frauen für Vorstandspositionen. Die Geschäfte liefen glänzend. Er hatte Herrn Müller schon angekündigt, dass sich demnächst ein Vorstandstürchen für ihn, Petra Müller, öffnen könnte.

Frido war vom ungelernten Hausmann, der kaum ein Gläschen Babybrei geöffnet bekam, zum perfekten Vater avanciert. Er bekochte Meike, wickelte sie, krabbelte mit ihr zwischen Legosteinen und las ihr jeden Wunsch von den Lippen ab. Apfelmus-Tüten öffnete er noch immer mit seinem Skalpell (nach seiner erfolgreichen Befreiungsaktion im Wald liebte er es mehr als je zuvor!). Der alte von Sternberg war über Fridos Erziehungsfreuden so beunruhigt, dass er mit dem kühnen Gedanken spielte, die Leitung seiner Kliniken doch schon vor seinem 105. Geburtstag an den Sohn weiterzugeben. Und wenn Herr Müller von seinen Erlebnissen in der Firma erzählte, war Frido neuerdings ganz Ohr und ein guter Ratgeber (statt wie früher dabei einzuschlafen).

Und Jan? Er hatte die ersten Monate nach der Polizeiaktion nichts mehr von sich hören lassen. Doch mittlerweile schaute er immer öfter bei Herrn Müller vorbei, hatte sein Alkoholproblem überwunden und begleitete die beiden Pärchen ab und zu beim Joggen. Er ging davon aus, Peter – den die Polizei ja gesprochen hatte und der gottlob leben musste! – habe sich für ein anderes Leben entschieden. Das machte ihn traurig und manchmal auch wütend, weil er, Ja, allein zurückgeblieben war, ohne jede Erklärung von Pe. Aber an guten Tagen sagte er sich: »Was für ein aufregendes Leben muss Peter nun führen, dass er bereit war, unsere Freundschaft dafür zu opfern!«

Neulich war Jan mit Herrn Müller durch die Innenstadt geschlendert. Wortlos hatten sie Strafzettel von falsch geparkten Autos eingesammelt und auf richtig parkende verteilt. »Du bist Peter wirklich verdammt ähnlich«, sagte er. Und setzte dabei das schelmische Grinsen eines Jungen auf, der gerade etwas ausgefressen, aber deshalb noch lange kein schlechtes Gewissen hat. Vielleicht würden sie wieder Kumpels werden, nun als Mann und Frau: Ja für Jan und Pe für Petra.

Peter war Herrn Müller noch einmal im Traum begegnet, unten am Fluss, immer noch duellbereit. Zehn Schritte gingen sie im Morgennebel, die Rücken einander zugewandt. Doch als Herr Müller sich umdrehte, die Pistole schussbereit, löste sich sein Widersacher gerade in Nebel auf. Sein Körper wurde eins mit den dichten Schwaden, als hätte ihn das Universum eingeatmet. Seither fühlte Herr Müller sich freier, wie von einer Fessel gelöst, die außer ihm niemand gesehen hatte.

Nur eines störte ihn noch. Es war *Herr* Müller. Er musste diesen Kerl endlich loswerden. Für immer. Und so raffte er seinen Mut zusammen, trat vor den Spiegel und sagte zu sich: »Herrn Müller gibt's nicht mehr, ab heute: *Frau* Müller!«

Und er – nein: *sie!* – lächelte sich an.

Bonus-Kapitel:
Die besten Karriere-Tipps

Wie Sie Männer mit ihren eigenen Waffen schlagen

Dass Männer viel von Frauen lernen können, hat dieses Buch gezeigt, zuletzt beim Thema Führung. Aber was können Frauen von Männern abschauen? Dieses Bonus-Kapitel verrät Ihnen die besten Tipps für sechs wichtige Felder: Bewerbung, Auftreten, Gehaltsverhandlung, Sozialverhalten, Mütter im Beruf und Aufstieg.

Die Ratschläge gelten für eine (noch) männerdominierte Arbeitswelt, in der die Chance auf eine Beförderung um 50 Prozent steigt, wenn eine Frau männliche Verhaltensweisen aufgreift und über eine gute Selbstkontrolle verfügt; das ergab eine Studie der Stanford Graduate School of Business.[106]

Je mehr Frauen diese Spielregeln mit Erfolg umsetzen und aufsteigen, desto größer die Chance, dass sie das System verändern – und dass sich künftige Tipps nicht an Frauen richten, sondern an Frauen *orientieren*. Wenn Männer eines Tages für weibliches Verhalten befördert werden, dürfen Sie sicher sein: Das neue Zeitalter der Arbeit hat begonnen!

Sechs Richtige für Ihre Bewerbung

Verhalten Mann	Verhalten Frau	Tipp
Er fragt sich bei Ausschreibungen: »Was davon *kann* ich?«	Sie fragt sich bei Ausschreibungen: »Was davon kann ich *nicht*?«	Konzentrieren Sie sich auf Ihr Können! Nur dafür werden Sie eingestellt.
Er bewirbt sich, wenn er 60 Prozent der Kriterien erfüllt (laut Studie) – und bläst seine Leistungen wie einen Luftballon auf.	Sie bewirbt sich, wenn sie 100 Prozent erfüllt (laut Studie[107]) – und stellt ihre Leistungen bescheiden dar.	Bewerben Sie sich ab 50 Prozent! Und *werben* Sie für Ihre Leistung (nicht umsonst heißt es: »Be-Werbung«!). Nur wer antritt, kann ein Turnier gewinnen.
Er erfährt von offenen Stellen oft durch sein Netzwerk.	Sie sucht offene Stellen über Ausschreibungen.	Etwa die Hälfte aller Stellen wird unter der Hand vergeben.[108] Nutzen Sie Ihre Netzwerke!
Er baut auf Referenzen. Der Glanz dieser Namen färbt auf ihn ab. Zugleich ist das eine Arbeitsprobe für sein Networking.	Sie ist ihre eigene Fürsprecherin. Da sie keine Referenzen nennt, entsteht leicht der Verdacht: Sie hat keine!	Geben Sie bei jeder Bewerbung Referenzen an, etwa Professoren und (Ex-)Chefs. Das ist oft das Zünglein an der Waage, gerade bei Führungspositionen.

Verhalten Mann	Verhalten Frau	Tipp
Er redet im Bewerbungsgespräch eine Minute länger, wenn er fünf Minuten sprechen soll (laut Studie).	Sie redet im Bewerbungsgespräch eine Minute kürzer als Männer, wenn sie fünf Minuten sprechen soll (laut Studie[109]).	Sprechen Sie ausführlich über Ihre Stärken! Je länger Sie reden, desto kompetenter kommen Sie rüber.
Er spricht locker über seine Familienverhältnisse, auch Kinderpläne.	Sie meidet dieses Thema wie die Pest und überlässt ihren Gesprächspartnern die Deutungshoheit.	Lassen Sie keinen Zweifel, dass Sie Ihre Zukunft im Business und nicht im Baby sehen (auch wenn's nicht stimmt – Sie dürfen in diesem Punkt schwindeln, sogar wenn Sie bereits schwanger wären[110]).

Sechs Richtige für Ihr Auftreten

Verhalten Mann	Verhalten Frau	Tipp
Er nimmt gerne Raum ein: steht breitbeinig, fährt Ellbogen aus und verteilt Unterlagen großflächig über den Meeting-Tisch.	Sie stellt die Beine dicht nebeneinander, faltet die Hände, sitzt kerzengerade am Tisch und legt ihren Block direkt vor sich.	Nehmen Sie mehr Raum ein, das wirkt selbstbewusst![111] Sprechen Sie durch Ihren Körper und markieren Sie am Meeting-Tisch Ihr Revier, indem Sie Unterlagen ausbreiten.

Verhalten Mann	Verhalten Frau	Tipp
Er verlässt sich bei wichtigen Entscheidungen auf Allianzen, die er vorher schmiedet.	Sie verlässt sich auf gute Argumente – und ist oft verlassen.	Versammeln Sie im Vorfeld Ihre Truppen hinter sich – nur so schaffen Sie es, sich im Kampf der Meinungen durchzusetzen!
Er spricht vor allem den Ranghöchsten an.	Sie wendet sich an die ganze Runde.	Gewinnen Sie zunächst den Häuptling – dann werden die Indianer folgen!
Er trägt seine Vorschläge so laut und so begeistert vor, als kommentiere er als Reporter ein Fußballspiel.	Sie trägt ihre Ideen sachlich vor, eher leise und in hohem Ton. Ihre Konzentration gilt den Inhalten.	Botschaften werden nur zu 10 bis 20 Prozent über den Inhalt wahrgenommen. Den Rest machen Körpersprache und Ton.[112] Reden Sie laut, tief und überzeugt – nur das ist überzeugend.
Er fällt Kollegen (und vor allem Kolleginnen) ohne Skrupel ins Wort. Das versetzt ihn in den Hochstatus.	Sie lässt andere ausreden und sich selbst unterbrechen – das macht sie klein.	Lassen Sie sich niemals unterbrechen. Reden Sie weiter! Und unterbrechen Sie Unterbrecher!
Er fasst andere Menschen gerne an. Oder stützt sich auf ihren Schreibtisch. Damit erhebt er sich zum Ranghöheren.	Sie behält ihre Hände bei sich und nimmt Berührungen und Revier-Verletzungen hin. Rutscht damit in den Tiefstatus.	Fassen Sie Anfasser Ihrerseits an. Und verteidigen Sie Ihr Revier, indem Sie Eindringlinge auf Abstand halten.

Sechs Richtige für Ihre Gehaltsverhandlung

Verhalten Mann	Verhalten Frau	Tipp
Er ergreift die Initiative und sucht bei jeder Gelegenheit das Gehaltsgespräch.	Sie wartet auf den ersten Schritt des Chefs: »Der muss doch sehen, was ich alles leiste!«	Suchen Sie alle 18 bis 24 Monate von sich aus ein Gehaltsgespräch, sofern Sie Ihre Leistung ausgebaut haben.
Er tauscht sich über Gehälter in seinem Netzwerk aus und kennt seinen Marktwert.	Sie schweigt eisern über ihr Gehalt und ist unsicher, was sie fordern kann und was nicht.	Sprechen Sie über Gehälter, vor allem außerhalb Ihrer Firma – auch mit Männern! Nur dann können Sie Ihren Marktwert richtig einordnen.
Er wirbt für sich mit Erfolgen, die er stets in der Ich-Form präsentiert.	Sie neigt dazu, ihre Leistungen in der Wir-Form mit dem Team zu teilen.	Halten Sie Ihre Erfolge in einer Leistungsmappe fest, immer in der Ich-Form – und argumentieren Sie auch so.
Er setzt seine Forderung unverschämt hoch an (und bekommt erstaunlich viel durch!).	Sie fordert genau das, was sie haben will (und bekommt weniger!).	Verhandeln funktioniert nicht logisch, sondern psychologisch. Steigen Sie hoch ein! Je mehr Sie fordern, desto mehr bekommen Sie.

Verhalten Mann	Verhalten Frau	Tipp
Er kämpft für seine eigenen Interessen und pfeift auf die Gehälter der anderen.	Sie lässt sich einschüchtern durch Hinweise auf die Gehaltsstruktur oder schlechter verdienende Kolleginnen.	Setzen Sie Ihre Erhöhung ohne falsche Rücksicht durch. Damit ebnen Sie anderen (Frauen) den Weg.
Er wertet ein »Nein« zu seiner Forderung als Einladung, die Verhandlung zu beginnen.	Sie missversteht ein »Nein« als Ende der Verhandlung – und zieht ab.	Sehen Sie das »Nein« als Betriebsgeräusch Ihres Chefs – und weichen Sie es mit Ihren Argumenten auf.

Sechs Richtige für Ihr Sozialverhalten

Verhalten Mann	Verhalten Frau	Tipp
Er drückt sich um Arbeiten, die viel Zeit fressen, aber wenig Ruhm versprechen – etwa Statistiken auswerten.	Sie hebt oft aus Verlegenheit den Finger, wenn eine Arbeit zu vergeben ist, die sonst niemand machen will.	Meiden Sie »Nebentätigkeiten«. Konzentrieren Sie sich auf das, woran Ihre Arbeit gemessen wird.
Er delegiert Arbeiten an Kolleginnen, gerne mit Schmeicheleien: »Du bist doch viel besser in Multitasking!«	Sie tut anderen, vor allem Männern, gerne einen Gefallen, ohne dabei an die eigenen Interessen zu denken.	Helfen Sie nur denen, die Ihnen auch helfen! Und verweisen Sie Ihren Kollegen auf Studien, nach denen Männer besser im Multitasking sind als Frauen.[113]

Verhalten Mann	Verhalten Frau	Tipp
Er führt sich beim Kochen von Kaffee, beim Organisieren von Geburtstagen und Ähnlichem gern als hilfloser Trottel auf.	Sie folgt ihrem Helferinstinkt und nimmt dem Mann – »Er kann's halt nicht!« – die leidigen Pflichten ab.	Geben Sie ihm Rückmeldung und sagen Sie ihm, was er besser machen kann – aber belassen Sie die Aufgaben bei ihm!
Er käme nie auf die Idee, einen Geburtstagskuchen zu backen.	Sie klotzt in ihrer Freizeit am Backofen ran und serviert die tolle Torte.	Meiden Sie Tätigkeiten, die Ihren Status senken! Lassen Sie sich für Ihre Arbeit feiern – und nicht für Ihren Kuchen oder Kaffee.
Er zeigt gern ein strahlendes Siegerlächeln und verströmt Selbstbewusstsein.	Sie lächelt oft aus Verlegenheit, etwa wenn sie andere kritisieren möchte oder sich über ungerechte Arbeitsverteilung beschwert.	Unsicheres Lächeln ist eine Unterwerfungsgeste – meiden Sie diesen Ausdruck! Er kann den Inhalt Ihrer Worte ins Gegenteil verkehren.
Er baut gezielt Duz-Freundschaften auf, auch zu Vorgesetzten. Das sorgt für Nähe und Verbundenheit. Erst recht, wenn solche Seilschaften nach Feierabend entstehen, zum Beispiel an der Bar.	Sie bevorzugt das »Sie«, gerade gegenüber Männern. Das fördert Distanz und grenzt aus. Den Kontakt nach Feierabend, etwa Treffen an der Bar, meidet sie eher.	Pflegen Sie ähnlich viele Duz-Freundschaften wie Männer auf derselben Hierarchieebene. Und wohnen Sie informellen Treffen nach Feierabend bei. Das stärkt Ihr Netzwerk und sichert Ihnen die Machtbasis.

Sechs Richtige für berufstätige Mütter

Verhalten Mann	Verhalten Frau	Tipp
Er sieht seine Kinder als Argument für sich – denn als Ernährer hängt er sich bei der Arbeit doppelt rein.	Sie sieht ihre Kinder als Argument gegen sich – denn scheinbar ziehen sie Energie von der Arbeit ab.	Als Managerin eines »Familienbetriebs« lernen Sie jede Menge für Ihre Arbeit – zeigen Sie diesen Nutzen als Bewerberin auf.
Er erzählt von seinen Kindern im Ton eines interessierten Zuschauers (so auch von der Geburt). Klingt nach Vergnügen.	Sie erzählt von den Kindern im Ton einer Lebensretterin, von der alles abhängt (so auch die Geburt). Klingt nach Belastung.	Trennen Sie im Alltag Ihre Mutter- und Ihre Arbeitsrolle. Erzählen Sie nur das Nötigste, erst recht männlichen Kollegen.
Er kündigt freimütig an, wenn er sein Kind höchstens einmal pro Woche von der Kita abholt (wie SPD-Chef Gabriel[114]). Gilt dann als toller Papi.	Sie führt die Kinder täglich als Grund an, wenn sie früher geht, private Telefonate annimmt, krank ist. Gilt dann als hauptberufliche Mutter.	Lassen Sie Ihre Kinder so oft wie möglich aus dem Spiel. Nehmen Sie sich Freiräume, ohne sich durch Rechtfertigung in die defensive Mutterrolle zu treiben.
Er sieht ein Kleinkind, das bei Nacht schreit, außerhalb seines Zuständigkeits-Bereichs.	Sie springt jederzeit auf und ist für das Kind da – egal, was der Job am nächsten Tag verlangt.	Teilen Sie die Rollen fair auf zwischen sich und Ihrem Partner – auch als Signal, dass Mutter nicht Ihr Hauptberuf ist.

Verhalten Mann	Verhalten Frau	Tipp
Erziehung heißt für ihn: mit den Kindern toben, Fußball spielen und Ausflüge unternehmen, etwa in den Zoo.	Erziehung heißt für sie: hinter den Kindern herputzen, mit ihnen Vokabeln büffeln, Ärzte besuchen und an Elternabenden teilnehmen.	Nutzen Sie Ihre Kinder als Energiequelle für die Arbeit. Erleben Sie mit ihnen nicht nur das Bedrückende, sondern auch das Beglückende. Binden Sie Ihren Partner in beides ein (statt ihm die Rosinen zu überlassen).
Er sieht die Mutter als Rund-um-die-Uhr-Erzieherin seiner Kinder.	Sie teilt (heimlich) diese Auffassung ihres Mannes, auch wenn sie Vollzeit arbeitet – um nicht als »Rabenmutter« zu gelten.	Holen Sie sich Erziehungshilfe. Zum Beispiel eine Nanny oder Ganztags-Betreuung. Eine Mutter, die Erfolg im Beruf hat, tut ihren Kindern gut.

Sechs Richtige für Ihren Aufstieg

Verhalten Mann	Verhalten Frau	Tipp
Jeder vierte Mann gibt an, dass ihn ein Vorstandsposten reizt (laut Studie).	Nur jede 14. Frau gibt an, dass sie an die Firmenspitze will (laut Studie[115]).	Stecken Sie sich ambitionierte Ziele. Der Fahrstuhl fährt immer nur so hoch, wie Sie Mut haben, den Knopf zu drücken.

Verhalten Mann	Verhalten Frau	Tipp
Er tritt auf bei Kongressen, spinnt Kontakte und sorgt dafür, dass er als Führungskraft auf dem Radar der Headhunter erscheint.	Sie konzentriert sich auf ihre Führungsarbeit in der aktuellen Firma – und bekommt von außen kaum Angebote.	Sorgen Sie dafür, dass Sie am Markt als Führungskraft wahrgenommen werden und Angebote bekommen. Sie sind in einer Verhandlung immer nur so stark wie Ihre Alternativen.
Er hört über seine Netzwerke das Gras wachsen, wenn eine Führungsposition frei wird, im Haus oder außerhalb – und stellt heimlich seinen Fuß in die Tür.	Sie bewirbt sich auf ausgeschriebene Führungspositionen – wobei diese unter der Hand oft schon an Männer vergeben sind.	Pflegen Sie ein Netzwerk, das Ihnen sofort meldet, wenn ein Chefsessel frei wird. Gehen Sie die gehobenen Führungskräfte Ihrer Firma nach Alter und Ambition durch, um mögliche Vakanzen kommen zu sehen und sich zu positionieren.
Er hängt seine Ambitionen an die große Glocke, sucht Förderer und strebt Beförderungsgespräche an.	Sie geht davon aus, aufgrund ihrer Leistung ein interessantes Angebot zu erhalten.	Suchen Sie einen Mentor. Lassen Sie die Chefetage von Ihren Führungs-Ambitionen wissen. Und treten Sie eher fordernd auf (wie es zu einer Chefin passt) als bittend (wie es zu einer Mitarbeiterin passt).

Verhalten Mann	Verhalten Frau	Tipp
Er delegiert und kommandiert, lange bevor er die hierarchische Macht hat.	Sie erledigt die Fleißarbeit selbst und hält es für anmaßend, jemanden auf derselben Hierarchie-Ebene anzuleiten.	Geben Sie nachrangige Arbeiten weiter, und führen Sie ohne hierarchische Macht. Wenn Ihnen das gelingt, etwa bei einem Projekt, ist das die Feuertaufe für Ihren Aufstieg.
Er freut sich an der Macht wie ein Fisch am Wasser – sie ist ihm etwas Selbstverständliches und Natürliches.	Sie empfindet die Macht als eine Belastung und lebt in der Sorge, anderen damit zu schaden.	Gehen Sie unbefangen mit Macht um. Sie gibt Ihnen die Chance, Dinge zum Guten zu verändern.

Weiterführende Literatur

Anonyma, *Ganz oben: Aus dem Leben einer weiblichen Führungskraft.* C.H. Beck, 2013

Bascha, Mika, *Die Feigheit der Frauen.* Goldmann, 2012

Bauer, Joachim, *Arbeit.* Blessing, 2013

Bauer-Jelinek, Christine, *Die helle und die dunkle Seite der Macht.* Ecowin, 2009

Beise, Marc; Jakobs, Hans-Jürgen (Hrsg.), *Die Zukunft der Arbeit.* Süddeutsche Zeitung Edition, 2012

Berckhan, Barbara, *Die etwas intelligentere Art, sich gegen dumme Sprüche zu wehren.* Heyne, 2001

Bierach, Barbara, *Das dämliche Geschlecht.* Wiley, 2011

Bischoff, Sonja, *Wer führt in (die) Zukunft.* DGFP, 2010

Bischoff, Sonja, *Erfolgreiche Frauen.* JoelNoah, 2013

Erhardt, Ute, *Gute Mädchen kommen in den Himmel, böse überall hin.* Fischer, 2000

Fisher, Roger; Ury, William; Patton, Bruce, *Das Harvard-Konzept.* Campus, 2000

Flett, Christopher V., *Was Männer Frauen nicht erzählen.* Wiley, 2009

Friedan, Betty, *Der Weiblichkeitswahn oder die Selbstbefreiung der Frau.* Rowohlt, 1970

Goffman, Erving, *Wir alle spielen Theater.* Piper, 2003

Gray, John, *Männer sind anders. Frauen auch.* Goldmann, 1998

Groth, Alexander, *Führungsstark in alle Richtungen.* Campus, 2010

Grütering, Isa; Rosales, Caroline. *Mama muss die Welt retten.* Aufbau, 2013

Harris, Thomas A., *Ich bin o.k., Du bist o.k.* Rowohlt, 1975

Heiß, Marianne, *Yes she can.* Redline, 2011

Herkenrath, Lutz, *Böse Mädchen kommen in die Chefetage*. Ariston, 2012

Heuser, Uwe Jean; Steinborn, Deborah, *Anders denken!* Hanser, 2013

Hochschild, Arlie Russell, *Der 48-Stunden-Tag*. Zsolnay, 1990

Hoover, John, *So arbeiten Sie mit schwierigen Typen*. Börsenbuchverlag, 2008

Kahneman, Daniel, *Schnelles Denken, langsames Denken*. Siedler, 2011

Knaths, Marion, *Spiele mit der Macht*. Piper, 2009

Kraus, Katja, *Macht*. Fischer, 2013

Kürthy von, Ildikó, *Unter dem Herzen*. Wunderlich, 2012

Lohmann, Detlef, *… und mittags geh ich heim*. Linde, 2012

Machiavelli, Niccolò, *Der Fürst*. Nikol Verlag, 2013

Modler, Peter, *Das Arroganz-Prinzip*. Fischer, 2013

Molcho, Samy, *Körpersprache*. Goldmann, 2013

Navarro, Joe, *Menschen lesen*. mvg Verlag, 2010

Nitzsche, Isabel, *Spielregeln im Job*. Kösel, 2011

Nöllke, Matthias, *Machtspiele*. Haufe, 2007

Pease, Allan & Barbara, *Warum Männer nicht zuhören und Frauen schlecht einparken*. Ullstein, 2012

Peter, Laurence J.; Hull, Raymond, *Das Peter-Prinzip*. Rowohlt, 2001

Posner, Astrid, *Die smarte Art, sich durchzusetzen*. Kösel, 2013

Rubin, Harriet, *Machiavelli für Frauen*. Fischer, 1999

Sandberg, Sheryl, *Lean in*. Econ, 2013

Schmitt, Tom; Esser, Michael, *Status-Spiele*. Fischer, 2010

Schneider, Barbara, *Fleißige Frauen arbeiten, schlaue steigen auf*. Goldmann, 2011

Schneider, Barbara, *Weibliche Führungskräfte – die Ausnahme im Management*. Peter Lang, 2007

Schulz von Thun, Friedemann, *Miteinander reden: 2*. Rowohlt, 2010

Shipman, Claire; Kay, Katty, *Womenomics*. Eichborn, 2010

Sichtermann, Barbara, *Kurze Geschichte der Frauenemanzipation*. Jacoby & Stuart, 2009

Tannen, Deborah, *Job-Talk*. Kabel, 1995

Albert, Thiele, *Argumentieren unter Stress*. dtv, 2007

Topf, Cornelia, *Körpersprache für Frauen*. Redline, 2012

Wehrle, Martin, *Bin ich hier der Depp?*, Mosaik, 2013

Wehrle, Martin, *Die 100 besten Coaching-Übungen*. managerSeminare, 2010

Wehrle, Martin, *Karriereberatung*. Beltz, 2011

Wehrle, Martin, *Geheime Tricks für mehr Gehalt*. Goldmann, 2013

Wehrle, Martin, *Ich arbeite in einem Irrenhaus*. Econ, 2013

Wiseman, Richard, *Wie Sie in 60 Sekunden Ihr Leben verändern*. Fischer, 2013

Quellenverzeichnis

1. Institut für Mittelstandsforschung, Auf dem Weg in die Chefetage. Betriebliche Entscheidungsprozesse bei der Besetzung von Führungspositionen, 2007
2. Sandberg, Sheryl, *Lean in*. Econ, 2013
3. Süddeutsche Zeitung, 05.03.2014
4. WSI Gender Daten (1991 – 2011), Teilzeitarbeit gewinnt trotz unterschiedlichem Niveau für Frauen und Männer an Bedeutung
5. sueddeutsche.de, Echte Hingucker, 28.11.2011
6. Spiegel-Online, Schöne Frau, schick besser kein Foto, 10.04.2012
7. stern.de, Anonymisierte Bewerbungen: Weniger ist fair, 12.04.2012
8. Spiegel-Online, Betriebskita sticht Dienstwagen, 08.04.2013
9. Wiseman, Richard, *Wie Sie in 60 Sekunden Ihr Leben verändern*. Fischer, 2013
10. focus.de, Wenn Frauen auf Statussymbole pfeifen, 30.03.2011
11. Pease, Allan & Barbara, *Warum Männer nicht zuhören und Frauen schlecht einparken*. Ullstein, 2012
12. Goffman, Erving, *Wir alle spielen Theater*. Piper, 2003
13. bmfsfj.de, Gender-Datenreport – Verhalten im Straßenverkehr, 2005
14. Bierach, Barbara, *Das dämliche Geschlecht*. Wiley, 2011
15. n24.de, Druck auf ADAC-Führung nimmt zu, 11.02.2014
16. sueddeutsche.de, Hochzeiten ohne Liebe, 04.04.2007
17. s. Bierach, 2011
18. Süddeutsche Zeitung, 25.03.2008

19. Schneider, Barbara, *Fleißige Frauen arbeiten, schlaue steigen auf*. Goldmann, 2011
20. focus.de, Die erste Frau, die ohne Erlaubnis ihres Ehemannes arbeiten darf, undatiert
21. Die Zeit, 23.04.1953
22. focus.de, Die erste Frau mit eigenem Bankkonto, undatiert
23. Grundgesetz, Art. 3, Abs. 2
24. bpb.de, Frauen und Männer sind gleichberechtigt, 08.09.2008
25. s. Sandberg, 2013
26. bpb.de, Wie weiter – offene Fragen und neue Positionen, 08.09.2008
27. Süddeutsche Zeitung, 01./02.02.2014
28. s. bpb.de, 08.09.2008
29. DDR-Verfassung, Artikel 18, Absatz 5
30. s. Schneider, 2011
31. s. Sandberg, 2013
32. Münchner Merkur, 11.03.2014
33. zeit.de, Wir können auch Chefredakteurin, 21.02.2013
34. ebenda
35. Modler, Peter, *Das Arroganz-Prinzip*. Fischer, 2013
36. American Journal of Economics and Sociology, 10/2006
37. Kahneman, Daniel, *Schnelles Denken, langsames Denken*. Siedler, 2011
38. Tannen, Deborah, *Job-Talk*. Kabel, 1995
39. Wehrle, Martin, *Bin ich hier der Depp?*, Mosaik, 2013
40. Harris, Thomas A., *Ich bin o.k., Du bist o.k.* Rowohlt, 1975
41. s. Tannen, 1995
42. Anonyma, *Ganz oben: Aus dem Leben einer weiblichen Führungskraft*. C.H. Beck, 2013
43. Spiegel-Online, Mal wieder »zufällig« am Po berührt, 24.01.2013
44. Wehrle, M., *Geheime Tricks für mehr Gehalt*. Goldmann, 2013

45. Fisher, Roger; Ury, William; Patton, Bruce, *Das Harvard-Konzept.* Campus, 2000
46. Pease, 2012
47. Spiegel-Online, Chefinnen verdienen 30 Prozent weniger, 04.10.2012
48. Bischoff, Sonja, *Wer führt in (die) Zukunft.* DGFP, 2010
49. Sichtermann, Barbara, *Kurze Geschichte der Frauenemanzipation.* Jacoby & Stuart, 2009
50. s. Bierach, 2011
51. Spiegel-Online, Chefs mit Töchtern bezahlen Frauen besser, 23.02.2012
52. Heuser, Uwe Jean; Steinborn, Deborah, *Anders denken!* Hanser, 2013
53. Covey, Stephen R., *Die sieben Wege zur Effektivität.* Gabal, 2010
54. Bascha Mika, *Die Feigheit der Frauen.* Goldmann, 2012
55. zeit.de, Haushalt bleibt Frauensache, 10.03.2014
56. s. Heuser/Steinborn, 2013
57. Wehrle, Martin, *Karriereberatung.* Beltz, 2011
58. Heiß, Marianne, *Yes she can.* Redline, 2011
59. s. Bischoff, 2010
60. Friedan, Betty, *Der Weiblichkeitswahn oder die Selbstbefreiung der Frau.* Rowohlt, 1970
61. Kürthy von, Ildikó, *Unter dem Herzen.* Wunderlich, 2012
62. Hochschild, Arlie Russell, *Der 48-Stunden-Tag.* Zsolnay, 1990
63. s. Pease, 2012
64. sueddeutsche.de, Karriere ist Männersache, 17.05.2010
65. Spiegel-Online, Karrierekiller Kind, 01.07.2010
66. Süddeutsche Zeitung, 24.03.2014
67. Schneider, Barbara, *Weibliche Führungskräfte – die Ausnahme im Management.* Peter Lang, 2007
68. Süddeutsche Zeitung, 12.03.2014

69. Lohmann, Detlef, ... *und mittags geh ich heim*. Linde, 2012
70. s. Bierach, 2011
71. n-tv.de, Frauen immer im Nachteil, 17.12.2012
72. Shipman, Claire; Kay, Katty, *womenomics*. Eichborn, 2010
73. Bauer, Joachim, *Arbeit*. Blessing, 2013
74. s. Friedan, 1970
75. Johannes Paul II., *Laborem Exercens. Enzyklika*, 1981
76. Accenture, Frauen und Macht: Anspruch oder Widerspruch?, 2002
77. rp-online, Deutsche glauben nicht an sozialen Aufstieg, 26.11.2012
78. statistikportal.de, Kindertagesbetreuung regional, 2013
79. s. Shipman/Kay, 2010
80. The McKinsey Quarterly, A Business Case for Women, 09/2008
81. Spiegel-Online, Maulhelden haben Vorfahrt, 07.06.2001
82. Peter, Laurence J.; Hull, Raymond, *Das Peter-Prinzip*. Rowohlt, 2001
83. s. Schneider, 2011
84. McKinsey, *Women matter*, 03.09.2009
85. Book, Esther Wachs, *Der beste Mann für diesen Job ist eine Frau*. Sphinx, 2001
86. zeit.de, EU-Kommission befragt Bürger zur Frauenquote, 05.03.2012
87. Schulz von Thun, Friedemann, *Miteinander reden: 2*. Rowohlt, 2010
88. s. Bischoff, 2010
89. Machiavelli, Niccolò, *Der Fürst*. Nikol Verlag, 2013
90. Gray, John, *Männer sind anders. Frauen auch*. Goldmann, 1998
91. Pease, 2012
92. Flett, Christopher V., *Was Männer Frauen nicht erzählen*. Wiley, 2009

93. Bischoff, Sonja, *Erfolgreiche Frauen*. JoelNoah, 2013
94. Knaths, Marion, *Spiele mit der Macht*. Piper, 2009
95. s. Süddeutsche Zeitung, 25.03.2008
96. focus.de, Neue Studie: Frauen häufig zu nett für eine Karriere, 08.03.2013
97. Wehrle, Martin, *Die 100 besten Coaching-Übungen*. manager-Seminare, 2010
98. Wiseman, 2013
99. s. Tannen, 1995
100. s. Schneider, 2011
101. Beise, Marc; Jakobs, Hans-Jürgen (Hrsg.), *Die Zukunft der Arbeit*. Süddeutsche Zeitung Edition, 2012
102. s. Tannen, 1995
103. Watanabe, Ryo; Ischinger, Barbara. *Equally prepared for life? How 15-year-old boys and girls perform in school*. OECD, 2009
104. Zentrum für Europäische Wirtschaftsforschung, Jugendkult bei Ingenieuren. 3/2004
105. s. Heuser/Steinborn, 2013
106. Nitzsche, Isabel, *Spielregeln im Job durchschauen*. Kösel, 2011
107. s. The McKinsey Quarterly, 09/2008
108. Wehrle, Martin, *Ich arbeite in einem Irrenhaus*. Econ, 2011
109. s. Spiegel-Online, 07.06.2001
110. sueddeutsche.de, Wann man im Vorstellungsgespräch lügen darf, 22.11.2011
111. Navarro, Joe, *Menschen lesen*. mvg Verlag, 2010
112. Molcho, Samy, *Körpersprache*. Goldmann, 2013
113. rp-online.de, Männer besser im Multitasking als Frauen, 25.10.2012
114. Spiegel-Online, Gabriel will Nachmittage mit Tochter verbringen, 04.01.2014
115. s. focus.de, 08.03.2013

MARTIN WEHRLE

DER KLÜGERE

Mit Anti-
Schwätzer-
Training

DENKT NACH

Von der Kunst,
auf die ruhige Art erfolgreich zu sein

mosaik

Ein Leben ohne Blaulicht

»Tatütata«: Ein Polizeiwagen jagt durch den Stadtverkehr, drängt andere Autos zur Seite und hält mit quietschenden Reifen. Zwei Uniformierte springen heraus, mit baumelnden Pistolen am Halfter. Alles schaut hin. Wenig später hält daneben ein normaler Wagen. Zwei Menschen in Straßenkleidung steigen aus, Polizisten in Zivil. Niemand beachtet sie.

Zurückhaltende Menschen fahren ohne Blaulicht durchs Leben. Sie machen in der Öffentlichkeit nicht gern auf sich aufmerksam. Sie agieren wie Polizisten in Zivil: leise und effektiv. Zum Beispiel fällt mir in Karriereberatungen an ihnen auf:

▶ Sie leisten Großes, ohne große Reden darüber zu schwingen. Sie sagen Sätze wie: »Das muss der Chef doch von alleine sehen!« Erfolg wollen sie haben durch ihre Leistung, nicht durch ihre Selbst-PR (wie sie dieses Wort hassen!).

▶ Sie haben enorme Ansprüche an sich selbst und springen höher, als andere die Latte für sie legen. Weniger anspruchsvoll sind sie bei ihrem Gehalt und bei Statussymbolen – bis ihr ausgeprägter Gerechtigkeitssinn den Aufstand probt.

▶ Sie haben das Glück, für jede Diskussion das beste Argument zu finden – und das Pech, dass es ihnen meist erst ein paar Stunden später einfällt, weshalb sie solche Gespräche dann gern im inneren Dialog fortführen und jene rhetorischen Treffer landen, die ihnen in der realen Situation versagt geblieben sind.

▶ Sie könnten gut verzichten auf öffentliche Ehrungen, etwa die Kür zum »Mitarbeiter des Monats« – schon deshalb, weil sie lieber für sich oder unter Vertrauten sind, als im Mittelpunkt einer Masse zu stehen.

▶ Sie sehen die Gletscherspalte eines Problems schon, bevor sie sich – zur Überraschung anderer! – tatsächlich öffnet. Dennoch werden ihre leisen Warnrufe oft überhört. Und manchmal sehen sie auch Probleme, wo's keine gibt, denn sie sind sehr kritisch.

▶ Sie empfinden persönliche Kritik als Boxhieb, der sie am Kinn trifft und regelrecht umwirft. Manchmal brauchen sie Wochen, um wieder auf die Beine ihres Selbstvertrauens zu kommen.

▶ Sie haben feine Sensoren und spüren, wenn ein Konflikt sich zusammenbraut. Ebenso ahnen sie, was andere Menschen (heimlich) von ihnen erwarten. Solchen Wünschen kommen sie manchmal nach, um die Harmonie zu wahren – was langfristig zu Frust führen kann.

▶ Wenn sie sich unterhalten, dann gerne mit Substanz und Tiefgang. Sie mögen keinen Smalltalk und halten es für moralisch fragwürdig, Netzwerke nur mit Blick auf einen möglichen Vorteil aufzubauen – weshalb sie im Büro und auch sonst nur wenige, aber dafür enge Freundschaften pflegen.

Ich weiß, wovon ich rede; ich gehöre selbst zu diesen Menschen. Zwar halte ich meinen Kopf gelegentlich vor Fernsehkameras, trete als Redner vor volle Säle und bin in der Lage, einen Smalltalk unfallfrei über die Bühne zu bringen. Aber was tue ich, sobald ich Feierabend habe? Ich fahre an einen Natursee, steige in mein Angelboot und rudere in meine Lieblingsbucht – vorzugsweise dann, wenn dort kein anderes Boot liegt. Auf dem Wasser, ganz für mich allein, bläst mir der Wind den Kopf frei. Dann kommen mir die besten Gedanken. Einzelne Menschen und Gespräche mag ich sehr, aber Lärm und Menschenmengen strengen mich an; ich muss mich in der Natur davon erholen.

Genau hier liegt der Unterschied zwischen introvertierten und extrovertierten Menschen. Die Introvertierten sind wie Quellen: Die Energie sprudelt aus ihnen heraus, sie kommt von innen und erneuert sich, wenn sie allein sind oder unter Vertrauten – während ihre Quelle verstopft, sobald sich viele Menschen um sie scharen und ein Sinneseindruck den nächsten jagt.

Umgekehrt bei Extrovertierten: Sie halten die Stille kaum aus. Wenn sie umringt von Menschen sind, neue Eindrücke sammeln und mit Höchsttempo durchs Leben fahren, dann strotzen sie vor Lebendigkeit. Sie gleichen Regentonnen: Die Energie kommt von außen. Ihr Speicher füllt sich nur, wenn es um sie herum ordentlich prasselt und quasselt, wenn (neue) Reize auf sie einhageln. Bleibt dieser Regen aus, verdunstet die Energie.

Ein Extrovertierter tankt nach einem Stresstag auf, indem er abends durch die Bars zieht, Freunde trifft oder durch die Disco hüpft. Eine Introvertierte wie Julia zieht einen stillen Spaziergang oder ein Treffen zu zweit vor.

Beide Temperamente sind in Ordnung, sollte man meinen. Doch von Kindheit an wird uns eingebläut: Gesellig zu sein ist gut, Rückzug ist schlecht. Wer sich dem Trubel entzieht oder eigenen Gedanken nachhängt, statt sich ins Gespräch einzumischen, hört schon als Kind: »Mach dich nicht zum Außenseiter!« Die Schule des Lebens senkt den Daumen: »Mündliche Mitarbeit: sechs – bitte setzen!«

Viele Zurückhaltende sehen sich als Mängelexemplare, hadern

mit ihrer Natur und quälen sich von einem Rhetorikseminar ins nächste – immer in der Hoffnung, dass dieses Training ihr Charisma wachsen lässt wie ein Hanteltraining den Bizeps. Und dass sie – endlich, endlich! – zu den Lauten aufschließen können.

Aber ist das überhaupt erstrebenswert? Hat es nicht genauso Nachteile, extrovertiert zu sein? Nehmen Sie den Chef in Julias Geschichte. Zwar sammelt er die Visitenkarten stapelweise und unterhält Menschengruppen. Aber der hohen Quantität seiner Kontakte steht eine geringe Qualität gegenüber: Er weiß nichts über die Bedürfnisse der Kunden. Der Kontakt ist mehr als flüchtig. Wer nur oberflächliche Begegnungen hat, kennt die halbe Welt fast, aber niemanden richtig.

Oder Julias Ex-Kollege Michael: Sicher, er tut sich leicht damit, Menschen anzusprechen und ein Gesprächsthema zu finden – mit dem kleinen Haken, dass dieses Gesprächsthema ausschließlich er selbst ist, bis in intime Details wie Ehestreit und Kinderpläne. Und das geht entfernte Bekannte nun wirklich nichts an. Er verletzt Grenzen und ist eine Nullnummer in Empathie.

Oder finden Sie, der »Papst« am Stehtisch macht eine gute Figur? Schon wahr, alle Augen sind auf ihn gerichtet, er schwingt das Wort. Und als er abgeht, wird er nach seiner Visitenkarte gefragt. Als Redner hat er vielleicht überzeugt. Aber auch menschlich und als Fachmann? Kann es nicht sein, dass weiteren Gesprächsteilnehmern ebenso wie Julia seine Inkompetenz aufgefallen ist? Wer solchen Typen zuhört, vermutet aus der Ferne hinterm Wortnebel oft einen Kompetenzriesen. Aber wenn man näher kommt, bleibt von ihm nur übrig, was er selbst verbreitet hat: heiße Luft.

LEISE & WEISE

»Wer stark ist, kann sich erlauben, leise zu sprechen.«
Theodore Roosevelt, US-Präsident

TEMPERAMENT IM SCHNELLTEST

Wie ist es um Ihr Temperament bestellt? Und wie um Ihre Sensibilität? Hier bekommen Sie einen ersten Anhaltspunkt. Entscheiden Sie sich jeweils für eine Antwort:

1. Auf einer Party stehe ich gerne

   a) im Mittelpunkt des Treibens. ☐

   b) etwas abseits im ruhigen Gespräch. ☐

2. Wenn ich Fremde treffe,

   a) fällt mir das Plaudern leicht. ☐

   b) komme ich schwer ins Gespräch. ☐

3. Es ist für mich sehr entspannend

   a) mit einer Gruppe von Freunden um die Häuser zu ziehen. ☐

   b) einen ruhigen Abend (mit Freunden oder ohne) zu verbringen. ☐

4. Bei Gesprächen bin ich in erster Linie

   a) jemand, der viel erzählt. ☐

   b) jemand, der viel zuhört. ☐

5. Wenn ich etwas sage,

   a) schieße ich oft aus der Hüfte.

   b) denke ich vorher länger nach.

6. Lärm und unangenehme Gerüche

   a) setzen mir überdurchschnittlich zu.

   b) berühren mich nicht mehr als andere.

7. Wenn in einer Gruppe schlechte Stimmung herrscht,

   a) färbt das schnell auf mich ab.

   b) beeinträchtigt mich das nicht besonders.

8. Wenn ich im Fernsehen einen brutalen Mord sehe,

   a) durchzuckt es mich, als wäre ich selbst das Opfer.

   b) wühlt mich das nicht besonders auf.

Auswertung: Wenn Sie von Frage eins bis fünf mindestens dreimal Antwort »b« gewählt haben, neigen Sie wahrscheinlich zu introvertiertem Verhalten. Wenn Sie von Frage sechs bis acht mindestens zweimal Antwort »a« angekreuzt haben, sind Sie möglicherweise hochsensibel. Bitte nutzen Sie den ausführlichen Test ab Seite 79, um diese erste Einschätzung zu prüfen. Dann erfahren Sie, wie ausgeprägt Ihr Temperament ist – und welche Chancen und Risiken daraus erwachsen.

Es ist nicht alles Gold, was brüllt!

Wir alle kennen Menschen, die vor Selbstbewusstsein fast aus dem Anzug platzen. Immer haben sie einen Spruch auf den Lippen, eine Story auf Lager. Der Mittelpunkt jeder Party ist dort, wo sie sich aufbauen. Freundschaften schließen sie so schnell, dass man in Steno mitschreiben müsste, um auf dem neuesten Stand zu bleiben. Im Büro sind sie der Platzhirsch. In Meetings reden sie immer am lautesten und als Erstes. Selten finden sie die Ideen der anderen gut oder hören sie auch nur an.

Und trotzdem sollten Sie sich vorsichtshalber erneut die Visitenkarte geben lassen, wenn Sie einen solchen Typen ein paar Monate nicht gesehen haben – gut möglich, dass er auf der Karriereleiter gestiegen ist.

Geselligkeit ist gefragt in unserer Lärmgesellschaft, ohne Vitamin B geht wenig, ohne Sichtbarkeit nichts. Aber allzu oft mündet Geselligkeit in Geschwätzigkeit, und das Sprechen verkommt zum leeren Spruch. Menschen präsentieren sich wie Produkte im Werbefernsehen: mit Superlativen. Oft habe ich als Beobachter erlebt, dass Bewerber im Vorstellungsgespräch auf der Kanonenkugel den Job erobert haben.

Große Sprüche, große Wirkung? Auf der Kurzstrecke geht diese Gleichung auf, da sind die Schaumschläger immer einen Schritt voraus:

▶ schneller gesehen,
▶ schneller beliebt,

- ▶ schneller eingestellt,
- ▶ schneller befördert,
- ▶ schneller im Bett mit einem Traumpartner.

Diese Seite der Wahrheit kennt jeder. Aber kennen Sie auch die andere Seite? Auf der Langstrecke gewinnen oft die Authentischen. Ruhige und sensible Menschen bringen Stärken mit, die es gar nicht nötig machen, sich zu verstellen. Denn sie bleiben auf Kurs, statt pausenlos zu schlingern; sie halten Wort statt nur große Reden; und sie gewinnen umso mehr Ansehen, je mehr Zeit vergeht, denn sie überzeugen durch Kompetenz, Zuverlässigkeit und Charakterstärke. Hinzu kommt eine starke Bodenhaftung. Diese Mischung ist ihr Erfolgsgeheimnis.

Denken Sie an Bundeskanzlerin Angela Merkel, eine introvertierte Frau, die zunächst als »Kohls Mädchen« verspottet und von Parteifreunden als hoffnungsloser Führungs-Lehrling gesehen wurde. Zu leise, zu unscheinbar, zu nett, hieß es hinter vorgehaltener Hand. Und doch hat sie es zur mächtigsten Frau Europas gebracht. Dank ihrer Rhetorik? Ach was, die nimmt es kaum mit einem Dorfbürgermeister auf. Dank ihres Charismas? Nein, vor ihr fließt allenfalls der Kuchenteig dahin (denn Backen gibt sie ungeniert als Hobby an).

Aber gerade *weil* Angela Merkel sich gibt, wie sie wirklich ist, kam sie bei den Leuten über viele Jahre sehr gut an. Sie verwendet keine Energie darauf, ihren Charakter zu verbergen, ihre Vorliebe fürs Backen genauso wenig wie ihre Neigung zur unspektakulären Rede. Sie wirkt nicht perfekt, nicht elegant, nicht wortgewandt – aber echter als ihre Konkurrenten.

Und hätte sie *mich* vorm Einzug ins Kanzleramt gefragt, ob sie ihre Körpersprache verändern soll, hätte ich ihr dringend abgeraten. Offenbar sah das ein Beraterkollege anders und hat ihr – »Damit Sie im Fernsehen besser rüberkommen!« – die »Merkel-Raute« antrainiert, diese seltsame Daumen-Zeigefinger-Haltung, die an dieser bodenständigen Frau das Künstlichste ist.

Man muss Angela Merkels Politik nicht mögen, um neidlos anzuerkennen: Aus ihren Stärken als zurückhaltende Frau hat sie mehr gemacht, als sie mit dem Austilgen der vermeintlichen Schwächen je hätte erreichen können.

Die Zeit ist der Freund der Zurückhaltenden – und der Feind der Großmäuler, denn sie werden von ihr entzaubert. Je länger man ihrem Treiben zuschaut, desto mehr durchschaut man ihre rhetorischen Tricks, ihre leeren Versprechungen und ihren Mangel an Substanz. Ihre Werte? Beliebig. Ihre Rhetorik? Windig. Ihre Persönlichkeit? Ein Fähnchen im Wind. Die Jahre verhageln den Schwätzern die Bilanz, eines Tages heißt es:

- ▶ schneller abgeschrieben,
- ▶ schneller unbeliebt,
- ▶ schneller degradiert,
- ▶ schneller geschasst,
- ▶ schneller geschieden.

Denken Sie an Karl-Theodor zu Guttenberg, der wie ein politischer Messias aus einem bayrischen Dorf in den Berliner Politikzirkus einzog. Gefeiert wurde er in der BILD-Zeitung, hofiert von den Unternehmern, gehandelt als neuer Parteichef der CSU und gar als Nachfolger Angela Merkels. Und dass er nicht mit dem Amt des Papstes in Verbindung gebracht wurde, kann nur an seinem Ehering gelegen haben. Er hat den Menschen alles versprochen – und sie sich von ihm.

Dieser politische Wunderknabe: Was ist heute von ihm geblieben? *Ex*-Verteidigungsminister, *Ex*-Umfrageliebling, *Ex*-Promovierter. Die Zeit hat ihn gnadenlos entzaubert – während die leise Angela Merkel in den Jahren danach von einem Umfragehoch zum nächsten kletterte.

Aber bis Karl-Theodor zu Guttenberg mit seiner abgeschriebenen Doktorarbeit auf die Nase fiel und aus sämtlichen Ämtern, wurde er als großes Vorbild gepriesen, auch für Angela Merkel: Sie sollte sich mal eine Scheibe abschneiden von ihm, dem Weltmann und Großrhetoriker.

Ob an Ihrem Arbeitsplatz, bei der Familienfeier, im Verein oder auf dem Podium, vergessen Sie beim Blick auf dröhnende »Erfolgstypen« nie: Es ist nicht alles Gold, was brüllt – viele Schwätzer glänzen nur auf den ersten Blick, denn:

▶ Wer sein Riesen-Ego wie einen Pokal vor sich herträgt, hat es offenbar nötig, sich selbst großzureden. Vor allem »histrionische«, also zur Hysterie neigende Persönlichkeiten bekämpfen ihre Selbstzweifel, indem sie um Aufmerksamkeit buhlen und andere »total blenden und bezaubern«.[4] Wahres Selbstbewusstsein kommt ohne solches Getöse aus.

▶ Wer andere mit Sprüchen beschallt, geht etlichen Menschen gehörig auf den Geist – erst recht, wenn er selbst aufmerksames Zuhören erwartet, aber nie in der gleichen Münze zurückzahlt. Gerade narzisstische Persönlichkeiten neigen zu der Überzeugung: »Die anderen sind nach mir dran.«[5]

▶ Wer selbst in den Mittelpunkt drängt, schiebt andere beiseite. Er stiehlt ihnen Raum und Redezeit. Dabei mahnte schon Freiherr von Knigge: »Rühme (…) nicht zu laut deine glückliche Lage! Krame nicht zu glänzend deine Pracht, deinen

Reichtum, deine Talente aus. Die Menschen vertragen selten ein solches Übergewicht ohne Murren und Neid.«[6]

▶ Die Halbwertszeit seiner »Freundschaften« und »Erfolge« ist so kurz, dass eine frische Sardelle in der Mittelmeer-Sonne im Vergleich als haltbare Ware erscheint.

▶ Und die hohen Erwartungen, die er bei anderen weckt, platzen oft wie ungedeckte Schecks. Wer sich selbst in den Himmel hebt, kann weit fallen und hart aufschlagen. Siehe zu Guttenberg.

Es gibt keinen Grund, vermeintliche »Charismatiker« zu beneiden; viele davon sind arme Würstchen und Scheinriesen. Machen Sie den Test und rufen Sie sich einen Menschen ins Gedächtnis, der beim Reden aus jedem Leistungskrümel eine Sahnetorte backt. Und jetzt führen Sie bitte folgende Sätze zu Ende:

Wenn er wirklich selbstbewusst wäre, dann würde er nicht …

_____

Wer ihn länger kennt, kommt dahinter, dass …

_____

Hinter seinem Rücken sagen andere (wohl) oft, dass er …

_____

Diese Qualitäten, die mich auszeichnen, fehlen ihm völlig:

_____

Dieser Blickwinkel hilft Ihnen, die Vorteile Ihres eigenen Temperaments zu würdigen. Die erste Voraussetzung, um als zurückhaltender Mensch Anerkennung zu finden? Erkennen Sie sich selbst an! Dann finden Sie Zugang zu Ihren Stärken und können es weit bringen. Wie man sieht: sogar bis ins Kanzleramt!

LEISE & WEISE

 »Ein Langweiler ist einer, der seinen Mund aufmacht und seine Heldentaten hineinsteckt.«
Henry Ford, US-Unternehmer

Prominente Zurückhaltung:
Der unsichtbare Erfolgsunternehmer

Am 29. November 1971 lauerten zwei Männer, ein verschuldeter Rechtsanwalt und ein Tresorknacker, »Diamanten-Paul« genannt, vor einer Firmenzentrale in Herten bei Recklinghausen.[7] Die Kirche schlug 19 Uhr, es war stockfinster. Ihr Augenmerk galt einem Mercedes 280 L mit dem Kennzeichen RE-AL 280. Wenn sie richtig informiert waren, würde in diesen Wagen gleich ein millionenschwerer Unternehmer einsteigen. Einen Erfolgstypen im Maßanzug erwarteten sie, mit Manschetten aus Gold und funkelnder Armbanduhr.

Stattdessen schlurfte aus dem Firmengebäude ein höchst unscheinbarer Mann. Sein Anzug war alt und abgewetzt, ein Kleidungsstück von der Stange. Aber das konnten die Entführer in der Dunkelheit nicht erkennen. Erst als sie den Mann geschnappt hatten, erschraken sie: Verdammt, das musste der Falsche sein, ein kleiner Buchhalter! Vorsichtshalber ließen sie sich den Ausweis zeigen. Dort stand der Name: Theo Albrecht – Gründer von Aldi Nord.

Seine Familie kaufte ihn mit sieben Millionen Mark Lösegeld frei, er überlebte. Danach tauchte er wieder ab in sein Element: vollkommene Zurückhaltung und Bescheidenheit. Nie gab er Interviews, nie tanzte er auf Promi-Partys, nie erhob er seine Stimme in öffentlichen Debatten. Keinem Unternehmer-Netzwerk gehörte er an, keinen Kongress besuchte er, nie betrat er eine Rednerbühne. Jahrzehntelang lagen Paparazzi vergeblich auf der Lauer, um ein neues Foto von ihm zu schießen.

In seiner Freizeit züchtete Theo Albrecht Orchideen, ging sonntags in die Kirche und blieb ein höchst bodenständiger Mensch, ebenso introvertiert wie sein Bruder Karl, der Inhaber von Aldi-Süd. Andere Unternehmer wirbelten durchs Land, machten fette Schlagzeilen und gaben rauschende Champagner-Empfänge. Als letzter Gast klingelte dann oft der Insolvenzverwalter, so wie beim Drogisten Anton Schlecker.

Die streng katholischen Albrecht-Brüder lebten auf kleinem Fuß, aber groß war ihr Erfolg. Auf die leise Tour, mit viel Fleiß und ohne Sprüche, stiegen sie auf zu den reichsten Deutschen. Ein Familienvermögen von geschätzten 30 Milliarden türmten sie auf.[8] Sie konnten es sich leisten, aufs Klappern zu verzichten – denn sie verstanden ihr Handwerk.

DER COACHING-DIALOG: »MIR FEHLEN DIE WORTE!« (TEIL 1)

Klient: Mein Kopf ist wie leergefegt, wenn ich in einer großen Runde sitze. Dann bin ich immer zu schüchtern, um die richtigen Worte zu finden und den Mund aufzumachen.

Coach: Zu »schüchtern«? Oder zu »introvertiert«?

Klient: Ist doch dasselbe!

Coach: Eben nicht. Wenn Sie schüchtern sind, leiden Sie unter einer sozialen Angst – Sie wollen sich nicht blamieren. Die Gegenwart anderer macht Sie befangen. Ihr Herz kann rasen, Schweiß fließt, die Hände zittern – weil es Ihnen an Selbstsicherheit fehlt. Schüchternheit entsteht meist durch schlechte Erfahrungen. Sie ist antrainiert – und lässt sich abtrainieren.[9]

Klient: Und die Introversion?

Coach: Ist keine soziale Angst, sondern ein gesundes Temperament: Sie leben in Ihren Gedanken wie in einem Königreich, schöpfen aus einem opulenten Inneren. So beziehen Sie Energie und Unabhängigkeit. Viele Kreative und Vordenker waren oder sind Introvertierte, von Albert Einstein bis Woody Allen, von Alfred Hitchcock bis Bill Gates. Die meisten von ihnen mögen Menschen sehr wohl – nur eben nicht (zu lang) in großen Gruppen oder bei Smalltalk-Anlässen. Das überstimuliert sie und kostet Energie.

Klient: Ich glaube, dann bin ich introvertiert, nicht schüchtern. Schlimm genug, dass ich in dieser Ecke festsitze!

Coach: Sie sitzen nicht fest! Jeder Mensch hat introvertierte und extrovertierte Seiten. Stellen Sie sich die Bandbreite Ihres Verhaltens wie ein Fußball-Spielfeld vor: Die meiste Zeit stehen Sie im eigenen Torraum, der Introversion; dort fühlen Sie sich am sichersten. Aber manchmal, wenn Sie sich wohlfühlen, stürmen Sie nach vorne: Sie gehen auf Menschen zu und »extrovertieren«.[10]

Klient (kratzt sich am Kinn): Ich überlege gerade, wann das bei mir der Fall ist.

Coach: Sie sagten anfangs, dass Ihnen in Gruppen »immer« die richtigen Worte fehlen. Heißt das: Ihr ganzes Leben lang ist Ihnen keine halbwegs vernünftige Wortmeldung gelungen?

Klient: Na ja, gelegentlich bekomme ich doch einen brauchbaren Beitrag hin, zuletzt bei einer Sitzung meines Schachvereins. Da kam ich unter all den Vielrednern zu Wort und habe angeregt, wie wir unser Turnier noch besser organisieren können.

Coach: Und wie haben Sie sich das Wort erobert?

Klient: Unspektakulär: Ich habe dem Sitzungsleiter vorher schon gemailt, dass ich einen Vorschlag machen will. Er hat mich dann angesprochen.

Coach: Gute Strategie! Offenbar fällt Ihnen der Auftritt unter den Schachkollegen leichter als in geschäftlichen Meetings. Warum?

Klient: Ich fühle mich sicherer. Ich weiß, dass die Leute mich mögen. Ich verstehe viel vom Thema. Und zwischen den Versammlungen vergeht ein halbes Jahr – genug Zeit, mir was Gescheites zu überlegen.

Coach: Dann würde ich Ihren anfänglichen Satz »Mein Kopf ist wie leergefegt« gerne positiv für Sie übersetzen:

»Mein Kopf ist wohlgefüllt unter drei Voraussetzungen: dass ich die Wertschätzung der anderen spüre, meinen Beitrag in Ruhe vorbereiten kann und sicher im Thema bin.« Korrekt?

Klient (grübelt lange): Stimmt – so habe ich das noch nie gesehen!

Fünf Coaching-Impulse für Sie:

▶ Welches Bild haben Sie von Introversion (oder Schüchternheit): ein positives oder ein negatives? Und wodurch wurde dieses Bild geprägt?

▶ Angenommen, Sie wären in Asien aufgewachsen, wo Introversion und hohe Sensibilität als Tugenden geschätzt werden: Was könnte dann anders an Ihrem Denken sein? Und wie würde sich das auf Ihr Verhalten auswirken?

▶ Wann »extrovertieren« Sie? In welchen Gruppen fallen Ihnen Wortmeldungen am leichtesten? Warum gerade dort?

▶ Welches war der stimmigste Wortbeitrag, der Ihnen je gelungen ist? Und was würden andere, die ihn gehört haben, darüber sagen?

▶ Wenn Sie drei Faktoren nennen müssten, die Sie zu diesem Auftreten befähigt haben, zum Beispiel mit Blick auf Ihr Wohlfühlen oder Ihre Vorbereitung – welche wären das? Und was können Sie tun, diese erneut zu erzeugen?

Der Lärm frisst seine Kinder

Im Zeugnis der Schülerin stimmt der Lehrer ein Loblied an: »Es gelingt ihr immer wieder, dem Unterricht still und konzentriert zu folgen. Bei Wortmeldungen lässt sie anderen den Vortritt und hört respektvoll zu. Wenn sie spricht, dann angenehm leise. Für ihre Zurückhaltung wird sie nicht nur von uns Lehrern, sondern auch von ihren Mitschülern in hohem Maße geschätzt.«

Dieses Zeugnis kommt Ihnen spanisch vor? Treffender wäre: chinesisch! In Asien steht Zurückhaltung hoch im Kurs. Stille Menschen sind begehrt, bescheidene werden verehrt, Zurückhaltung wird als Charakterhaltung anerkannt. Die Gedanken der Stillen gelten als groß, denn sie ernten sie erst, wenn sie spruchreif sind. Ihre soziale Kompetenz wird geschätzt, denn sie hören gut zu und inspirieren andere. Und ihre Nachdenklichkeit gilt als Eintrittskarte für brillante Ideen, für tiefes Wissen und für Meisterschaft in einem Fach. Stillarbeiter haben viele Freunde – in Asien!

Aber fragen Sie mal einen Lehrer in der westlichen Welt, in Europa oder Amerika, was einen Top-Schüler auszeichnet. Die Lernkultur enthält viel Lärmkultur: Der Schüler soll sich im Unterricht möglichst oft zu Wort melden, manchmal gar mit Fingerschnipsen, um im Antwortrennen seine Mitschüler abzuhängen. Seine Gedanken soll er in Windeseile auf der Zunge haben, bei der Gruppenarbeit das Wort führen und auf dem Pausenhof besser in der Mitte einer Clique plaudern, statt (scheinbar) unbeteiligt am Rand zu stehen. Das Vielsprechen steht in keinem Stundenplan, aber heimlich gibt's doch Zensuren dafür, ein Leben lang.

Die quasselnde Geselligkeit ist zur Norm erhoben worden, und jedes Gespräch wird zum Duell. Es ist wie im Wilden Westen: Wer gefragt wird (oder auch nicht), muss blitzschnell den Colt seiner Antwort ziehen und die Konkurrenz aus dem Weg räumen. Bloß nicht zögern, sonst trifft ihn die Kugel eines Vorurteils: Wer schweigt, hat offenbar nichts im Kopf. Richterliches Urteil: Er ist dumm, zumindest aber schüchtern.

Das Brandmal »Schüchternheit« wird Kindern aufgedrückt, wenn sie aus rätselhaften Gründen mit fünf, sieben oder elf Lebensjahren noch nicht so selbstbewusst wie Erwachsene durchs Leben marschieren. Wer als Kind den Blick vom Gesprächspartner kurz abwendet, um für die Antwort in sich zu gehen, macht sich schon einer sozialen Phobie verdächtig. Die kleinen Antwort-Automaten haben ohne Rucken zu funktionieren, sekundenschnell, sonst muss nachgeholfen werden.

Die Erwartungen an die Kinder spiegeln die Ideale einer Gesellschaft. Gefragt ist heute der unkomplizierte Mensch, der auf Knopfdruck plaudert, weil er sein Herz auf der Zunge trägt. Gefragt ist einer, der keine Gedanken für sich behält, gern auch deshalb, weil er keine eigenen hat. Gefragt sind Mitarbeiterköpfe, die sich wie Suppenteller mit den Gedanken ihrer Vorgesetzten füllen lassen: »Bitte keine Fragen, überlassen Sie das Denken uns!« Und falls Weltkonzerne an die Wand fahren, falls Abgaswerte manipuliert werden wie bei VW, falls Schmiergelder fließen wie bei Siemens – einfach in den Jubelchor des Managements einstimmen. Stiller Widerstand ist nicht gefragt!

Der Leise macht sich verdächtig, denn er denkt sich seinen Teil, statt die Gedanken der anderen zu teilen. Hinter vorgehaltener Hand heißt es: »Der ist unheimlich!« In einer Facebook-Welt ist Denken, wenn überhaupt, nur öffentlich zugelassen – also laut.

Aber was macht es mit einem Menschen, wenn er schon mit der Muttermilch aufsaugt: »Du bist …

- ► *zu* still,
- ► *zu* bescheiden,
- ► *zu* sensibel,
- ► *zu* zurückhaltend,
- ► *zu* defensiv,
- ► *zu* zögerlich,
- ► *zu* langsam,
- ► *zu* grüblerisch!«?

Dieses »zu« assoziiert: Es gibt einen verbindlichen Maßstab. Und dieser Charakter-TÜV erstellt nach gründlicher Prüfung eine Liste, die unter anderem folgende Mängel enthält:

- ► Deine Zunge ist zu rostig, sie bewegt sich kaum;
- ► dein Fahrgeräusch ist zu leise, andere hören dich in dieser Welt der dröhnenden Sprechmotoren nicht kommen;
- ► deine seelische Stoßstange ist zu weich, du verkraftest keine Zusammenstöße (und in dieser Welt kracht es dauernd);
- ► und dein Grübel-Keilriemen quietscht zu laut, das ist für andere im Verkehr mit dir eine Zumutung!

Kämen Sie bei Ihrem Auto auf die Idee, den Fehler beim TÜV zu suchen? Nein, Sie bringen es in die Werkstatt. Ebenso die menschlichen »Mängelexemplare«: Sie tun alles, um die Fehler zu beseitigen. Sie fummeln herum an ihrer Seelenelektronik. Sie kämpfen, um *nicht* so schüchtern oder *nicht* so sensibel zu sein – ohne die Frage aufzuwerfen, ob sie überhaupt zu »schüchtern«

oder zu »sensibel« sind (oder nur durch falsche Maßstäbe in diese Schublade geschoben werden!).

Und weil sie diese Vorwürfe akzeptieren und pausenlos darüber nachdenken, laufen sie Gefahr, dass ihre natürliche Zurückhaltung in eine unnatürliche abrutscht. Der Geist schafft Wirklichkeit: Eine Frau muss nicht schwanger sein, um nahezu alle Symptome einer Schwangerschaft zu entwickeln; sie muss es nur *fest genug* glauben! Wir sind, was wir denken. Mit der Überzeugung, schwanger zu sein, wächst der Bauch.

Ebenso wächst bei Menschen, die eigentlich nicht schüchtern sind (sondern nur angenehm zurückhaltend), die Schüchternheit – wenn ihnen der vermeintliche Mangel nur oft genug in den Kopf gehämmert wird. Ebenso wächst bei Menschen, die eigentlich keine »Sensibelchen« sind (sondern nur einfühlsam), die Überempfindlichkeit – wenn der vermeintliche Mangel nur oft genug von der Umwelt gespiegelt wird.

Dabei sind nicht die Menschen das Problem, sondern die Maßstäbe des allzu wilden, allzu lauten Westens. Eine Studie warf bei Kindern zwischen acht und zehn Jahren in Kanada und Schanghai die Frage auf: Welche Typen sind beliebt, welche werden von Gruppen als Führer bevorzugt? In China machten die Stillen und Sensiblen das Rennen – in Kanada aber wurden sie von Gleichaltrigen gemieden; gefragt waren die lauteren Typen.

Niemand käme auf die Idee, einem blonden Kind zu sagen: »Du bist zu blond!« Aber es ist üblich, einem zurückhaltenden Kind zu sagen: »Du bist zu zurückhaltend!« Ein Teil der Persönlichkeit wird zum Störfaktor erklärt. Das stellt den ganzen Menschen infrage.

So mancher Zurückhaltende fühlt sich zwischen Pest und Cholera: Entweder entfremdet er sich von seinen Mitmenschen – oder von sich selbst.[12] Und so beginnt er einen Krieg gegen den eigenen Charakter. Er fordert sich auf, endlich so schlagfertig zu sein wie die rhetorischen Preisboxer, so gesellig wie die Partylöwen, so unempfindlich wie die seelischen Dickhäuter. Aber wie der Wille eines blonden Kindes nicht ausreicht, seine Haarfarbe zu verändern, so reicht der Wille eines zurückhaltenden Menschen nicht aus für einen Temperamentswechsel.

Ein zurückhaltender Mensch kann gelegentlich in das andere Temperament wechseln, wie ein Rechtshänder mit links schreiben und diese Fähigkeit auch trainieren kann. Aber gibt er sich dauerhaft als Linkshänder aus, täuscht er ein extrovertiertes Temperament also nur vor, entwertet er sich selbst, wird unsicher und begeht Fehler.[13] Das wiederum lädt seine Mitmenschen ein, in dieselbe Kerbe zu hauen. Jedes stille Selbstbild erzeugt ein lautes Echo in der Welt. Wer an sich selbst zweifelt, wird als zweifelhaft wahrgenommen.

Wer ins Kostüm des Draufgängers schlüpft, muss mit echten Exemplaren dieser Gattung konkurrieren – und wird schnell enttarnt: Er gilt als hässliches Entlein, weil er zu der Familie, in die er drängt, nicht gehört. Wer sich kostümiert, verliert sich selbst. Er versteckt vermeintliche Schwächen (deshalb das Kostüm) – statt seine Qualitäten auszuspielen. Aber genau das wäre der Erfolgsweg.

Prüfen Sie einmal, mit welchem Maßstab Sie sich selbst bewerten:

▶ Können Sie es als Kompliment werten, wenn Sie jemand als »still« bezeichnet?
▶ Loben Sie sich für Ihre Zurückhaltung?
▶ Halten Sie Ihre Feinfühligkeit für eine Qualität?

▶ Erfüllt es Sie mit Stolz, ein bescheidener Mensch zu sein?

▶ Rechnen Sie es sich hoch an, dass Sie lange über Dinge nachdenken, statt unbedacht zu reden oder zu handeln?

Wenn nicht: Wer hat Ihnen eingeredet, es sei schlecht, dass Sie sind, wie Sie sind? Die Eltern? Die Lehrer? Die Kollegen? Der Chef? Die heulenden Wölfe einer Gesellschaft, die selbst oft zum Heulen ist? Und: Was sagt eigentlich Ihr innerstes Bauchgefühl, wenn Sie all diese Einflüsterungen einmal abziehen? Könnte der Grund, dass Sie zurückhaltend sind, darin liegen, dass es Ihnen auf diese Weise gut geht und Sie ganz bei sich selbst sind?

Erst als das hässliche Entlein erkannte, dass es in Wirklichkeit ein prächtiger Schwan war, fand es sein Glück.

LEISE & WEISE

»Der Mensch ist mit nichts auf der Welt zufrieden, ausgenommen mit seinem Verstande; je weniger er hat, desto zufriedener.«
August von Kotzebue, deutscher Dramatiker

DER COACHING-DIALOG: »MIR FEHLEN DIE WORTE!« (TEIL 2)

Coach: Kleines Gedankenspiel: Mal angenommen, bei Ihrem nächsten Meeting im Geschäft säßen nicht Ihre Arbeitskollegen am Tisch, sondern Ihre Schachfreunde: Was wäre dann anders für Sie?

Klient: Ich glaube, ich wäre lockerer. Vor vertrauten Menschen fällt es mir leichter, auch mal was Spontaneres zu sagen. Sonst denke ich die Dinge immer mehrfach durch und formuliere sie vor, ehe ich den Mund aufmache.

Coach: Offenbar wollen Sie beim Sprechen auf Nummer sicher gehen. Wovor fürchten Sie sich?

Klient: Dass ich Unsinn rede. Oder den Faden verliere. Lieber schweige ich, als einen schlechten Beitrag in den Raum zu werfen.

Coach: Aber es wäre okay für Sie, »Unsinn« gegenüber Ihren Schachkollegen zu reden?

Klient: Nein! Aber ich kann auf ihr Verständnis bauen, wenn's passiert.

Coach: Das heißt, bei Ihren geschäftlichen Meetings wird grundsätzlich *kein* Unsinn geredet? Alle Beiträge sind so fundiert und brillant, dass Sie das Niveau in die Tiefe rissen? Und keiner hätte Verständnis für eine weniger geniale Äußerung von Ihnen?

Klient (schmunzelnd): Das nun auch wieder nicht! Da sind oft große Schwätzer am Werk, die den Raum mit leeren Sprüchen füllen.

Coach: Die anderen hätten also doch Verständnis für Sie. Aber wie steht es mit Ihnen: Können Sie sich selbst mangelnde Perfektion verzeihen? Oder haben Sie die Latte Ihres Anspruchs so hoch gelegt, dass Sie keinen Sprung mehr wagen?

Klient (nach längerer Pause): Auweia, da bin ich mir nicht sicher!

Fünf Coaching-Impulse für Sie:

▶ Schließen Sie die Augen und stellen Sie sich vor, Sie befinden sich in einer fremden Gruppe und müssen gleich etwas sagen. Was macht das mit Ihnen? Achten Sie auf Ihre Gedanken. Und spüren Sie durch Ihren kompletten Körper: vom Kopf über die Brust und die Fingerspitzen bis zu den Füßen.

▶ Belassen Sie die Ausgangsituation vor Ihrem inneren Auge, aber ersetzen Sie die fremden Menschen durch vertraute, in deren Gegenwart Sie sich wohlfühlen. Welche Menschen sind das? Wie viele dürfen es sein?

▶ Registrieren Sie genau, was sich an Ihrem Denken und Ihrem Körpergefühl verändert, wenn Sie sich unter vertrauten Menschen wägen. Welches sind die drei größten Unterschiede?

▶ Wie verändert sich Ihr Selbstanspruch auf einer Skala von eins (sehr niedrig) bis zehn (sehr hoch), wenn Sie unter Vertrauten statt Nicht-Vertrauten sind?

▶ Was wäre anders, wenn Sie Ihren Selbstanspruch allgemein senken würden: um einen Punkt, um zwei, um drei? Spüren Sie in sich hinein, welches Maß sich stimmig anfühlt – und leiten Sie Vorsätze für Ihr Verhalten daraus ab.

Der Wetterbericht der Seele:
Wie sehen Sie sich selbst?

Das Gesicht des Wettermanns ist noch trüber als die Satellitenkarte, auf die er jetzt mit einer entschuldigenden Geste deutet: »Leider wird es die nächsten Tage regnen.« Offenbar ist sicher: Niederschlag empfinden seine Zuschauer als niederschlagend.

Was aber, wenn vorm Bildschirm Hobbygärtner sitzen, die verzweifelt auf Regen warten? Hobbyangler, die dann mehr fangen? Bauern, denen der Regen die Ernte rettet? Kinder, die gern durch Pfützen hüpfen? Regenschirm-Verkäufer, denen Geld in die Kasse regnet?

Die Tatsache, dass es regnet, lässt sich positiv oder negativ deuten. Aber der Wettermann tut so, als sei der Regen per se ärgerlich. Schwarz-Weiß-Denken im Farbfernsehen.

Genauso ist das mit Ihren Eigenschaften als zurückhaltender Mensch. Viele »Wettermänner« reden Ihnen ein, dass Sie im Leben trübe Aussichten haben, wenn Sie nicht auf die Sonnenseite der hemmungslosen Selbstverkäufer wechseln. Vielleicht haben Sie diesen Standpunkt so oft gehört, dass Sie ihn nicht mehr hinterfragen.

Die folgende Tabelle lädt Sie ein, Ihr Selbstbild zu prüfen. Die linke Spalte beschreibt Verhaltensweisen, wie sie typisch für zurückhaltende und sensible Menschen sind. Sicher erkennen Sie sich in einigen Punkten wieder. Dieses Verhalten ist weder gut noch schlecht – es kommt ganz auf Ihre Bewertung an.

Was geschieht, wenn Sie es negativ interpretieren, wie der Wettermann den Regen? Dann rutschen Sie in Selbstanklagen ab – und denken wie in der zweiten Spalte. Und wenn Sie es positiv deuten? Dann treten hinter Ihren vermeintlichen Schwächen große Stärken hervor, Sie schöpfen Energie fürs Handeln und fühlen sich wohler in Ihrer Haut – und denken wie in der dritten Spalte.

Beide Sichtweisen enthalten in etwa dasselbe Maß an Wahrheit. Es liegt an Ihnen, für welchen Standpunkt Sie sich *entscheiden*. Überlegen Sie, welches Selbstbild vorteilhafter ist für Ihr Lebensglück und Ihre persönliche Entwicklung:

Ihr (mögliches) Verhalten als zurückhaltender Mensch	Negatives Selbstbild	Positives Selbstbild
Sie sprechen mit leiser Stimme.	Ich piepse wie ein Mäuschen und setze mich in Gruppen nicht einmal stimmlich durch. Kein Wunder, dass ich immer überhört und nie ernstgenommen werde!	Ich stelle den Inhalt in den Mittelpunkt, nicht meine Stimme. Im richtigen Moment sorgt gerade leises Sprechen dafür, dass andere ihre Ohren spitzen.

Ihr (mögliches) Verhalten als zurückhaltender Mensch	Negatives Selbstbild	Positives Selbstbild
Sie reden ohne fortwährenden Augenkontakt.	Ich kann Menschen einfach nicht die ganze Zeit in die Augen schauen, wenn ich rede! Tue ich's doch, fühle ich mich unsicher und verliere den Faden. Wahrscheinlich gelte ich als verschüchtert.	Ich bin gut darin, den Blick nach innen zu wenden und meine Gedanken zu sammeln. Wer mit mir spricht, kann mir entspannt zuhören und wird nicht durch ununterbrochenen Blickkontakt bedrängt.
Sie machen Pausen beim Sprechen.	Ich versage darin, im Gespräch spontan die richtigen Worte zu finden (obwohl ich mich beim Schreiben gut ausdrücken kann!). So entstehen peinliche Pausen. Ich fürchte, andere sagen über mich: »Er/sie hat eine lange Leitung!«	Ich nehme mir die Zeit, vor dem Sprechen zu denken. Das zeugt von einem hohen Anspruch an mich selbst und von Respekt vor meinem Gesprächspartner. Die Pausen geben ihm Zeit, meine Worte sacken zu lassen. Damit er nicht nur hört, sondern auch versteht.

Ihr (mögliches) Verhalten als zurückhaltender Mensch	Negatives Selbstbild	Positives Selbstbild
Sie melden sich in Gruppengesprächen selten zu Wort.	Das Gespräch geht wieder völlig an mir vorbei! Die ganze Zeit habe ich Ideen, aber ich bin einfach zu schüchtern, sie in großer Runde vorzutragen. Zumindest bin ich zu langsam, denn bis ich weiß, was ich sagen will, ist die Gelegenheit meist vorbei.	Ich schaffe es, Gruppendiskussionen vom Feldherrenhügel zu verfolgen, statt mich selbst im rhetorischen Getümmel zu verlieren. Dabei kommen mir Ideen, und ich erkenne Denkfehler der anderen. Diese Erkenntnisse kann ich auch noch nachträglich einbringen, etwa durch eine Rundmail.
Sie führen nicht gerne Smalltalk.	Ich leide unter einer Smalltalk-Phobie! Ich schaffe es einfach nicht, mit fremden Menschen in Kontakt zu kommen, ohne dass ich mir die Zunge dabei verknote. Und wenn ich doch mal den Mut fasse, komme ich mir vor wie ein Schauspieler: unecht und aufgesetzt.	Ich bin ein authentischer Mensch, der anderen nur dann Interesse und Nähe signalisiert, wenn diese tatsächlich bestehen. Vertrauen baue ich langsam auf, aber zuverlässig. Meine Spezialität sind Gespräche mit Tiefgang. Dafür werde ich geschätzt.

Ihr (mögliches) Verhalten als zurückhaltender Mensch	Negatives Selbstbild	Positives Selbstbild
Sie arbeiten nicht gern im Großraumbüro.	Es macht mich wahnsinnig, wenn ich mein Büro mit vielen anderen teilen muss. Dann bin ich abgelenkt, meine Konzentration geht flöten, und abends bin ich gerädert. Ich passe einfach nicht in die moderne Arbeitswelt, bin wie eine Schnecke, die sich immer wieder ins eigene Haus zurückziehen muss.	Meine Stärke ist, dass ich Stille aushalten und in jedem Kämmerlein gute Arbeit leisten kann. Ich brauche keine Ablenkung bei der Arbeit (wie viele Kollegen den Smalltalk), sondern kann mich rund um die Uhr in eine Sache knien. Ich nutze meine Arbeitszeit zum Arbeiten. Das merkt man den Ergebnissen an.
Sie behalten Persönliches für sich.	Ich bin zu verschlossen, ich schaffe es nicht, unbefangen über Privates zu sprechen, erst recht am Arbeitsplatz oder in großer Runde. Andere unterhalten mit ihren Privatstorys einen ganzen Saal – aber bei mir entsteht immer der Eindruck, dass ich gar kein Privatleben habe.	Ich bin in der Lage, Vertrauliches für mich zu behalten, privat genauso wie geschäftlich. Deshalb vertrauen andere mir oft ihre Geheimnisse an. Zwischen meinem Privatleben und der Öffentlichkeit habe ich eine saubere Grenze gezogen – im Gegensatz zu manch anderen, die zu viel von sich erzählen.

Ihr (mögliches) Verhalten als zurückhaltender Mensch	Negatives Selbstbild	Positives Selbstbild
Sie haben nur wenige Freunde.	Es grämt mich, dass ich nur ein, zwei (vielleicht drei?) echte Freunde habe – dieselben seit Jahren. Von einem »Freundeskreis«, wie ihn andere um sich scharen, kann nicht die Rede sein. Manchmal frage ich mich, ob ich kontaktscheu bin – oder gar unbeliebt, weil seit Jahren keine neuen Freundschaften mehr entstehen.	Ich bin in der Lage, tiefe Freundschaften einzugehen und sie über Jahrzehnte aufrechtzuerhalten. Die wenigen Menschen, die ich »Freunde« nenne, sind wirklich welche. Ich kann mich auf sie verlassen. Und sie sich auf mich. Wenige tiefe Verbindungen sind mir lieber als viele oberflächliche. Ich bin ein loyaler Typ, ein Freund fürs Leben.
Sie meiden Partys und ähnliche Anlässe (meist).	Ich bin einfach ein ungeselliger Mensch, ein Partymuffel, der sich um solche Einladungen drückt. Damit stoße ich die Gastgeber vor den Kopf. Und natürlich sorgt meine Abwesenheit dafür, dass meine ohnehin geringe Zahl an Kontakten gering bleibt. Und abends sitze ich wieder mal zu Hause rum, während andere ihren Spaß haben.	Ich habe einen eigenen Kopf und entscheide selbst, wie ich meine Lebenszeit nutze. Es wäre unhöflicher, eine Einladung gegen die eigene Überzeugung anzunehmen, als sie freundlich abzusagen. Tiefere Kontakte kommen bei solchen Anlässen ohnehin selten zustande. Ich bin ein guter Gastgeber für mich selbst und genieße stille Abende.

344

Ihr (mögliches) Verhalten als zurückhaltender Mensch	Negatives Selbstbild	Positives Selbstbild
Ihre Spontaneität ist gering.	Ich bin zu unflexibel im Kopf, zu langsam! Andere setzen ihre Projekte in fünf Minuten völlig neu auf oder wissen nach 14 Tagen, ob sie ihren neuen Partner heiraten wollen. Und ich? Grüble ewig vor mich hin, ohne mir schließlich, wenn ich mich entscheide, ganz sicher zu sein. Ich bin ein Zauderer!	Planvolles Handeln ist meine große Stärke. Ich überlege lange, bevor ich eine Entscheidung fälle, aber dann ziehe ich die Sache auch durch. Ich lasse mich nicht so leicht ablenken und auf Nebenpfade locken, wie es bei Spontan-Entscheidern der Fall ist. Ich gelte als verbindlich.
Unter Druck bekommen Sie wenig zustande.	Wenn ich unter Druck gerate, habe ich einen leeren Kopf. Zum Beispiel wenn mich alle anglotzen und auf eine Antwort warten. Oder wenn ein Abgabetermin bedrohlich nahe rückt. Ich bin solchem Stress einfach nicht gewachsen!	Andere legen erst los, wenn der Termin drückt – ich dagegen erarbeite mir oft einen Vorsprung. Und auch in Gesprächen bin ich besser vorbereitet als andere; daran kann ich mich festhalten, wenn mir mal nichts einfällt.

Lasst ihn doch reden!

Männer reden gern – dieser auch:
MARTIN WEHRLE spricht über Gleichstellung,
wie Sie es noch nie gehört haben:
humorvoll und originell, zukunftsweisend und fundiert.

**Das Event zum Müller-Buch,
ein unvergessliches Was-wäre-wenn-Experiment.**
✌ für Frauen als Ansporn
✌ für Männer als Anregung
✋ für Firmen als Wegweiser

Sie suchen eine originelle Keynote?
Dann lassen Sie ihn doch reden: www.wehrle-redner.de

> *„Wo Martin Wehrle draufsteht,
> ist beste Unterhaltung garantiert."*
> HAMBURGER ABENDBLATT

Warum zurückhaltende Menschen auf sich vertrauen können

Der stille Vogel fängt den Wurm.

Ein leises Wesen eröffnet ungeahnte Chancen, fürs Leben und für die Karriere – aber nur, wenn Introvertierte ihre speziellen Stärken nutzen: Besonnenheit, Tiefgang, ein gutes Urteilsvermögen. Martin Wehrle zeigt mit amüsanten Anekdoten und überraschenden Tipps, wie stille Menschen ihre Trümpfe in einer lauten Welt ausspielen. Ein überzeugendes Plädoyer für mehr Lauterkeit und weniger Lautstärke, heiter und tiefgängig zugleich.

mosaik
www.mosaik-verlag.de

432 Seiten

978-3-442-39284-1
Auch als E-Book erhältlich

Unsere Leseempfehlung

400 Seiten
Auch als E-Book
und Hörbuch
erhältlich

Überlastung, angehäufte Überstunden und keine Chance, sie jemals abzubauen – muss ich mir das wirklich gefallen lassen? Das fragen sich Millionen Mitarbeiter jeden Tag aufs Neue. Der Karriereberater und Bestsellerautor Martin Wehrle kennt den Wahnsinn in deutschen Firmen. Er zeigt auf, mit welchen Tricks Mitarbeiter ausgebeutet werden und weist Wege aus dem Hamsterrad. Nie wieder Depp sein und auf in ein selbstbestimmtes, glückliches Berufsleben!